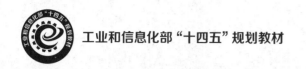

工业和信息化部"十四五"规划教材　　　　普通高等学校电类规划教材

数字IC设计及EDA应用

杜慧敏 邓军勇◎主编

山蕊 常立博 杨博文 曾泽沧 郝鹏◎副主编

人民邮电出版社

北京

图书在版编目（CIP）数据

数字IC设计及EDA应用 / 杜慧敏，邓军勇主编. --北京：人民邮电出版社，2023.7
普通高等学校电类规划教材
ISBN 978-7-115-61050-8

Ⅰ. ①数… Ⅱ. ①杜… ②邓… Ⅲ. ①数字集成电路－电路设计－计算机辅助设计－高等学校－教材 Ⅳ. ①TN431.202

中国国家版本馆CIP数据核字(2023)第022940号

内 容 提 要

本书主要讲解基于标准单元的大规模数字 IC 设计，介绍自顶向下的设计方法和设计流程，用 Verilog HDL 描述数字 IC 时常用的规范、设计模式与设计方法，以及数字 IC 设计流程中 Linux/Solaris 平台上主流的 EDA 工具，包括仿真工具 VCS、逻辑综合工具 Design Compiler、静态时序分析工具 PrimeTime、形式化验证工具 Formality、脚本语言 TCL 以及编译工具 ICC 等。本书内容按照基于标准单元的数字 IC 开发流程安排章节，包括绪论、用 Verilog HDL 描述可综合电路、动态验证、EDA 工具运行环境简介、TCL 简介、逻辑综合、静态时序分析、形式化验证、物理设计等。本书通过实际的工程例子说明设计规范和方法，以及相应的 EDA 工具的使用细节与注意事项，力求使初学者能够熟练使用 Verilog HDL 描述数字 IC，并初步掌握 EDA 工具的基本功能和使用方法。

本书面向集成电路设计与集成系统、微电子科学与工程专业高年级本科生和相关专业低年级研究生，以及有一定 Verilog HDL 基础、未来愿意从事数字 IC 设计的科技人员。

◆ 主　　编　杜慧敏　邓军勇
　　副 主 编　山 蕊　常立博　杨博文　曾泽沧　郝　鹏
　　责任编辑　刘　博
　　责任印制　王　郁　陈　犇

◆ 人民邮电出版社出版发行　　北京市丰台区成寿寺路 11 号
　　邮编 100164　　电子邮件 315@ptpress.com.cn
　　网址　https://www.ptpress.com.cn
　　三河市祥达印刷包装有限公司印刷

◆ 开本：787×1092　1/16
　　印张：23.5　　　　　　　　　　　　　2023 年 7 月第 1 版
　　字数：607 千字　　　　　　　　　　2023 年 7 月河北第 1 次印刷

定价：89.80 元

读者服务热线：(010)81055256　印装质量热线：(010)81055316
反盗版热线：(010)81055315
广告经营许可证：京东市监广登字 20170147 号

半导体工艺的不断进步推动着数字 IC 设计方法和 EDA（Electronics Design Automation，电子设计自动化）工具高速发展，用 Verilog HDL（Hardware Describe Language，硬件描述语言）描述数字 IC，用仿真工具、综合工具、时序分析工具、物理设计工具等一系列 EDA 工具完成从产品需求到芯片的试生产（tape-out）的整个过程是数字 IC 的主流设计方法。这种以使用软件工具为主的抽象化设计方法，极大缩短了大规模数字 IC 的开发时间，提高了开发者的效率。

Verilog HDL 可以在不同抽象层次描述一个电路，并可进行时序建模，是现代数字电路设计的主要工具。我国高等院校电子信息类专业大部分都开设了此课程，或者在"数字电路与逻辑设计"课程中引入了 Verilog HDL。但是，Verilog HDL 本质上是一种数字电路仿真语言，目前 EDA 综合工具只能将其部分语句（可综合子集）描述的数字电路转换成门级网表，对在寄存器传输级（Register Transfer Level，RTL）描述的数字电路综合效果最佳。根据我们多年的教学经验，学生学习 Verilog HDL 的全部内容后，运用 Verilog HDL 子集描述可综合电路的能力往往偏弱，设计出的电路性能不高。因此，本书特别说明了 RTL 与时序电路模型之间的关系，详细讨论了如何在 RTL 描述电路以获得最好的电路综合结果。我们根据多年的实际设计经验，在书中总结了数字 IC 常用的设计方法，包括乒乓操作设计、基于状态机的设计、基于流水线的设计、基于握手的数据交换设计以及仲裁设计，并给出了各种方法对应的参考设计。

基于标准单元的大规模数字 IC 设计流程涉及诸多 EDA 工具，每个工具都有几百页的说明书，为了使读者能快速地掌握主要设计流程及其对应工具的使用方法，本书从实用的角度，选择性地介绍了 EDA 工具主要的支撑平台 Linux 常用的命令及编写 EDA 脚本的工具命令语言（Tool Command Language，TCL）子集、确认设计有效性的动态仿真工具和验证方法、将代码转换成网表的逻辑综合工具、通过数学手段对网表进行时序分析的静态时序分析工具、基于数理逻辑的形式化验证工具和基于自动布局布线生成 GDSII 文件的物理设计工具等。

本书针对基于标准单元的数字 IC 设计，描述了从前端到后端的完整设计流程。选用本书的教师可以在课程之初即向学生布置一个略复杂的数字电路系统/模块设计任务，如简单的 RISC 架构微处理器、接口驱动电路、卷积神经 CNN 加速器等，也可以鼓励学生按照自己的兴趣和能力，自己设置题目；随着课程进展，教师可安排学生逐步完成电路的设计、仿真、逻辑综合、静态时序分析、形式化验证以及物理设计等，从而使学生掌握全流程数字 IC 设计的基本方法和主要工具的使用方法，对数字 IC 设计有全面的认识。本书也描述了设计过程中使用 EDA 工具可能遇到的常见问题，供读者调试时参考。

本书的讲义一直用于西安邮电大学集成电路设计与集成系统专业的"EDA 技术实验"课程，效果良好。在英特尔移动通信技术（西安）有限公司的支持下，本书编者申请了教育部产学合作协同育人项目并获批,在此基础上进一步完善讲义形成了书稿。随着我国集成电路产业的发展,越来越多的大学设置了集成电路设计与集成系统专业,越来越多的从业人员选择从事数字 IC 设计工作,我们认为有必要出版一本涵盖数字 IC 设计方法和 EDA 工具使用方法的教材,使读者可以全面地了解数字 IC 设计,从而有机会进入数字 IC 设计领域。另外一方面党的二十大提出"全面提高人才自主培养质量","加强教材建设和管理"等教育新命题,教材无疑是自主人才培养的重要支撑,其质量关系着人才培养质量。我们希望能基于我们多年教学和科研的积累,出版一本质量较高的数字 IC 设计教材,为我国的教材建设尽绵薄之力。

　　本书根据编者从事数字 IC 开发的经验总结而成,参与编写的人员包括教学科研一线教师、企业工程师等。杜慧敏、邓军勇规划了全书内容并主笔第 1 章、第 2 章,杨博文参与了第 1 章的撰写;山蕊、曾泽沧、郝鹏参与了第 2 章的撰写;第 3 章由山蕊撰写;第 4 章、第 6 章、第 7 章由邓军勇撰写;第 5 章由曾泽沧撰写;第 8 章由常立博撰写;第 9 章由杨博文撰写。杨博文负责全书的统稿工作。

　　限于编者水平,书中难免存在不妥之处,恳请读者见谅并批评指正。

编　者

2023 年 5 月

目 录

第1章 绪 论

1.1 EDA 工具发展概述 …………………… 1
1.2 数字集成电路设计流程 ………………… 2
1.3 自顶向下与自底向上设计方法 ………… 3
1.4 在 RTL 描述时序电路 …………………… 4
1.5 主流 EDA 工具 …………………………… 5
习题 1 …………………………………………… 6

第2章 用 Verilog HDL 描述可综合电路

2.1 代码规范概述 …………………………… 7
2.2 命名规范与格式规范 …………………… 7
　2.2.1 文件头说明 ………………………… 7
　2.2.2 命名及相关规范 …………………… 8
　2.2.3 格式规范 …………………………… 10
2.3 Verilog HDL 关键语法规范 …………… 11
　2.3.1 信号定义规范 ……………………… 11
　2.3.2 组合电路建模 ……………………… 13
　2.3.3 generate 语句的用法 …………… 15
　2.3.4 只读常数表 ………………………… 16
2.4 时钟与复位相关问题 …………………… 17
　2.4.1 时钟电路 …………………………… 17
　2.4.2 复位电路 …………………………… 18
　2.4.3 电路时序 …………………………… 19
　2.4.4 跨时钟域电路 ……………………… 24
2.5 常用的设计方法 ………………………… 34
　2.5.1 基于乒乓操作的设计 ……………… 34
　2.5.2 基于状态机的设计 ………………… 36
　2.5.3 基于流水线的设计 ………………… 41
　2.5.4 用握手协议进行数据交换 ………… 44
　2.5.5 仲裁设计 …………………………… 48
2.6 设计举例 ………………………………… 51
　2.6.1 XLGMII 简介 ……………………… 51
　2.6.2 以太网帧结构 ……………………… 52

　2.6.3 MAC_RX 功能介绍 ………………… 53
　2.6.4 MAC_RX 输入输出定义 …………… 53
　2.6.5 MAC_RX 输入输出时序说明 ……… 54
　2.6.6 以太网帧头信息提取说明 ………… 56
　2.6.7 顶层设计 …………………………… 57
　2.6.8 xlgmii_pmd2core 模块 …………… 58
　2.6.9 xlgmii_rx 模块 …………………… 60
习题 2 …………………………………………… 70

第3章 动态验证

3.1 验证的概念 ……………………………… 71
3.2 验证方法 ………………………………… 72
3.3 验证平台搭建 …………………………… 73
3.4 验证平台实例 …………………………… 74
　3.4.1 基本验证平台实例 ………………… 74
　3.4.2 复杂功能验证平台实例 …………… 81
3.5 Synopsys VCS 仿真流程简介 ………… 84
　3.5.1 VCS 简介 ………………………… 84
　3.5.2 VCS 两种工作模式 ……………… 84
　3.5.3 VCS-DVE 基本仿真流程 ………… 85
　3.5.4 VCS 图形化的集成调试
　　　　 环境 …………………………………… 94
　3.5.5 VCS 代码覆盖率统计 …………… 99
3.6 门级仿真 ………………………………… 104
　3.6.1 综合后门级网表仿真 ……………… 105
　3.6.2 版图后网表仿真 …………………… 106
　3.6.3 带有异步路径的时序仿真 ………… 110
习题 3 …………………………………………… 111

第4章 EDA 工具运行环境简介

4.1 Linux 系统 ……………………………… 113
　4.1.1 Linux 简介 ………………………… 113

4.1.2　Linux 常用命令 ………………… 115
4.2　vi 编辑器 …………………………………… 133
　　4.2.1　基本操作 ………………………… 133
　　4.2.2　使用技巧 ………………………… 138
习题 4 …………………………………………… 143

第 5 章　TCL 简介

5.1　TCL 基础 …………………………………… 144
　　5.1.1　TCL 命令的基本语法 …………… 144
　　5.1.2　TCL 表达式和计算命令 ………… 148
　　5.1.3　TCL 中的字符串操作 …………… 150
5.2　TCL 中的数据结构 ………………………… 156
　　5.2.1　列表操作 …………………………… 156
　　5.2.2　数组操作 …………………………… 160
5.3　TCL 中的控制结构 ………………………… 163
　　5.3.1　if 命令 ……………………………… 163
　　5.3.2　switch 命令 ………………………… 164
　　5.3.3　循环命令 …………………………… 165
5.4　过程命令 …………………………………… 167
习题 5 …………………………………………… 170

第 6 章　逻辑综合

6.1　逻辑综合简介 ……………………………… 173
　　6.1.1　DC 简介 …………………………… 173
　　6.1.2　时序分析相关概念 ………………… 177
　　6.1.3　综合流程 …………………………… 180
6.2　逻辑推断 …………………………………… 181
6.3　图形用户界面 ……………………………… 188
　　6.3.1　Design Analyzer …………………… 188
　　6.3.2　Design Vision ……………………… 200
6.4　基于 TCL 的命令行界面 …………………… 209
　　6.4.1　工具启动 …………………………… 210
　　6.4.2　设计读入与链接 …………………… 210
　　6.4.3　工作环境设置 ……………………… 213
　　6.4.4　设计约束 …………………………… 217
　　6.4.5　设计优化 …………………………… 224
　　6.4.6　导出报告 …………………………… 230
　　6.4.7　保存设计 …………………………… 232
6.5　综合报告分析 ……………………………… 232
　　6.5.1　面积报告 …………………………… 232
　　6.5.2　时序报告 …………………………… 233
　　6.5.3　时序检查报告 ……………………… 239
　　6.5.4　设计检查报告 ……………………… 240
　　6.5.5　其他报告 …………………………… 240
6.6　脚本实例 …………………………………… 243
习题 6 …………………………………………… 247

第 7 章　静态时序分析

7.1　静态时序分析简介 ………………………… 249
　　7.1.1　基本概念 …………………………… 249
　　7.1.2　PrimeTime 简介 …………………… 249
7.2　PT 命令行界面 ……………………………… 254
　　7.2.1　工具初始化 ………………………… 254
　　7.2.2　设计读入 …………………………… 254
　　7.2.3　时序约束 …………………………… 254
　　7.2.4　导出报告 …………………………… 258
7.3　延时约束与反标 …………………………… 260
　　7.3.1　基本约束与布图前时序
　　　　　分析 ………………………………… 260
　　7.3.2　基于寄生参数反标的时序
　　　　　分析 ………………………………… 265
　　7.3.3　基于 SDF 的延时数据反标 ……… 267
7.4　时序例外分析 ……………………………… 270
　　7.4.1　设置伪路径 ………………………… 270
　　7.4.2　设置多周期路径 …………………… 275
　　7.4.3　设置最大和最小路径延时 ………… 279
　　7.4.4　时序例外的优先级 ………………… 280
7.5　工作条件分析 ……………………………… 282
　　7.5.1　单一工作条件分析 ………………… 282
　　7.5.2　片上参数变化工作条件
　　　　　分析 ………………………………… 284
　　7.5.3　考虑 CRPR 的片上参数变化
　　　　　工作条件分析 ……………………… 285
习题 7 …………………………………………… 285

第 8 章　形式化验证

8.1　Formality 中的基本概念 …………………… 286
　　8.1.1　参考设计与实现设计 ……………… 286

8.1.2 比较点和逻辑锥 …………………… 287
8.1.3 设计等价 …………………………… 288
8.1.4 容器 ………………………………… 289
8.2 基于 Formality 的 ASIC 设计流程 … 289
8.3 Formality 验证流程 ………………… 291
　　8.3.1 环境设置 …………………………… 291
　　8.3.2 启动 Formality ……………………… 292
　　8.3.3 Guidance …………………………… 293
　　8.3.4 Setup ……………………………… 295
　　8.3.5 Match ……………………………… 300
　　8.3.6 Formality 形式化验证 ……………… 300
习题 8 ……………………………………… 301

第 9 章 物理设计

9.1 ICC 简介 …………………………… 302
9.2 数据准备 …………………………… 303
　　9.2.1 物理库:Milkyway 数据库 ………… 304
　　9.2.2 逻辑库:.db 文件 …………………… 305
　　9.2.3 数据建立示例 ……………………… 306
　　9.2.4 总结示例 …………………………… 311
9.3 设计规划 …………………………… 313
　　9.3.1 概述 ………………………………… 313
　　9.3.2 创建布图规划 ……………………… 314
　　9.3.3 VFP ………………………………… 319
　　9.3.4 降低拥塞 …………………………… 321

9.3.5 电源网络综合 ……………………… 324
9.3.6 降低延迟 …………………………… 330
9.3.7 写出 DEF 文件并重新综合 … 333
9.4 布局 ………………………………… 334
9.5 时钟树综合 ………………………… 341
　　9.5.1 时钟树综合建立 …………………… 341
　　9.5.2 时钟树综合核心流程 ……………… 345
9.6 布线 ………………………………… 346
　　9.6.1 Zroute 简介 ………………………… 346
　　9.6.2 布线准备 …………………………… 346
　　9.6.3 设置布线选项 ……………………… 347
　　9.6.4 时钟线布线 ………………………… 349
　　9.6.5 信号布线 …………………………… 350
　　9.6.6 布线后优化 ………………………… 351
　　9.6.7 布线完成 …………………………… 354
9.7 芯片生成和 DFM …………………… 356
　　9.7.1 插入 tap 单元 ……………………… 356
　　9.7.2 修复天线违规 ……………………… 358
　　9.7.3 插入冗余过孔 ……………………… 359
　　9.7.4 减少关键区域 ……………………… 363
　　9.7.5 插入 filler 单元 …………………… 365
　　9.7.6 插入金属填充 ……………………… 365
9.8 ICC 输出文件 ……………………… 366
习题 9 ……………………………………… 367

参考文献 …………………………………… 368

第 1 章

绪 论

数字集成电路（Integrated Circuit，IC）设计方法和 EDA（Electronics Design Automation，电子设计自动化）工具伴随着半导体工艺的快速发展而发展，共同推动着数字 IC 按照摩尔定律高速发展。其应用大幅度地提高了芯片开发效率，缩短了芯片的开发时间，促使各类新应用层出不穷、电子产品不断更新换代，极大推进了社会信息化的发展，改变着人们的生活方式。

1.1 EDA 工具发展概述

EDA 技术是指以计算机为基本工作平台完成电子系统自动设计的技术。EDA 工具是融合了图形学、电子学、计算机科学、拓扑学、逻辑学和优化理论等多学科和理论的研究成果而开发的软件系统。借助 EDA 工具，电子设计工程师可以利用计算机完成包括产品规范定义、电路设计和验证、性能分析、IC 版图和 PCB（Printed-Circuit Board，印制电路板）版图输出等在内的整个电子产品的开发过程。EDA 工具的发展极大地改变了电子产品设计方法和手段，大幅度地提高了电子产品的设计效率和可靠性。

EDA 工具最早是在 20 世纪 70 年代初出现的，那时 IC 也刚出现不久。当时的数字 IC 由数目不多的逻辑门组成，可完成简单的功能，如 TI 公司的 7400 系列。当时 IC 设计的整个过程都是人工完成的，工程师无法对非线性元件的行为进行精确的预测，往往第一个原型芯片不能很好地工作，需要对设计进行多次修改，直到设计出的 IC 完全符合要求。为了解决这个问题，美国加州大学伯克利分校推出了计算机仿真程序 SPICE（Simulation Program with IC Emphasis），它可以仿真包括非线性元件在内的电路网络，并可预测电路随时间变化的频率特性。SPICE 是非常重要的仿真工具，现在依然是模拟电路设计中不可缺少的工具之一。SPICE 可以说是 EDA 工具的先驱，它的出现极大地提高了电路设计的效率。

CAD（Computer Aided Design，计算机辅助设计）工具最初是为机械和结构工程开发的，但是人们很快便发现 CAD 工具可用于任意几何设计。利用 CAD 工具，设计人员可以方便地输入、修改和存储多边形数据，然后通过机械光系统或电子束将这些多边形数据转换成物理图像（即掩模）。

在 20 世纪 70 年代，除了仿真工具，其他比较重要的 EDA 工具有用于检查版图几何尺寸的 DRC（Design Rule Check，设计规则检查）工具和版图参数提取工具，这些物理设计工具的出现将设计人员从烦琐而费时的后端设计中解放出来，极大地提高了数字 IC 设计的效率。

在 20 世纪 80 年代，半导体技术发展很快，已经可以在一个芯片上集成上万门电路，20 世纪 70 年代的 EDA 工具已不能适应这么大规模的数字 IC 设计。所幸这个时期计算机技术也有很大的发展，高性能的工作站和软件图形界面开发为 EDA 工具的发展奠定了很好的基础。这个阶段主要的 EDA 工具有以下几种。

（1）原理图编辑器。最初人们用网表描述设计，网表包含一个设计的所有的元件和元件之间的互连关系。由于网表数据量小又包含设计的所有信息，因此非常适于存储，但是网表描述形式不利于设计人员理解电路。20 世纪 80 年代，原理图编辑器一经推出，便因直观、易于理解而受到设计人员的欢迎。

（2）自动布局布线工具。这是自动确定芯片上元件的位置和元件之间互连关系的工具，该工具极大地提高了布局布线的效率。

（3）逻辑仿真工具。这类仿真工具将信号离散化，内建延时模型，可根据电路自动计算出延时。

这个时期的其他 EDA 工具包括逻辑综合工具（允许用户将网表映射到不同的工艺库中）、PCB 布图工具等，它们使得设计自动化的程度进一步提高，实现了从设计输入到版图输出的全流程的设计自动化。

20 世纪 80 年代，一些研究人员提出从设计描述开始，如从布尔表达式或寄存器传输级的描述开始，自动完成 IC 设计过程中的所有步骤，直到最后生成版图的设想。但是这个设想一开始只是空谈，直到硬件描述语言如 Verilog HDL 和 VHDL 标准化之后，一些 EDA 公司在这些描述语言基础上开发了实现设计自动变换（即从设计输入到网表变换）的逻辑综合工具（简称综合工具），才真正地实现了这个目标。

早期的综合工具构建出的电路性能不是非常高，存在不少缺点，综合效率也比较低，经过不断的改进，目前综合工具已经普遍被业界所接受。主要的原因是 20 世纪 90 年代中后期，许多高校开设了 Verilog HDL 和 VHDL 的课程，新一代的电子设计工程师习惯用语言而不是电路图描述电路；另外一个原因是半导体工艺快速发展，设计规模变得非常大，功能也非常复杂，传统的基于电路图的方法已经不能适应当代的设计要求。综合工具的开发是 EDA 工具历史上的一次革命，它彻底地改变了人们的设计方法，极大地提高了设计效率。20 世纪 90 年代后期，面向 SoC（System on Chip，单片系统）的高层次综合研究迅速兴起，目标是把硬件和软件作为一个整体进行描述和转换。

除了综合工具，验证工具也在 20 世纪 90 年代后期迅猛发展。系统建模工具、静态时序分析工具、形式化验证工具成为电子设计工程师完成设计的重要辅助手段。此后，伴随半导体工艺的发展和各个学科的进步，EDA 工具快速发展，与之对应的产业也得到巨大发展。20 世纪 80 年代成立的 Cadence 和 Synopsys 两家 EDA 公司一直引领全球 EDA 工具的发展，提供了完备的数字 IC 设计工具链，包括设计、仿真、综合、自动布局布线、版图设计及验证等。

1.2 数字集成电路设计流程

下面简单介绍基于标准单元的数字 IC 设计的主要步骤。

（1）需求定义：根据应用需求，定义整个系统的功能和性能。

（2）方案设计：按照自顶向下或自底向上的设计方法，将系统划分为规模较小、功能相对独立的子模块，并确立它们之间的关系。

（3）设计输入：用硬件描述语言（如 Verilog HDL 或者 VHDL）在 RTL（Register Transfer Level，寄存器传输级）描述划分好的模块。RTL 编码将在第 2 章讨论。

（4）功能仿真：用 SystemVerilog 或者硬件描述语言产生输入激励，验证设计是否符合定义的模块功能。设计输入和功能仿真两个步骤需要重复迭代，如果不满足功能要求，则需要检查编码是否正确。功能仿真将在第 3 章讨论。

（5）逻辑综合：逻辑综合工具利用芯片制造厂商的工艺库，根据设计约束（如面积、功耗、频率等），将在 RTL 描述的电路转换成用基本逻辑门表示的网表文件（基本逻辑元件及其互连关系）。如果综合结果的网表满足设计约束，则进行 DFT（Design For Test，可测性设计）。逻辑综合将在第 6 章讨论。

（6）形式化验证：本书所描述的形式化验证指利用等价性检验工具检查数字 IC 后端设计中不同步骤生成的网表是否一致。形式化验证将在第 8 章讨论。

（7）布局布线：根据芯片的时序和面积要求，合理摆放单元的位置，并根据芯片需求进行时钟树综合和电源网络综合；进行 DRC，完成全局和局部的布线工作。具体内容在第 9 章讨论。

（8）提取寄生参数：完成布局布线后生成网表文件和标准单元的 LEF/DEF 格式文件，用参数提取工具提取对应寄生参数并以 SPEF 等文件格式保存。

（9）物理验证：检查布局布线后的网表是否满足功能、时序、面积、功耗、DFT 等要求，并进行 DRC（Dynamic Range Control，动态范围控制）、LVS（Layout Versus Schematic，版图与逻辑匹配）验证、ERC（Electrical Rule Check，电气规则检查）、ESD（Electro-Static Discharge，静电放电）检查、SI（Signal-Integrity，信号完整性）检查、IR 压降等。具体内容在第 9 章讨论。

（10）静态时序分析：物理实现之后网表包含电路的时序信息，利用 STA（Static Timing Analysis，静态时序分析）工具检查电路设计时序是否满足要求。静态时序分析在第 7 章讨论。

（11）设计完成：生成验证后的 GDSII 格式文件，交付制造厂商进行生产。

典型的数字 IC 设计流程如图 1-1 所示。从需求定义到最后的设计完成，不同的环节需要多次迭代以满足需求。

图 1-1 典型的数字 IC 设计流程

1.3 自顶向下与自底向上设计方法

EDA 工具的发展推动了数字 IC 设计方法的变化。数字 IC 设计的抽象层次如图 1-2 所示，通常所说的 RTL 包含可综合的门级、行为级和数据流级。电路描述的抽象层次越低，细节越多；抽象层次越高，细节越少。早期的数字 IC 设计，由于 EDA 工具的功能还比较简单，采用自底向

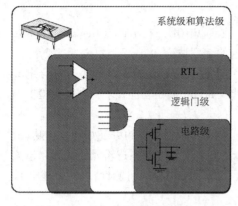

图 1-2　数字 IC 设计的抽象层次

上的设计方法，从底层的版图开始，然后是电路设计、逻辑设计、模块设计，直到完成所设计电路的功能。这种设计方法效率低、设计周期长、设计质量难以保证，适用于小规模数字 IC 设计。

随着微电子技术的快速发展，如今在单个芯片上可以集成数以百亿计的晶体管，实现复杂系统。传统的自底向上的设计方法已经不能适应当代的设计要求，自顶向下的设计方法成为数字 IC 设计的主流设计方法。

自顶向下的设计方法是和 EDA 工具同步发展起来的，借助 EDA 工具可以实现数字 IC 设计从高层次到低层次的变换。1.2 节的数字 IC 设计流程就是自顶向下设计方法的体现。在这个设计流程中，设计人员从制定系统的规范开始，依次进行系统级设计和验证、模块级设计和验证、设计综合和验证、布局布线和时序验证，产生 IC 生成所用的文件并交付 IC 制造厂商。自顶向下的设计方法的优点是显而易见的，在整个设计过程中，借助 EDA 工具可以及时发现每个设计环节的错误并修正，最大限度地避免把错误带入后续的设计环节。设计人员可以把精力集中于系统设计与实现方案，而不是底层的物理实现细节。一旦方案成熟，可以在 RTL 描述电路，由 EDA 工具自动完成整个设计。由于是在设计的更高层描述电路，不用设计底层实现的细节，因此减少了失误，这不但极大地提高了设计效率，也提高了设计的可靠性，大幅度地缩短了数字 IC 的开发周期。

1.4　在 RTL 描述时序电路

任何一个时序电路都可以抽象成为一个有限状态机，可以用 <状态,输入,次态函数,输出函数> 四元组描述：一个状态机在一个时刻只能处于一个状态，该状态为当前状态；次态函数根据当前状态和当前输入计算状态机下一个时刻进入的状态，该状态称为次态；输出函数根据当前状态（或可能和输入一起）计算状态机的输出。时序电路的抽象模型如图 1-3 所示，组合逻辑电路用于实现次态函数和输出函数，存储电路用于保存当前状态。

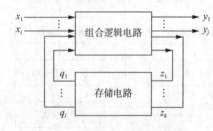

图 1-3　时序电路的抽象模型

从 RTL 来看有限状态机（时序电路）时，R、T、L 可以解释如下。

（1）R：指存储电路（如 D 触发器或者存储器等），它们在定时信号的作用下，保存组合电路计算出的次态信息。定时信号可以是时钟/复位信号。

（2）T：传输，指次态计算和输出计算，计算的主体就是组合电路。

（3）L：指描述设计的抽象级别。

在数字 IC 设计中，我们通常在 RTL 描述一个时序电路，目前综合工具对在 RTL 描述的时序电路的综合效果是最好的。

为了说明如何在 RTL 描述一个电路，我们以一个简单异步复位模 8 计数器的设计为例，代码如下：

```verilog
module counter_8(input clk,
input rst,
output puls);
reg [2:0] cnt;
wire [2:0] cnt_nxt;
always @ (posedge clk or negedge rst)      //存储元件,保存状态
if (~rst)
    cnt <= 3'h0;
else
    cnt <= cnt_nxt;
assign cnt_nxt = cnt + 1;                   //计算次态
assign puls = (cnt == 3'h7);                //计算输出,Moore机
endmodule
```

在上面的代码中,我们用 Verilog HDL 将计数器描述成了由存储电路和组合逻辑电路两个部分构成的电路,其中存储元件由 always 过程语句描述,状态由 cnt 表示,而计算次态用组合电路 assign cnt_nxt = cnt + 1 描述。

1.5 主流 EDA 工具

本节描述设计各阶段用到的主流 EDA 工具,主要包括系统级验证工具、代码质量分析工具、仿真与数字纠错工具、逻辑综合工具、静态时序分析工具、形式化验证工具、布局布线工具、物理验证工具等。除此之外,为了便于项目管理,还会用到版本管理工具。简单介绍如下。

1. 系统级验证工具

系统级验证主要验证设计规范的正确性,可以通过编写 C/C++/SystemC/SystemVerilog 模型进行仿真,也可以使用专门的验证工具,例如,Cadence 公司的 SPW 是功能强大的算法仿真工具,Synopsys 公司的 CoCentric 是算法、架构、硬件和软件多层抽象模型的联合验证和分析的规范环境。

2. 代码质量分析工具

代码质量分析工具用于检查 RTL 的设计规则,分析 RTL 代码是否能够适应后续的流程,检查内容包括状态机的分析、竞争和冒险、设计重用、综合与可测性以及用户自定义等。代码质量分析工具有 Synopsys 公司的 LEDA 和 SpyGlass 等。

LEDA 是可编程的语法和设计规范检查工具,它能够对全芯片的 RTL 描述进行检查,加速 SoC 的设计流程。厂商已经预先在 LEDA 中集成了 IEEE 可综合规范、可仿真规范、可测性规范和设计复用规范等共计 3114 条规则,用户也可以自己定义规则。

SpyGlass 采用先进的静态和动态分析来检查和诊断设计中可能存在的潜在问题,然后用其分析和追踪引擎来追踪问题的根源,最后给出解决问题的方法和建议。SpyGlass 能够指出 SoC 设计中存在的问题,如跨时钟域问题、同步问题以及集成问题等。同时,SpyGlass 还可以检查电子设计规则来确保设计符合工业设计标准或者用户自己定义的标准。

3. 仿真与数字纠错工具

仿真工具有很多,如 Cadence 公司的 NC、Synopsys 公司的 VCS/VSS、Mentor 公司的 ModelSim、

QuestaSim 等。数字纠错工具主要有 Synopsys 公司的 Verdi。

4. 逻辑综合工具

逻辑综合工具用于完成电路从 RTL 描述到门级网表的转换。通常使用的逻辑综合工具包括 Synopsys 公司的 DC（Design Compiler）、Cadence 公司的 Genus、BuildGates 和 Encounter RTL Compiler，Magma 公司的 Talus RTL 等。目前 DC 是专用集成电路（Application Specific Integrated Circuit，ASIC）设计中流行的综合工具。嵌入 DC 的 Power Compiler 可以用于功耗优化，能够自动将设计的功耗最小化，提供综合前的功耗预估，让设计者可以更好地规划功耗分布，在短时间内完成低功耗设计。

5. 静态时序分析工具

静态时序分析是一种穷尽分析方法，可以提取整个电路的所有时序路径，且不依赖于激励，运行速度很快，占用内存很少，适合进行超大规模的片上系统电路的验证，可以节省多达 20% 的设计时间，但是静态时序分析无法验证电路的动态行为。

Synopsys 公司的 PrimeTime 是一种具有签收品质（sign-off quality）的 STA 工具。PrimeTime 可以针对复杂芯片进行全芯片、门级静态时序分析，设计者利用 PrimeTime 能够分析并解决复杂的时序问题，并提高时序收敛的速度。PrimeTime 是目前众多半导体厂商认可的、作为业界标准的静态时序分析工具。

6. 形式化验证工具

形式化验证不需要仿真向量。将形式化验证和静态时序分析这两种静态验证方法结合起来，可以大大提高验证效率。在典型的设计流程中，形式化验证可用于整个设计周期，保证各步骤设计的功能等价。

常用的形式化验证工具有 Synopsys 公司的 Formality、Cadence 公司的 Logic Equivalence Checker 等。

7. 布局布线工具

布局布线工具主要完成平面规划、布局、全局布线、详细布线、时钟网络规划等物理设计任务。优化布局布线能够减小芯片面积、提高芯片性能。

常用的布局布线工具有 Cadence 公司的 Brian、Synopsys 公司的 IC Compiler、Magma 公司的 BlastFusion 等。

8. 物理验证工具

物理验证的主要任务是设计规则检查、电气规则检查、寄生参数提取、版图原理图比对等。

常用的物理验证工具有 Synopsys 公司的 Star-RCXT、Hercules，Cadence 公司的 Assura、Dracula 以及 Mentor 公司的 Calibre 等。

9. 版本管理工具

在芯片开发流程中，文档、代码、网表、工具配置脚本、工艺库甚至 EDA 工具本身都在不断变更，版本控制的重要性日益凸显。常用的版本管理工具有 CVS、Subvision 等，这些工具都包括 Windows 和 Linux 等版本。

习题 1

1. 请简单描述基于标准单元的数字 IC 设计流程。
2. 数字 IC 开发过程中主流的 EDA 工具有哪些？分别用于项目开发的什么阶段？

第 2 章

用 Verilog HDL 描述可综合电路

数字 IC 综合工具只支持 Verilog HDL 的可综合子集,本章重点讨论用 Verilog HDL 描述数字 IC 时的一些代码规范和常用的数字 IC 设计方法。

2.1 代码规范概述

现代数字 IC 往往需要实现复杂的功能,设计过程复杂烦琐,合理的设计流程和设计规则是完成设计的保障手段。

代码规范是设计者在用硬件描述语言描述电路时应该遵循的一些原则,清晰而简单的代码不但可读性和可维护性更强,还可有效地避免 Verilog HDL 代码综合前与综合后的语义不一致的现象,使得综合后的电路易于达到设计功能和性能要求。另外,统一的代码规范使团队成员在共同的语境中设计电路,可以减少沟通成本,提高工作效率。因此,设计者在用 Verilog HDL 描述数字 IC 时,应该遵循代码规范,形成良好的编写代码风格,以提高电路设计效率,保证电路设计的成功率和可靠性。

各家公司的代码规范各有不同,但是基本原则都是在 RTL 描述电路功能,以便综合工具高效地综合出电路。

2.2 命名规范与格式规范

2.2.1 文件头说明

在每个源文件(包括脚本文件)头加一段清楚的说明,可使读者对模块有大致的认识。文件头说明一般应包括法律陈述,如保密性、版权、不可复制性等;文件名和作者;功能描述和模块要点;时钟和复位说明;修改历史,如日期、修改人、修改内容等,如图 2-1 所示。

```
//-------------------------------------------------------------
//File:          myFile.v
//Module:        myMod1, myMod2
//Author:        BUZHIDAO
//Date:          5/12/2019
//-------------------------------------------------------------
//Clock Domain:clk_100MHz
//Reset Strategy:rst_n,asynchronous,active low
//-------------------------------------------------------------
//Copyright: my company, all rights reserved
//Please keep the content of this file confidential.
//-------------------------------------------------------------
//Description:   This module is used to illustrate file header
//               informational comments
//Revision History:
//Rev.level      date           coded by         description
//1.0.1          2020.10.2      BUZHIDAO         add the fifo
//-------------------------------------------------------------
```

图 2-1　文件头说明示例

2.2.2　命名及相关规范

本小节说明模块接口信号、参数和变量的命名规范，数字表示规范，注释规范，常用后缀和缩略词等。

1. 模块接口信号命名规范

（1）时钟信号以 clk_ 为前缀。

（2）复位信号以 rst_ 为前缀，低电平复位以 _n 或者 _b 为后缀（在同一个项目中保持一致）。

（3）信号命名建议不超过 32 个字符。

（4）信号命名要体现功能含义。

（5）建议以 i_ 作为前缀表示输入信号。

（6）建议以 o_ 作为前缀表示输出信号。

（7）建议先定义时钟信号与复位信号，再定义输入信号，最后定义输出信号。

（8）不能以 Verilog HDL 关键字作为信号名。

2. 参数命名规范

（1）参数名不能为 Verilog HDL 的关键字。

（2）参数名建议不超过 32 个字符。

（3）参数名建议采用大写字母。

（4）参数名不能与变量名相同。

例如：

```
module prbs_chk
#( parameter IDLE = 2'b00,        //状态机的空闲状态
   parameter DATA_WIDTH = 8       //数据宽度
)
( input    wire    clk_prbs       ,  //  时钟信号
  input    wire    rst_prbs_n     ,  //  低电平复位
  input    wire    i_prbs         ,  //  prbs 输入信号
  output   wire    o_error           //  错误输出
);
```

3. 变量命名规范

（1）变量名不能为 Verilog HDL 关键字。
（2）变量名必须以字母开头。
（3）变量名建议采用小写字母。
（4）变量名不能与参数名、接口信号名相同。
（5）变量名建议不超过 32 个字符。
（6）变量必须在使用前声明。

例如：

```
reg [1:0]    current_state ;       //当前状态
reg [1:0]    next_state    ;       //次态
```

4. 数字表示规范

（1）数字必须采用位宽加进制的表示方式。
（2）当数字表示超过 4 个字符时采用 "_" 分割。

例如：

```
cnt  = 2'b00           ;
data = 32'hdead_beef    ;
```

5. 注释规范

（1）单行注释形式为 "//注释文字"，多行注释形式为 "/*注释文字*/"，建议采用单行注释。
（2）端口声明、变量声明、参数声明必须有注释。
（3）每个 always 块、assign 语句、函数都必须有注释。
（4）注释应该简明、扼要、清晰。
（5）每个选择分支要有注释。

6. 常用后缀

（1）地址信号统一加后缀：_addr。
（2）数据信号统一加后缀：_data/_din/_dout。
（3）使能信号统一加后缀：_en。
（4）不使能信号统一加后缀：_dis。
（5）有效信号统一加后缀：_vld。

(6) 片选信号统一加后缀：_cs。
(7) 读写信号统一加后缀：_wr。
(8) 写信号统一加后缀：_we。
(9) 读信号统一加后缀：_rd。
(10) 未用的输出端口统一加后缀：_nc。
(11) 信号低电平有效统一加后缀：_b 或者_n（否则认为是高电平有效）。
(12) 上升沿信号统一加后缀：_pos。
(13) 下降沿信号统一加后缀：_neg。
(14) 延时信号统一加后缀：_dly。延时周期数跟在后面：_dly1,_dly2,…。
(15) 提前信号统一加后缀：_pre。提前周期数跟在后面：_pre1,_pre2,…。
(16) 测试信号统一加后缀：_tst/_test。

7. 缩略词

表2-1 所示为常用信号的缩略词名称。

表 2-1 常用信号的缩略词名称

含义	缩略词名称	含义	缩略词名称	含义	缩略词名称
ready	rdy	address	addr	empty	ept
enable	en	disable	dis	full	full
request	req	command	cmd	error	err
acknowledge	ack	register	reg	right	rgt
interrupt	int	control	ctrl	start	str
transmit	tx	data in	din	end	end
receiver	rx/rcv	data out	dout	write	we
transmit data	txd	maximum	max	read	rd
receive data	rxd	minimum	min	write and read	wr
posedge	pos	increase	inc	clear	clr
negedge	neg	decrease	dec	pulse	pls
pixel	pxl	division	div	interface	inf
coefficient	coef	average	avg	middle	mid
counter	cnt	valid	vld	pointer	ptr
frame	fr	number	num	temporary	tmp

2.2.3 格式规范

1. 缩进与对齐

(1) 语句间存在层次关系时进行一次缩进。
(2) 缩进采用4个或2个空格，而不是制表符。
(3) 一行只有一条 Verilog HDL 语句。
(4) 一行只有一个端口/信号/参数声明。
(5) 邻行的关键字左对齐。

（6）邻行的运算符对齐。

（7）邻行的标点符号对齐。

（8）邻行的注释左对齐。

（9）if 和 else、else if 左对齐。

2. 模块例化规范

（1）模块例化采用显式例化，禁止采用隐式例化。

（2）模块例化时接口信号顺序与模块接口信号顺序一致。

（3）模块例化时接口位宽必须匹配。

（4）多个模块例化时，模块的例化顺序建议与模块间数据流关系保持一致。

（5）模块例化时，符号"."" ,"" ( )"" //"对齐。

（6）模块例化名建议在原模块名上加后缀_un（$n = 0,1,2,\cdots$）。

例如：

```
//模块例化名 prbs_chk_u0
prbs_chk prbs_chk_u0(
    .clk_probs      (clk_probs  ),// 时钟信号
    .rst_prbs_n     (rst_prbs_n ),// 复位信号
    .i_prbs         (s_prbs0    ),// 模块例化的数据输入
    .o_error        (s_error0   ) //模块例化的结果输出
);
//模块例化名 prbs_chk_u1
prbs_chk prbs_chk_u1(
    .clk_probs      (clk_probs  ),// 时钟信号
    .rst_prbs_n     (rst_prbs_n ),// 复位信号
    .i_prbs         (s_prbs1    ),// 模块例化的数据输入
    .o_error        (s_error1   ) // 模块例化的结果输出
);
```

3. 宏定义规范

（1）禁止模块开发者定义宏，所有宏定义由项目组统一定义并编制文件。

（2）在 Verilog HDL 的模块文件中禁止使用 define。

2.3　Verilog HDL 关键语法规范

本节介绍 Verilog HDL 描述电路时的一些规范。

2.3.1　信号定义规范

1. 信号位宽定义规范

（1）算术运算的两个操作数的位宽可以不匹配。

```
wire [3:0] result;
wire [3:0] add1;
wire [1:0] add2;
assign result = add1 + add2;          // 位宽不一致的两个数可以相加
```

（2）逻辑判断的两个操作数的位宽必须匹配。

```
wire [3:0] cond1;
wire [2:0] cond2;
if (cond1 == cond2)   statement;      // 位宽不等的变量不能进行逻辑运算
if (cond1[2:0] == cond2)  statement;  // 位宽相等的变量比较
```

2. 数组定义规范

在 Verilog HDL 中用数组描述行为级存储器模型，一般有两种形式。
（1）形式一：

```
reg[31:0][3:0]mem1;                   // 寄存器
```

mem1 可以看成是一个位宽为 128 位的寄存器，可以直接赋值：

```
mem1 = 128'd0;
```

（2）形式二：

```
reg[3:0] mem2 [31:0];                 // 存储器
```

mem2 是位宽为 4 位、深度为 32 位的存储器，不能被直接赋值，需要独立按单元赋值：

```
genvar i;
generate
for(i = 0; i < 32; i = i + 1)
    mem2[i] = 4'h0;                   // 给各个存储单元赋值
endgenerate
```

3. 有符号数和无符号数

有符号数和无符号数是逻辑概念，在计算机里均以二进制表示，而在 Verilog HDL 中有符号数可以表示正数和负数，使用关键字 signed 定义，而无符号数只能表示正数。

```
reg signed [3:0] signed_data;
wire signed [3:0] signed_data1;
```

在计算中，无符号数和有符号数不能混用，需要先将符号统一：可以使用系统函数 $ signed 将无符号数转为有符号数，使用系统函数 $ unsigned 将有符号数转为无符号数。无符号数赋值给有符号数，则变成有符号数；有符号数赋值给无符号数，则变成无符号数。

```
wire signed [3:0] signed_data;
wire        [3:0] unsigned_data;
wire        [3:0] data1 = signed_data;           //data1 是无符号数
wire signed [3:0] data2 = unsigned_data;         //data2 是有符号数
```

2.3.2 组合电路建模

1. 用 if…else 描述电路

用 Verilog HDL 描述数字 IC 时，常用 if…else 描述有优先级的电路，综合工具一般会将其综合成多路选择器。if…else 结构允许嵌套，但是原则上嵌套不超过 3 层；另外，if…else if…else if 分支要尽可能清晰，避免交叠条件。设计者描述组合电路时，如果缺失 else 分支，则综合工具将其综合为锁存器并产生警告；描述时序电路时，如果缺少 else 分支，则视为信号保持。

图 2-2 所示为用 if…else 描述有优先级电路的两种方法，代码 2 的可读性更好一些，两种代码都不会生成锁存器。

```
//代码1
always @ *
  begin
    result = value4;
    if (x) result = value1;
    if (y) result = value2;
    if (z) result = value3;
  end
```

```
//代码2
always @ *
  begin
    if (z)        result = value3;
    else if (y)   result = value2;
    else if (x)   result = value1;
    else          result = value4;
  end
```

图 2-2　if…else 描述的优先级电路

2. 用 case 语句描述组合电路

case 语句也可以用于描述组合电路，一般被综合成无优先级的多路选择器（与综合工具相关）。case 语句包含 case、casex 和 casez 这 3 种语句，综合工具不支持 casex 语句。在描述组合电路时，case 语句的分支条件必须完备，即必须含有 default 分支，否则综合出的电路包含锁存器。在时序电路的描述中，缺少 default 分支则视为信号保持。我们可以用 default 分支替换最后一个条件分支以提高验证时的代码覆盖率。

图 2-3 所示为 case 语句合并相同的分支条件后 default 分支的使用风格，推荐右列的代码风格。

```
//不推荐代码风格
case (sel)
  2'b00 : result = value1;
  2'b01 : result = value2;
  2'b10 : result = value3;
  2'b11 : result = value4;
  default: result = value4;
endcase
```

```
//推荐代码风格
case (sel)
  2'b00 : result = value1;
  2'b01 : result = value2;
  2'b10 : result = value3;
  default: result = value4;
endcase
```

图 2-3　default 分支的使用风格

case 语句中各个分支的条件应不同，相同执行动作的分支要合并。图 2-4 给出了相同分支条件合并的 case 语句写法，推荐右列的代码风格。

```
//不推荐代码风格
case (sel)
  2'b00 : result = value1+value2;
  2'b01 : result = value1+value2;
  2'b10 : result = value3;
  default: result = value4;
endcase
```

```
//推荐代码风格
case (sel)
  2'b00,
  2'b01 : result = value1+value2;
  2'b10 : result = value3;
  default: result = value4;
endcase
```

图 2-4　case 语句合并相同的分支条件

使用 casez 语句也可以实现优先级电路，分支中不关心的条件位可以用通配符"?"替代，如图 2-5 所示。

```
casez (sel)
    4'b1??? : result = value1;
    4'b01?? : result = value2;
    4'b001? : result = value3;
    default : result = value4;
endcase
```
图 2-5 casez 语句实现优先级电路

3. 敏感变量列表

always 语句必须包含完整的敏感变量列表，否则综合前后的仿真结果不一致。组合逻辑中可采用"always @ *"的方式来避免敏感变量列表不完整带来的风险，例如：

```
always @ (a)
    c = a || b;
```

上述电路描述中没有将 b 列入敏感变量列表，导致电路综合前后的仿真结果不一致，如图 2-6 所示。

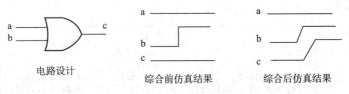

图 2-6 信号敏感变量列表不完整

4. 阻塞赋值与非阻塞赋值

同步时序电路中，要求所有的寄存器同时更新。描述包含寄存器的时序电路时，应该使用非阻塞赋值，当时钟有效沿到来时，所有等式右端的值同时更新左端。如果在时序电路描述中使用阻塞赋值，应特别小心赋值的先后顺序，否则不能产生预期的结果。图 2-7 所示的代码 1，由于使用了阻塞赋值，综合工具将"dout2 = dout1; dout3 = dout2; dout4 = dout3;"综合为组合电路，结果"dout2""dout3""dout4"的值都与"dout1"相同，有兴趣的读者可以尝试用阻塞赋值写出移位寄存器。综合工具将图 2-7 所示的代码 2 综合为移位寄存器。

```
//代码1,阻塞赋值
module shift (clk, rst, din, dout1, dout2, dout3, dout4);
    input clk, rst, din;
    output dout1, dout2, dout3, dout4;
    reg dout1, dout2, dout3, dout4;
    always@ (posedge clk or negedge rst)
        if(! rst) begin
            dout1 = 1'b0;
            dout2 = 1'b0;
            dout3 = 1'b0;
            dout4 = 1'b0;
        end
        else begin
            dout1 = din;
            dout2 = dout1;
            dout3 = dout2;
            dout4 = dout3;
        end
endmodule
```

```
//代码2,非阻塞赋值
module shift (clk, rst, din, dout1, dout2, dout3, dout4);
    input clk, rst, din;
    output dout1, dout2, dout3, dout4;
    reg dout1, dout2, dout3, dout4;
    always@ (posedge clk or negedge rst)
        if(! rst) begin
            dout1 <= 1'b0;
            dout2 <= 1'b0;
            dout3 <= 1'b0;
            dout4 <= 1'b0;
        end
        else begin
            dout1 <= din;
            dout2 <= dout1;
            dout3 <= dout2;
            dout4 <= dout3;
        end
endmodule
```

图 2-7 阻塞赋值与非阻塞赋值

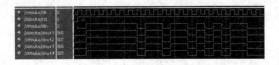 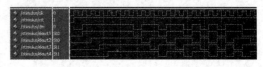

图 2-7　阻塞赋值与非阻塞赋值（续）

2.3.3　generate 语句的用法

Verilog 2001 引入了 generate 语句，有 generate…for、generate…if、generate…case 这 3 种形式。在描述电路时，使用 generate 语句可以极大减少代码量，提高代码简洁程度。

（1）generate…for：用来描述需要多次例化或者代码复制的电路。

```
genvar i;
generate
   for (i=0;i<4;i=i+1)
   begin: label
   always @ *
      result[i] = value[i];              //多位赋值
      xor xor_u (.y(i),.a(i),.b(i));     //多个实例
   end
endgenerate
```

（2）generate…if：用来描述可以根据 if 条件判断选择不同的逻辑行为的电路。

```
generate
   if(OREG == 1)                         //寄存器输出
      begin
        reg [W-1:0] dout1;

        always @ (posedge clk)
           dout1 <= sdd1 + add2;
        assign dout = dout1;
      end
   else
      begin
        assign dout = add1 + add2;
      and
endgenerate
```

（3）generate…case：与 generate…if 语句类似，只是将 if 分支变成 case 分支。

```
generate
   case(OREG)
     0 : assign dout = add1 + add2;           //直接输出
     1 : begin                                //延迟一个时钟周期
           reg [W-1:0] dout1;
           always @ (posedge clk)
             dout1 <= add1 + add2;
           assign dout = dout1;
         end
     2 : begin                                //延迟两个时钟周期
           reg [W-1:0] dout1;
           reg [W-1:0] dout2;
           always @ (posedge clk)
             begin
               dout1 <= add1 + add2;
               dout1 <= add1;
             end
           assign dout = dout2;
         end
endgenerate
```

2.3.4 只读常数表

在数字IC设计中,经常会用到一些常数表,这些常数表需要用只读存储器模型来存放。我们用以下两种方式建立只读存储器模型。

只读存储器:适用于常数表较大时。

组合电路表:适用于常数表较小时,用case语句来实现。

```
always @ (addr)
   case (addr)
     3'b 000: table_data  = 8'b00000001;
     3'b 001: table_data  = 8'b00000010;
     3'b 010: table_data  = 8'b00000100;
     3'b 011: table_data  = 8'b00001000;
     3'b 100: table_data  = 8'b00010000;
     3'b 101: table_data  = 8'b00100000;
     3'b 110: table_data  = 8'b01000000;
     default : table_data = 8;b10000000;
endcase
```

2.4 时钟与复位相关问题

2.4.1 时钟电路

1. 时钟树

目前数字 IC 设计使用的 EDA 工具都支持同步电路设计。在同步电路设计中，要求时钟信号必须在同一时刻到达电路中每个寄存器的时钟输入端（简称时钟端），然而由于布线的原因，时钟信号到达寄存器时钟输入端的时间是有差别的，这种时间差称为时钟歪斜。在数字 IC 中，用时钟信号驱动缓冲器网络（也称时钟树）可减小时钟歪斜。图 2-8 所示为时钟树示意图，▷表示缓冲器，表示寄存器。

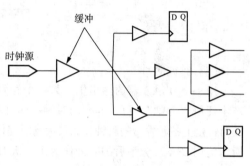

图 2-8 时钟树示意图

时序相邻的寄存器在时钟歪斜较大的电路中，可能出现时序违规。所谓的时序相邻的寄存器，是指两个寄存器之间只有组合逻辑和连线，如图 2-9 所示。

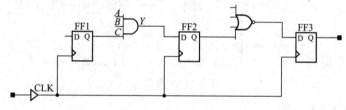

图 2-9 时序相邻的寄存器

在图 2-9 中，只有 FF1 和 FF2、FF2 和 FF3 之间需要考虑时钟歪斜，而 FF1 和 FF3 之间无须考虑时钟歪斜。

2. 时钟类型

常用时钟的类型包括全局时钟、门控时钟和行波时钟。

（1）全局时钟

全局时钟通过时钟树连接到对应时钟域中每个寄存器的时钟端，时钟歪斜最小，如图 2-10 所示。

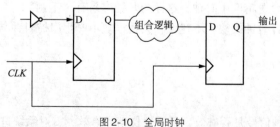

图 2-10 全局时钟

（2）门控时钟

门控时钟是由逻辑门和时钟进行逻辑操作后产生的时钟，如图 2-11 所示。设计不当的门控时钟容易产生"毛刺",影响电路的可靠性;即使产生的时钟没有"毛刺",如果门控时钟不经过时钟树到达该时钟域的寄存器时钟端,则各寄存器之间的时钟歪斜较大,导致时序违规。使用门控时钟的优点是可以降低功耗,当控制信号无效(CTRL=0)时,寄存器没有时钟输入而停止工作。

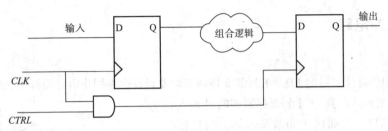

图 2-11　门控时钟

(3) 行波时钟

用一个 D 触发器的输出作为另一个触发器的时钟,这种时钟被称为行波时钟。行波时钟不产生任何"毛刺",可以与全局时钟一样可靠地工作。然而,行波时钟使得时序计算很复杂。行波时钟链上各触发器的时钟存在较大的时间偏移,可能导致时序违规,使系统工作不可靠。图 2-12 所示为用 CLK 二分频后的时钟作为下一级 D 触发器的时钟。

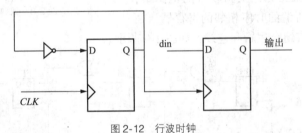

图 2-12　行波时钟

3. 使用时钟的基本原则

(1) 在一个模块中,避免混合使用时钟上升沿触发和下降沿触发。如有特殊设计需要,必须将上升沿触发电路和下降沿触发电路分开,在不同的模块中独立设计。

(2) 避免在代码中加入时钟树,综合工具会自动插入。

(3) 时钟信号不能作为数据使用。

(4) 如果时钟需要倍频,使用锁相环(Phase-Locked Loop,PLL)实现。

(5) 顶层的时钟模块完成时钟元件(分频器、PLL 等)的实例化。

(6) 时钟模块的输出端应该直接连接到其他模块的时钟输入端。

(7) 不要用多级组合逻辑产生时钟,这样的时钟容易有"毛刺"。

(8) 在顶层单独设计时钟模块,不建议在其他模块中产生门控时钟与行波时钟。

2.4.2　复位电路

1. 异步复位

异步复位指无论时钟信号是否有效,只要复位信号有效,就对系统进行复位。其特点如下。

(1) 异步复位可以直接利用触发器的异步复位端,节省逻辑资源。

(2) 异步复位能够在没有时钟的情况下对系统进行复位,方便时钟复位的方案设计。

(3) 复位信号释放时容易导致寄存器进入亚稳态。

2. 同步复位

同步复位指复位信号只在时钟信号有效时有效。其特点如下。

(1) 同步复位有利于仿真器仿真。

(2) 同步复位可以使电路为全同步设计，便于时序分析。一般来说，采用同步复位综合出的电路工作频率较高。

(3) 同步复位的复位信号持续长度要大于一个时钟周期。

(4) 对于没有同步复位输入的 D 触发器，采用同步复位的电路会增加设计面积。

目前广泛采用的复位信号是异步复位同步释放，复位信号有效与否与时钟无关，电路在时钟信号的驱动下同步释放复位信号。图 2-13 所示为异步复位同步释放电路（低电平复位有效）。

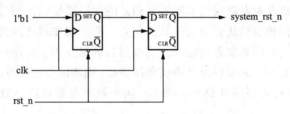

图 2-13　异步复位同步释放电路

复位信号的产生应该注意以下几点。

(1) 复位信号应由顶层单独模块产生，避免在其他模块内产生条件复位。

(2) 复位信号不能作为数据使用。

(3) 如果一定需要模块内的条件复位，将条件复位逻辑隔离在一个单独的子模块中。

(4) 复位逻辑的唯一功能应该是将寄存器清零，不应该将其用于其他功能。

2.4.3　电路时序

1. 时序概念

图 2-14 标示了触发器的时序参数，包括传播延时、建立时间和保持时间等。传播延时（t_p）指从时钟有效沿到输出 Q 变化所经历的时间，也称为时钟到输出的延时（t_{c-q}）。传播延时可以是输出由高到低变化的延时，也可以是由低到高变化的延时，分别表示为 t_{phl} 和 t_{plh}，根据时序分析的具体情况进行选择。

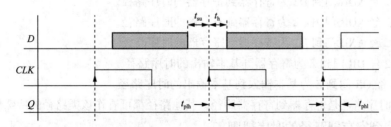

图 2-14　触发器的时序参数

理想的寄存器一般为 D 触发器（DFF），如果输入数据 D 的变化与时钟有效沿同时，DFF 可以正确工作。然而，对于实际的 DFF，为了保证数据正确采样，在时钟沿有效时刻之前输入数据

D 必须保持稳定一段时间，这段时间称为建立时间（t_{su}）；在时钟沿有效时刻之后的一段时间内输入数据 D 应该继续保持稳定，这段时间称为保持时间（t_h）。在图 2-14 中，输入数据 D 在灰色区域内可任意变化，但在 $t_{su}+t_h$ 期间必须保持稳定，否则无法保证触发器的输出正确。

时序参数 t_{su}、t_h、t_{phl} 和 t_{plh} 的数值应查阅厂商的数据手册或库文件。

2. 电路正确工作的时序条件

时钟有效沿到达时，同步数字电路将更新状态。时序电路的最小时钟周期由若干因素决定，必须保证寄存器的输入能在下一个时钟有效沿到来之前稳定。电路时序分析需要综合考虑传播延时、建立时间和保持时间等因素。

为描述电路正确工作的时序条件，这里简要介绍静态时序分析（Static Timing Analysis，STA）的基本概念。静态时序分析通过检查最坏情况下所有路径的时序违规来验证设计的时序是否收敛。

一条静态时序路径以源触发器或基本输入（STA 的顶层模块输入信号）为起点，以目的触发器或基本输出（STA 的顶层模块输出信号）为终点。两个触发器之间的静态时序路径开始于源触发器的输入，结束于目的触发器的输入，不经过目的触发器。时序路径遇到时序元件则结束，比如一个信号从寄存器 A 到寄存器 B 再到寄存器 C，则该信号流经两条时序路径，分别是从寄存器 A 到寄存器 B 和从寄存器 B 到寄存器 C。同步数字电路的静态时序路径可以分为以下 4 类。

（1）寄存器到寄存器（触发器到触发器）。
（2）基本输入到寄存器（基本输入到触发器）。
（3）寄存器到基本输出（触发器到基本输出）。
（4）基本输入到基本输出（无触发器）。

图 2-15 中共有 6 条静态时序路径。

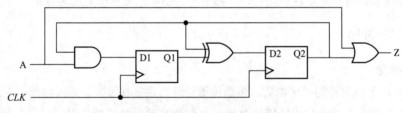

图 2-15 简单时序电路

（1）从 A 经 AND 门到 D1 为基本输入到寄存器的时序路径。
（2）从 D1 经 XOR 门到 D2 为寄存器到寄存器的时序路径。
（3）从 D2 经 XOR 门到 D2 为寄存器到寄存器的时序路径。
（4）从 D2 经 AND 门到 D1 为寄存器到寄存器的时序路径。
（5）从 D2 经 OR 门到 Z 为寄存器到基本输出的时序路径。
（6）从 A 经 OR 门到 Z 为基本输入到基本输出的时序路径。

最复杂的时序路径是寄存器到寄存器路径，其他路径都可看作该类路径的特殊情况。

3. 寄存器到寄存器路径的时序规则

图 2-16 所示为寄存器到寄存器路径的一般形式。假设通过组合逻辑的最大和最小传播延时为 t_{cmax} 与 t_{cmin}，时钟到输出的最大和最小延时为 t_{pmax} 与 t_{pmin}，其中 $t_{pmax}=\max(t_{phl},t_{plh})$，$t_{pmin}=\min(t_{phl},t_{plh})$。图中，数据在 $CLK1$ 的上升沿从 FF1 的 D1 发射到 Q1，在 $CLK2$ 的上升沿被 FF2 的 D2

捕获。FF1 被称为发射触发器，FF2 被称为捕获触发器。为保证正确工作，电路需遵守如下两条规则。

图 2-16　寄存器到寄存器路径的一般形式

规则 1：寄存器到寄存器路径的建立时间规则。

规则 1 要求时钟周期足够长以容纳触发器的建立时间。为确保电路正确工作，由 FF1 在 $CLK1$ 的 E1 沿发射的数据应该能被 FF2 在 $CLK2$ 的 E2 沿捕获，如图 2-17 所示。时钟周期应足够长以允许 FF1 的输出和组合逻辑的输出稳定，并留有足够的时间满足建立时间要求。E1 沿到来后，需经历最长为 t_{pmax} 的时间，FF1 的输出才稳定，继而经过最长为 t_{cmax} 的时间，组合逻辑的输出才稳定。因此，从 $CLK1$ 的 E1 沿到数据到达 FF2 的 D2，最长延时为 $t_{pmax} + t_{cmax}$。为了保证寄存器正确工作，在时钟沿 E2 到达 FF2 之前，组合逻辑的输出必须继续保持稳定至少 t_{su} 时间。公式（2-1）给出了时钟周期 t_{ck} 与相关参数之间的关系。

$$t_{ck} \geq t_{pmax} + t_{cmax} + t_{su} \tag{2-1}$$

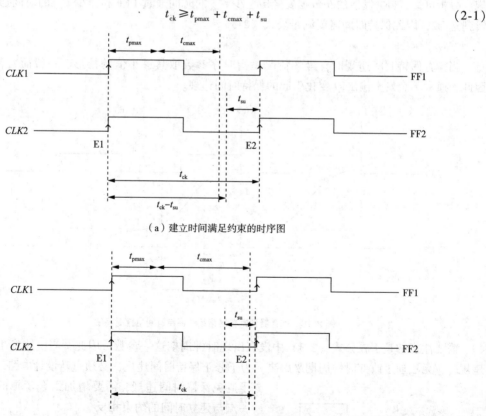

（a）建立时间满足约束的时序图

（b）建立时间不满足约束的时序图

图 2-17　寄存器到寄存器路径的建立时间检查时序图

公式（2-1）将电路的工作频率与寄存器的建立时间关联了起来，因此，建立时间违规可以通过调整时钟周期解决。t_{ck} 与 ($t_{pmax} + t_{cmax} + t_{su}$) 之差被称为建立时间余量（setup time margin）。建立时间余量小于 0，表示电路的工作频率没有达到预期要求，时序检查会出错。

图 2-17（a）所示为建立时间满足约束的时序图，图 2-17（b）所示为建立时间不满足约束的时序图，建立时间是否违规可以通过公式（2-2）来判断。

$$t_{ck} - t_{pmax} - t_{cmax} - t_{su} \geq 0 \tag{2-2}$$

设计人员进行电路设计时，通常情况下是从厂商的单元库中选择寄存器和逻辑门，对应的时序参数 t_{pmax} 和 t_{su} 一般是确定的。因此在进行时序分析时，可以调整的参数就剩下时钟周期和组合逻辑延时。但是，工作频率是由设计规范确定的，因此为满足时序要求可调整的参数就只有组合逻辑延时了。

规则 2：寄存器到寄存器路径的保持时间规则。

规则 2 要求电路最小延时足够长以容纳触发器的保持时间。为确保电路正确工作，由 FF1 在 *CLK*1 的 E1 沿发射的数据不应该被 FF2 在 *CLK*1 的 E1 沿捕获。根据规则 1，在图 2-18 所示的时序图中，在时钟沿 E2，FF2 应该捕获 FF1 在前一个时钟沿 E1 发射的数据。为了保证这一点，在时钟沿 E2 的旧数据应该保持稳定，直到满足 FF2 的保持时间要求。当 FF2 在时钟沿 E2 捕获旧数据时，FF1 在该时钟沿 E2 已经发射了新数据，新数据将在时钟沿 E3 被 FF2 捕获。当 FF1 在时钟沿 E2 发射的数据经过组合逻辑并使得 D2 端信号在 E2 之后过早变化时，就会发生保持时间违规。分析可知，FF1 发射的新数据要经历至少 t_{pmin} 的时间通过 FF1 和至少 t_{cmin} 的时间通过组合逻辑到达 D2，因此保持时间需要满足公式（2-3）。

$$t_{pmin} + t_{cmin} \geq t_h \tag{2-3}$$

当检查保持时间违规时，最坏情况是指时序参数取其最小值的情形。一般而言，$t_{pmin} > t_h$，因此，通常不会发生输出 *Q* 变化引起的保持时间违规。

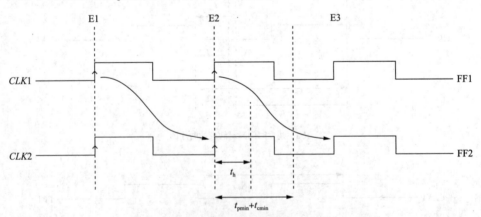

图 2-18　寄存器到寄存器路径的保持时间检查时序图

需要注意的是，在公式（2-3）中没有出现时钟周期这一参数。因此，当电路发生保持时间违规时，无法通过改变时钟周期来解决。为了修正保持时间违规，必须重新设计电路。通常，为了避免保持时间违规，需要增加组合逻辑的延时，这一点与建立时间的约束相反。

4. 基本输入到寄存器路径的时序规则

从基本输入到寄存器的时序路径如图 2-19 所示，输入 *X* 的变化应该保证传递到寄存器输入端的数据满

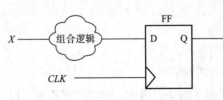

图 2-19　输入到寄存器的时序路径

足建立时间和保持时间的约束。对此,可用两条规则描述。

规则 3:输入到寄存器路径的建立时间规则。

规则 3 要求外部输入的变化满足寄存器的建立时间要求。如果 X 的变化离时钟有效沿太近,则可能发生建立时间违规。如图 2-20 所示,如果 X 在时钟有效沿之前 t_x 时间发生变化,那么 X 的变化传递到寄存器的输入端需要的最长时间为组合逻辑的最大延时;同时需要在时钟有效沿之前留下 t_{su} 的时间余量。公式(2-4)描述了上述时序要求,其中 t_{cxmax} 表示 X 到寄存器输入端的最大传播延时。

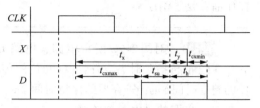

图 2-20 输入到寄存器路径的建立与保持时间时序图

$$t_x \geq t_{cxmax} + t_{su} \tag{2-4}$$

规则 4:输入到寄存器路径的保持时间规则。

规则 4 要求外部输入的变化满足寄存器的保持时间要求。为满足电路的保持时间,X 不能在电路的时钟沿之后过早变化。如果 X 的变化传递到寄存器输入端所需时间为 0,那么 X 应该在时钟沿后的 t_h 时间内保持稳定。不过,通常情况下,X 的变化会经历一个正的传播延时到达寄存器。设从 X 到寄存器输入端的最小传播延时为 t_{cxmin},那么,如果 X 在时钟沿后的 t_y 时间变化,则公式(2-5)为保持时间满足约束的条件。如果 t_y 为负,则 X 可以在时钟有效沿之前变化且依然满足保持时间要求。

$$t_y \geq t_h - t_{cxmin} \tag{2-5}$$

基本输入到基本输出、寄存器到基本输出的时序规则可参考前述规则。

根据上述规则,设计人员可以计算给定电路的时钟频率与输入变化的安全区域。下面通过两个例子进行说明。

例 2-1:对图 2-21 所示电路,电路元件的最小/最大延时如下:FFa 的传播延时 7ns/9ns;FFb 的传播延时 8ns/10ns;FFc 的传播延时 9ns/11ns;组合逻辑的传播延时 3ns/4ns;寄存器的建立时间 2ns;寄存器的保持时间 1ns。计算电路所有时序路径的延时并确定电路的最大时钟频率。

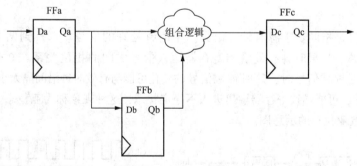

图 2-21 某电路结构图

解 根据时序路径的定义,可知图 2-21 中共有 5 条时序路径,下面分别计算路径延时。

FFa 到 FFb 路径的延时 $= t_{pmax(FFa)} + t_{su(FFb)} = 9ns + 2ns = 11ns$;

FFa 到 FFc 路径的延时 $= t_{pmax(FFa)} + t_{cmax(Comb)} + t_{su(FFc)} = 9ns + 4ns + 2ns = 15ns$;

FFb 到 FFc 路径的延时 $= t_{pmax(FFb)} + t_{cmax(Comb)} + t_{su(FFc)} = 10ns + 4ns + 2ns = 16ns$;

输入到 FFa 路径的延时 $= t_{su(FFa)} = 2\text{ns}$；

FFc 到输出路径的延时 $= t_{su(FFc)} = 11\text{ns}$。

对比可知，FFb 到 FFc 路径的延时最大，为 16ns。因此电路的最大时钟频率为 $f_{tmax} = 1/16\text{ns} = 62.5\text{MHz}$。

例 2-2：对图 2-22 所示电路，电路元件的最小/最大延时如下：FF1 的传播延时 5ns/8ns；FF2 的传播延时 7ns/9ns；XOR 门的传播延时 4ns/6ns；AND 门的传播延时 1ns/3ns；寄存器的建立时间 5ns；寄存器的保持时间 2ns。计算：

（1）电路的最大时钟频率；

（2）时钟上升沿之后输入 A 可以安全变化的最早时间；

（3）时钟上升沿之前输入 A 可以安全变化的最晚时间。

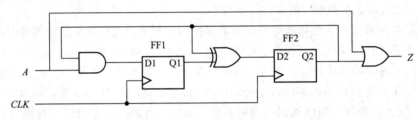

图 2-22 某电路结构图

解 （1）根据时序路径的定义，分析可知，从 FF1 出发经 XOR 门到达 FF2 的时序路径延时最大。该路径决定了电路的最大时钟频率为

$$f_{tmax} = 1/(t_{pmax(FF2)} + t_{cmax(XOR)} + t_{su(FF2)}) = 1/(9\text{ns} + 6\text{ns} + 5\text{ns}) = 50\text{MHz}。$$

（2）根据规则 4，可知时钟上升沿之后输入 A 可以安全变化的最早时间为

$$t_y = t_h - t_{min(AND)} = 2\text{ns} - 1\text{ns} = 1\text{ns}。$$

（3）根据规则 3，可知时钟上升沿之前输入 A 可以安全变化的最晚时间为

$$t_x = t_{max(AND)} + t_{su} = 3\text{ns} + 5\text{ns} = 8\text{ns}。$$

2.4.4 跨时钟域电路

1. 亚稳态

跨时钟域信号是指同步于源时钟、由另一个时钟处理的信号。牵扯到两个时钟域的电路称为跨时钟域电路。如果时钟有效沿和寄存器输入信号之间的相位关系在 $0 \sim 2\pi$ 随机变化，用时钟去采样跨时钟域信号时，跨时钟域信号的变化可能与有效时钟沿间隔太小，不能满足建立与保持时间的要求，可能导致寄存器输出进入不稳定状态，这种现象称为亚稳态。图 2-23 所示为跨时钟域采样导致亚稳态的示意图。

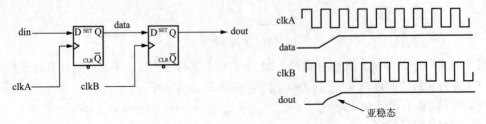

图 2-23 跨时钟域采样导致亚稳态的示意图

由于跨时钟域信号涉及两个时钟域，一般时序约束选用 set_false_path，即不对跨时钟域的信号进行严格的时序约束。

如果源时钟域信号驱动目的时钟域的两部分电路，而这两部分电路各自有独立的跨时钟域电路，则这两个跨时钟电路的输出信号可能不一致。在图 2-24 所示的电路中，无法保证源时钟域（clkA）的触发器输出的 data1 和 data2 的延时相同，这会导致目的时钟域（clkB）的两个输出 dout1 和 dout2 不一致。

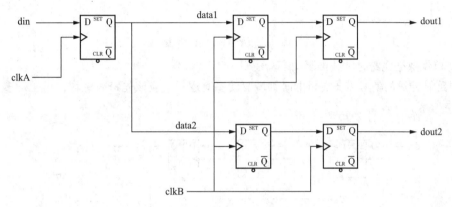

图 2-24　跨时钟域导致数据不一致

2. 常用跨时钟域电路

在实际设计中，通常单位数据采用两级触发器同步、从快时钟域到慢时钟域、先跨时钟域再驱动多套逻辑等方法来同步不同时钟域的数据，多位数据采用格雷码跨时钟域、握手机制跨时钟域、异步 FIFO（First In First Out，先进先出）跨时钟域等方法来同步不同时钟域的数据。下面分别介绍这些方法。

（1）单位数据两级触发器同步

对于单位数据最常用的跨时钟域方法是两级触发器同步，两级触发器可以极大地降低亚稳态出现的可能性。建议将两级触发器跨时钟域处理做成公共库，这有助于后端约束时将跨时钟域的两级触发器紧耦合。禁止组合逻辑直接跨时钟域，跨时钟域的两级触发器之间不可有任何逻辑电路。图 2-25 所示为单位数据两级触发器同步跨时钟域。如果 async 信号能满足 DFF1 的建立与保持时间，那么 DFF2 在两个 clkB 周期后输出 dout，这样 dout 与 clkB 同步。如果 async 信号不满足 DFF1 的建立与保持时间，DFF1 可能进入亚稳态，输出不稳定。不稳定的信号只出现在第一个 D 触发器，第二个 D 触发器采样到的数据是稳定的。

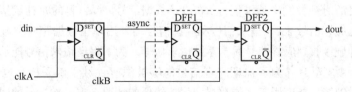

图 2-25　单位数据两级触发器同步

（2）单位数据从快时钟域到慢时钟域

单位数据从快时钟域到慢时钟域有信号丢失的风险。为了解决这个问题，可以在快时钟域对信号先做展宽处理，再跨时钟域处理，要保证展宽后的信号在慢时钟域能够正确采样，信号展宽后宽度必须是慢时钟域时钟周期的两倍以上。图 2-26 所示为单位数据从快时钟域到慢时钟域传递时的处理方法，虚线的左边是信号展宽电路。

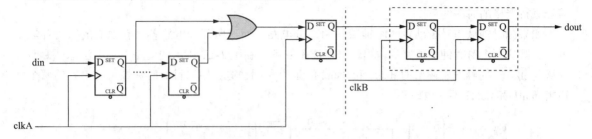

图 2-26　单位数据从快时钟域到慢时钟域

（3）单位数据先跨时钟域再驱动多套逻辑

如果跨时钟域的信号需要在目的时钟域驱动多套逻辑，应该先跨时钟域，再驱动多套逻辑，如图 2-27 所示。

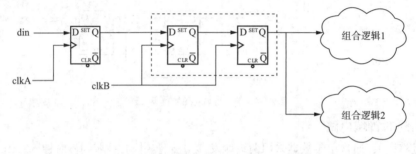

图 2-27　单位数据先跨时钟域再驱动多套逻辑

（4）多位数据格雷码跨时钟域

多位数据跨时钟域需要归一到单位数据跨时钟域。格雷码每次只有 1 位发生变化，因此，适用于多位数据跨时钟域。多位数据必须是连续变化的二进制数，同时最大值为 2 的幂，才能使用格雷码跨时钟域。图 2-28 所示为采用格雷码进行多位数据的跨时钟域处理。

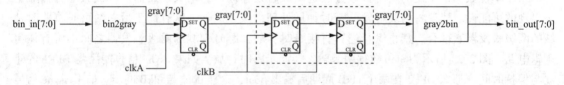

图 2-28　多位数据格雷码跨时钟域

（5）多位数据握手机制跨时钟域

源时钟域向目的时钟域发送请求信号 req 以及数据信号 data，目的时钟域接收到请求信号之后向源时钟域发送应答信号 ack。请求信号和应答信号均采用单位数据跨时钟域的方式进行跨时钟域处理。源时钟域接收到应答信号后，撤销请求信号。为了保证请求信号能够被目的时钟域正确采样，可以进行展宽处理；为了保证应答信号能够被源时钟域正确采样，也可以进行展宽处理。握手机制跨时钟域只能应用于多位数据变化率较低的情况，在一次握手的时间内，多位数据保持不变。图 2-29 所示为采用握手机制实现多位数据的跨时钟域处理。

（6）多位数据异步 FIFO 跨时钟域

异步 FIFO 是一种常用的多位数据跨时钟域电路设计，图 2-30 所示为异步 FIFO 结构图。异步 FIFO 用同步双端口 RAM 实现，读写时钟相互独立。读地址用读时钟 clk_rd 产生，写地址用写时钟 clk_wr 产生，异步 FIFO 的空信号 o_empty 由读时钟 clk_rd 产生，满信号 o_full 由写时钟 clk_wr 产生。"读空"意味着读地址等于写地址,"写满"意味着写地址等于读地址。因此,判定 o_empty 时,需要将写地址同步到 clk_rd 时钟域,而判定 o_full 时,需要将读地址同步到 clk_wr 时钟域。

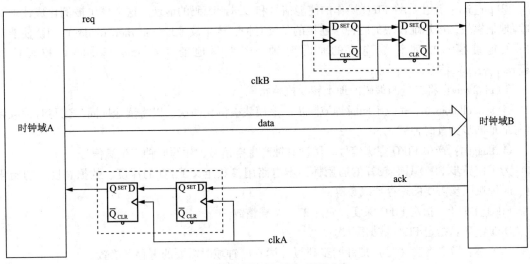

(a) 多位数据握手机制跨时钟域电路

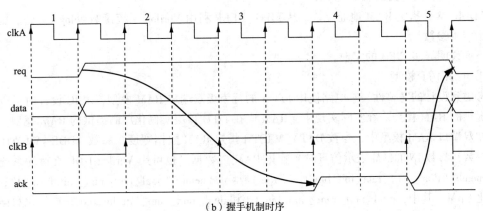

(b) 握手机制时序

图 2-29 多位数据握手机制跨时钟域

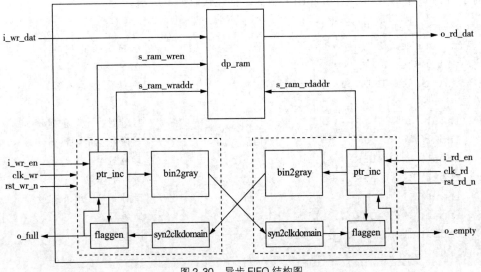

图 2-30 异步 FIFO 结构图

图 2-30 中的各个模块功能如下。

① dp_ram：双端口 RAM，用于保存需要缓存的数据。

② ptr_inc：产生允许 FIFO 操作的使能信号和二进制编码的地址。这个模块被例化成读地址和写地址模块，读地址模块的时钟端连接的是读时钟，产生读地址（s_ram_rdaddr）和读使能信号；写地址模块的时钟端连接的是写时钟，产生写地址（s_ram_wraddr）和写使能（s_ram_wren）信号。

③ bin2gray：将二进制编码的地址转换成格雷码。

④ syn2clkdomain：完成不同时钟域同步。该模块被例化两次，以将读地址同步到写时钟域和将写地址同步到读时钟域。

⑤ flaggen：产生 FIFO 空满信号。用读时钟产生空信号，用写时钟产生满信号。

为了使异步 FIFO 具有较好的通用性，本电路用参数定义 FIFO 的深度、数据宽度、初始化值、时钟域同步需要的寄存器级数等。

FIFO_DEEP：指定 FIFO 深度，应为 2^N，N 是整数。

DATA_W：指定 FIFO 数据宽度。

SYN_N：指定将读（写）指针同步到写（读）时钟域时需要的寄存器级数。

INITRAM：指定是否初始化 RAM。

ADDR_W：指定 RAM 地址位数，从 FIFO_DEEP 利用 Verilog 系统函数 $clog2 得到。例化时无须指定本参数。

下面说明异步 FIFO 的实现。

① RAM 仿真模型。

考虑到设计的完整性，本电路使用 FPGA 的行为级双端口 RAM 模型，ASIC 设计时可以使用厂商提供的 RAM 模型。在实际实现中，RAM 应在 FIFO 顶层实例化厂商提供的 RAM 模型。

在双端口 RAM 模型中，参数 DATA_WIDTH 指定 RAM 数据宽度，参数 ADDR_WIDTH 指定地址位数，参数 INITRAM 表示仿真时初始化 RAM 内数据。也可用 Verilog HDL 支持的系统函数 $readmemb("dual_port_ram_init.bin.txt", ram) 或 $readmemh("dual_port_ram_init.hex.txt", ram) 初始化 RAM，其中，dual_port_ram_init.bin.txt 和 dual_port_ram_init.hex.txt 是初始化数据的文件名，文件内容是以二进制或者十六进制表示的初始化数据。

对于图 2-30 中的 RAM，Verilog HDL 行为级描述代码如下所示。

```
module sdp_ram_dclk
  #(parameter DATA_W = 8      ,              // RAM 数据宽度
    parameter ADDR_W = 6      ,              // RAM 地址宽度
    parameter INITRAM      = 1'b1            // 初始化仿真内容
   )
  (input                      clk_wr ,       // 写时钟,上升沿有效
   input                      wr_en  ,       // 写使能,高电平有效
   input      [(ADDR_W-1):0]  wr_addr,       // 写地址
   input      [(DATA_W-1):0]  wr_dat ,       // 写入的数据
   input                      clk_rd ,       // 读时钟,上升沿有效
   input      [(ADDR_W-1):0]  rd_addr,       // 读地址
   output reg [(DATA_W-1):0]  rd_dat         // 读数据
  );
```

```verilog
    reg [DATA_W-1:0] ram[2** ADDR_W-1:0];        // RAM 声明
    always @ (posedge clk_wr)
        if (wr_en) ram[wr_addr] <=wr_dat;         //数据写入 FIFO
    always @ (posedge clk_rd)
        rd_dat <=ram[rd_addr];                    //从 RAM 中读取数据
    generate
      if (INITRAM)
        begin
          initial
          begin : init_cont
            integer i;
            for(i=0; i < 2** ADDR_WIDTH; i=i+1)// 用 0 填写 RAM
              ram[i] = {DATA_WIDTH{1'b0}};
          end
        end
    endgenerate
endmodule
```

② FIFO 地址产生和标志判断模块。

异步 FIFO 中 RAM 读/写地址与其跨时钟域同步的实现方法基本一样，仅空/满标志的产生不同。为了提高代码的复用率，FIFO 地址产生和标志判断模块 asyn_fifo_op_ctrl 用 generate 语句根据参数 OPTYP 产生空/满标志。参数 OPTYP 为 1 时，表示本模块用于异步 FIFO 写侧；为 0 时，表示本模块用于异步 FIFO 读侧。

下面的 Verilog HDL 代码定义 asyn_fifo_op_ctrl 的输入输出。

```verilog
module asyn_fifo_op_ctrl
#(parameter ADDR_W      =5,             // RAM 地址宽度
  parameter SYN_N       =2,             // 用于同步时钟域的寄存器数目
  parameter OPTYP       =0              //读时,OPTYP=0;写时,OPTYP=1
)
 ( input                clk           , //同步域时钟
   input                rst_n         , //同步域复位,低电平有效
   input                i_op_en       , //工作域使能,高电平有效
   input  [ADDR_W  :0]  i_op2ptr_gry  , //同步第 2 级指针,其他域时钟产生
   output               o_flag        , //读空或写满标志,高电平有效
   output [ADDR_W-1:0]  o_ram_opaddr    // RAM 工作域地址
);
```

下面的代码实现读/写地址的产生，即图 2-30 中的 ptr_inc 和 bin2gray 模块的功能。opptr_bin_r 表示读/写指针的模 2^{ADDR_W+1} 二进制计数器，低 ADDR_W 位为 RAM 读/写地址，最高位用于产生空/满信号。opptr_gry_r 为 opptr_bin_r 对应二进制地址的格雷码。op_enable 信号由读（写）使能信号与非空（满）信号相与产生，用于阻止在 FIFO 空（满）时的读（写）操作。

```verilog
// 指针、地址、标志处理
reg    [ADDR_W:0] opptr_bin_r    ; // 二进制表示的当前读/写地址
reg    [ADDR_W:0] opptr_gry_r    ; // 格雷码表示的当前读/写地址
reg               flag_r         ; // 标志信号(空/满)
wire   [ADDR_W:0] opptr_bin_nxt  ; // 下一个二进制码表示的地址
wire   [ADDR_W:0] opptr_gry_nxt  ; // 下一个格雷码表示的地址

wire op_enable = i_op_en && ~flag_r; // 阻止读/写操作
// 二进制地址计算
assign opptr_bin_nxt = opptr_bin_r + {{ADDR_W {1'b0}},op_enable};
// 二进制到格雷码地址转换
assign = opptr_bin_nxt ^ {1'b0,opptr_bin_nxt[ADDR_W:1]};
always@ (posedge clk)
  if (! rst_n)
    {opptr_bin_r,opptr_gry_r} <={ADR_0, ADR_0}; // 初始化地址为0
  else                                          //更新当前地址
    {opptr_bin_r,opptr_gry_r} <={opptr_bin_nxt, opptr_gry_nxt};
```

下面的代码完成图2-30 中 syn2clkdomain 模块的功能,即将读/写地址的格雷码同步到 clk 时钟域,同步方式如前所述。

```verilog
localparam [ADDR_W:0] ADR_0    = { (ADDR_W+1) {1'b0} };
localparam            SYN_SZ_1 = SYN_N   * (ADDR_W+1);
localparam            SYN_SZ_2 = SYN_SZ_1 - (ADDR_W+1);

// 用移位寄存器将输入格雷码指针同步到clk时钟域(工作域)
reg [SYN_SZ_1-1 : 0] op2ptr_gry_syn_r;
always@ (posedge clk)
begin
  if (! rst_n)
    op2ptr_gry_syn_r <={ SYN_N{ADR_0 }}; // 初始化为全0
  else
    op2ptr_gry_syn_r <={op2ptr_gry_syn_r[SYN_SZ_2-1:0], i_op2ptr_gry};
end
wire [ADDR_W:0] op2ptr_gry_synd =op2ptr_gry_syn_r[SYN_SZ_1-1 : SYN_SZ_2];
```

前述读写指针宽度为 ADDR_W+1 的原因是最高位用于判断 FIFO 空/满,异步 FIFO 满信号的产生条件为写指针"赶上"读指针,可以理解为读指针没有改变的情况下写指针比读指针大 FIFO_DEEP,若按二进制比较,FIFO 满的条件为读写指针最高位相反,低位相等。因为跨时钟域同步已经将二进制表示的指针变换为格雷码,为了缩小电路规模,不再将格雷码变换为二进制形式,而是直接采用格雷码比较。表2-2 是 FIFO 满时读写指针最高两位的格雷码形式及其二进制形式，按照对应关系，不难得出 FIFO 满的条件是 opptr_gry_nxt 最高两位与 op2ptr_gry_synd 最高两位相反，低位相等；FIFO 空的条件是读写指针完全相等。

表 2-2 读写指针表

读指针最高两位		写指针最高两位	
格雷码	二进制	格雷码	二进制
00	00	11	10
01	01	10	11
10	11	01	01
11	10	00	00

下面一段代码完成图 2-30 中 flaggen 模块的功能，本书用 generate 语句产生 FIFO 的空/满标志，在例化时，FIFO 读侧用 0 来例化参数 OPTYP，FIFO 写侧用 1 来例化参数 OPTYP。

```verilog
generate
  if (OPTYP==0)
     begin : empty_flg            // 空判断：下一个读指针==下一个写指针
        wire empty_val = opptr_gry_nxt == op2ptr_gry_synd;
        always@ (posedge clk)
          if (! rst_n)
             flag_r <=1'b1;       // 默认 FIFO 标志是空
          else
             flag_r <= empty_val;
     end
  else begin              : full_flg
     // 满判断：下一个写指针==下一个读指针
     wire full_val = opptr_gry_nxt == { ~op2ptr_gry_synd[ADDR_W:ADDR_W-1],
                                        op2ptr_gry_synd[ADDR_W-2:0]};
     always@(posedge clk)
        if (! rst_n) flag_r <=1'b0   ;
        else         flag_r <= full_val;
     end
endgenerate
assign o_ram_opaddr = opptr_bin_r[ADDR_W-1:0];
assign o_flag       = flag_r                    ;
endmodule
```

③ 顶层设计。

异步 FIFO 的顶层模块的定义及其组件的 Verilog HDL 代码如下所示，包括双端口 RAM（sdp_ram_dclk 模块的例化）、读地址产生及读侧 FIFO 空标志产生模块 rd_ctrl_u、写地址产生及写侧 FIFO 满标志产生模块 wr_ctrl_u，后两个模块都是 asyn_fifo_op_ctrl 模块的例化。

```verilog
module asyn_fifo
#( parameter FIFO_DEEP = 16,                    // FIFO 深度,应该为 $2^N$
   parameter DATA_W     = 8,                    // FIFO 数据宽度
   parameter SYN_N      = 2,                    // 时钟域同步寄存器数目
   parameter INITRAM    = 1'b0,                 // 初始化内容,仿真用
   parameter ADDR_W     = $clog2(FIFO_DEEP)     // FIFO 地址位数
)
(
   input                    clk_wr          ,   // 写时钟
   input                    rst_wr_n        ,   // 写同步复位,低电平有效
   input                    i_wr_en         ,   // 写使能,高电平有效
   output                   o_full          ,   // 满标志,高电平有效
   input  [DATA_W-1:0]      i_wr_dat        ,   // 写入数据

   input                    clk_rd          ,   // 读时钟
   input                    rst_rd_n        ,   // 读同步复位,低电平有效
   input                    i_rd_en         ,   // 写使能,高电平有效
   output                   o_empty         ,   // 满标志,高电平有效
   output [DATA_W-1:0]      o_rd_dat            // 读出数据
);
wire [ADDR_W  :0] s_rdptr_gry ;                 // 读指针(读时钟域)
wire [ADDR_W-1:0] s_ram_rdaddr ;                // RAM 读地址
wire [ADDR_W  :0] s_wrptr_gry ;                 // 写时钟(写时钟域)
wire [ADDR_W-1:0] s_ram_wraddr ;                // RAM 写地址
asyn_fifo_op_ctrl #(
    .ADDR_W( ADDR_W ),                          // RAM 地址宽度
    .SYN_N ( SYN_N  ),                          // 同步时钟域的寄存器数目
    .OPTYP ( 1'b1   )                           // ==1'b1 :写
) wr_ctrl_u (
    .clk          ( clk_wr      ),              // 写时钟
    .rst_n        ( rst_wr_n    ),              // 同步复位,低电平有效
    .i_op_en      ( i_wr_en     ),              // 写使能,高电平有效
    .i_op2ptr_gry ( s_rdptr_gry ),              // 读时钟(来自读时钟域)
    .o_flag       ( o_full      ),              // 满标志
    .o_ram_opaddr ( s_ram_wraddr)                // RAM 写地址
);

asyn_fifo_op_ctrl #(
    .ADDR_W( ADDR_W ),                          //RAM 地址宽度
    .SYN_N ( SYN_N  ),
```

```
        .OPTYP  (1'b0    )              // ==1'b0：读
) rd_ctrl_u (
    .clk           ( clk_rd        ),
    .rst_n         ( rst_rd_n      ),
    .i_op_en       ( i_rd_en       ),
    .i_op2ptr_gry  ( s_wrptr_gry   ),   // 写指针(来自写时钟域)
    .o_flag        ( o_empty       ),   // 空标志,高电平有效
    .o_ram_opaddr  ( s_ram_rdaddr  )    // RAM 读地址
);
wire s_ram_wren = ~o_full & i_wr_en;

sdp_ram_dclk #(
    .DATA_WIDTH ( DATA_W ),             // RAM 数据宽度
    .ADDR_WIDTH ( ADDR_W ),             // RAM 地址宽度
    .INITRAM    ( INITRAM )             // 初始化内容,用于仿真
) ram_u (
    .clk_wr ( clk_wr        ),          // 写时钟
    .wr_en  ( s_ram_wren    ),          // 写使能
    .wr_addr( s_ram_wraddr  ),          // 写地址
    .wr_dat ( i_wr_dat      ),          // 写入的数据
    .clk_rd ( clk_rd        ),          // 读时钟
    .rd_addr( s_ram_rdaddr  ),          // 读地址
    .rd_dat ( o_rd_dat      )           // 读出的数据
);
Endmodule
```

④ 异步 FIFO 深度的选择。

由于异步 FIFO 的读写指针是模为 2^N 的计数器,所以 FIFO 深度应选择为 2^N。异步 FIFO 的深度对后端综合的面积影响较大,确定 FIFO 深度时需要考虑读写指针跨时钟域引入的延时以及读写时钟之间的相位不确定性,以免输出错误的空/满信号导致数据丢失。若由于读写速率差异而需要较深的 FIFO,建议用一个较小的异步 FIFO 和足够深度的同步 FIFO 级联实现。

在选择深度时还应考虑读写指针同步到另外一个时钟域的延时,因此有最小深度的要求。图 2-31 所示为读写时钟标称频率相同的情况下,读写指针均等于 0、同步移位器的级数 SYN_N = 2、读信号一直为低电平、写信号从低电平上升为高电平并持续的时序。图中 wrptrbin_r 为写指针寄存器,wrptrbin_sync1 和 wrptrbin_sync2 为 wrptrbin_r 同步到读侧的寄存器。

图 2-31 中,在第 0 个写时钟周期之前 write 信号由低到高,在第 0 个写时钟上升沿后 wrptrbin_r 加 1,再经过 2 个读时钟周期 wrptrbin_r 才能同步到读时钟域的 wrptrbin_sync2 寄存器,又经过 1 个读时钟周期才能改变空信号状态,共需要 1 个写时钟周期和 3 个读时钟周期;考虑读写时钟之间相位的不确定性,最坏情况下还需要增加 1 个读时钟周期,所以从写信号为高电平到空信号有效输出所需的时间:

$$t_{W-R} = T_{Write} + (2 + SYN\_N) T_{Read}$$

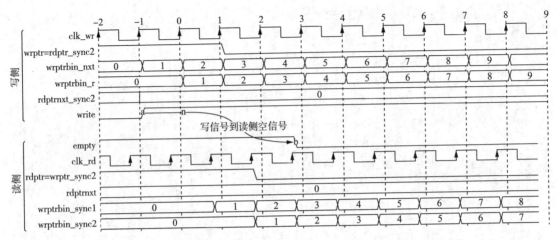

图 2-31 异步 FIFO 同步过程

同理,从读信号为高电平到满信号有效输出所需的时间:

$$t_{R-W} = T_{Read} + (2 + SYN\_N) T_{Write}$$

空满信号在异步 FIFO 读写两侧均能正确反应 FIFO 状态的时间:

$$t = (2 + SYN\_N)(T_{Write} + T_{Read})$$

异步 FIFO 的最小深度应满足:

$$FIFO\_DEPTH_{min} > (2 + SYN\_N)(T_{Write} + T_{Read}) / \min(T_{Write}, T_{Read})$$

其中 T_{Read} 和 T_{Write} 分别为读写时钟的周期。

以上异步 FIFO 的设计与分析不适用于读写时钟频率相差较大的情况。

2.5 常用的设计方法

2.5.1 基于乒乓操作的设计

基于乒乓操作的数字电路常用于不同速率模块之间接口数据的缓存,以保证数据吞吐率一致。图 2-32 所示为乒乓操作电路结构图。

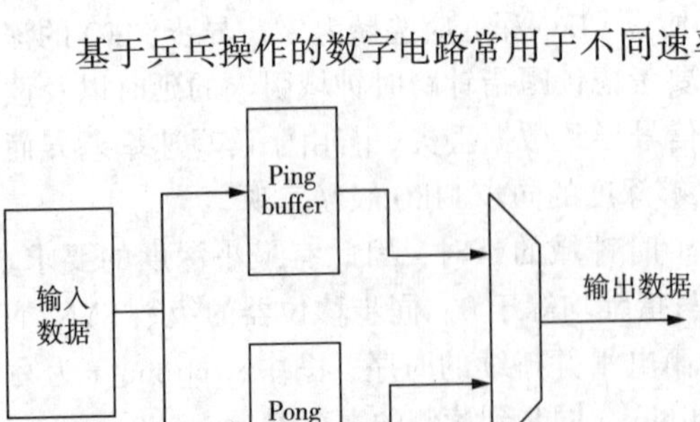

乒乓操作在两个缓存区 Ping buffer 和 Pong buffer 交替写入、读出数据,在将数据写入 Ping buffer 时,从 Pong buffer 中读出数据,在将数据写入 Pong buffer 时,从 Ping buffer 中读出数据,从而保证吞吐率一致,完成数据的无缝传输。

在基于乒乓操作的设计中,需要用信号 ping_pong_flag 来指示 Ping buffer 和 Pong buffer 的状态,从而正确读写乒乓缓存。假设图 2-32 中 Ping buffer 和 Pong buffer 两个缓存的深度均为 4,ping_pong_flag 每 4 次缓存操作发生一次翻转,每次写入和读出的数据为 4 位,并假设数据在每一个周期都写入缓存或从缓存中读出,对应的代码段如例 2-3 所示。

图 2-32 乒乓操作电路结构图

例 2-3：乒乓操作代码。

```verilog
module ping_pong_du (
    input              clk,
    input              rst_n,
    input    [3:0]     input_data,
    output reg [3:0]   output_data
);

//FIFO 深度
reg [2:0] cnt;
    always @ (posedge clk or negedge rst_n)
        if (!rst_n)
            cnt <=3'b000;
        else
            cnt <=cnt +1'b1;

    //乒乓 FIFO 的读写使能产生
    wire ping_pong_flag      =cnt[2];
    wire ping_buffer_rden    =ping_pong_flag;
    wire ping_buffer_wren    = ~ping_pong_flag;
    wire pong_buffer_rden    = ~ping_pong_flag;
    wire pong_buffer_wren    =ping_pong_flag;

//Ping buffer 操作
reg [15:0] ping_buffer;
always@(posedge clk or negedge rst_n)
    if (! rst_n)
      ping_buffer <=16'h0;
    else if (ping_buffer_wren)
      ping_buffer <={ping_buffer[11:0],input_data};
    else if (ping_buffer_rden)
ping_buffer <={ping_buffer[11:0],4'h0};

wire [3:0] ping_buff_outdata =ping_buffer[15:12];

// Pong buffer 操作
reg [15:0] pong_buffer;
always@ (posedge clk or negedge rst_n)
```

```verilog
      if (! rst_n)
        pong_buffer <=16'h0;
    else if (pong_buffer_wren)
      pong_buffer <={pong_buffer[11:0],input_data};
      else if (pong_buffer_rden)
      pong_buffer <={pong_buffer[11:0],4'h0};

  wire [3:0] pong_buff_outdata =pong_buffer[15:12];

  //输出数据选择
  wire [3:0]   pong_buffer_dout =pong_buff_outdata ;
  wire [3:0]   ping_buffer_dout =ping_buff_outdata ;

  wire[3:0]outdatasel = ~ping_pong_flag? pong_buffer_dout : ping_buffer_dout;
  //输出寄存器
          always @  (posedge clk or negedge rst_n)
          if (!rst_n)
              output_data <=4'h0;
          else
              output_data <=outdatasel;
```

2.5.2 基于状态机的设计

1. Mealy 机和 Moore 机

FSM（Finite State Machine，有限状态机）是一个抽象的机器，这个机器在数目有限的状态之间运行，在特定时刻只有一个状态，这个状态被称为当前状态；当条件满足时，FSM 从当前状态改变为另外一个状态，称为状态转移。FSM 由状态集合、状态转移和触发状态转移的条件/事件组成。

Mealy 机和 Moore 机是 FSM 的两种形式，通常用于描述时序电路。Mealy 机和 Moore 机都由 3 个部分构成：存储当前状态的寄存器（存储元件）、决定下一个状态的组合电路、输出组合电路。不同的是，Mealy 机的输出不但与当前状态有关，还与输入有关，而 Moore 机的输出只与当前状态有关。Mealy 机和 Moore 机可以用图 2-33 所示的两个抽象结构表示。

Mealy 机和 Moore 机功能上等价，Mealy 机有更丰富的描述手段，需要的状态数目较少，综合出来的电路面积更小。Mealy 机只要输入改变就计算输出，比等价的 Moore 机响应早一个时钟节拍。Moore 机输入和输出之间没有组合电路，输出稳定；而 Mealy 机的输入发生改变，输出就会改变，输入如果不稳定，则输出不稳定。

FSM 通常用有向图来表示，图的顶点表示 FSM 的状态，边表示状态转移。但是，Mealy 机和 Moore 机的表示略有不同。图 2-34 给出了检测"10"或"01"序列的 Moore 机和 Mealy 机。图 2-34（a）所示的 Moore 机中，一个状态有两部分标识，一部分为状态的标识，另一部分表示该状态的输出，边上标注的是转移发生条件。由于 Moore 机的输出只和当前状态有关，因此，只要状态机在某个状态，Moore 机的输出就保持不变。对 Mealy 机而言，边上的标识也有两部分，一部分是转移发生条件，另一部分是从一个当前状态转移到下一个状态时的输出结果，如图 2-34（b）所示，Mealy 机根据当前的输入和状态产生输出信号。

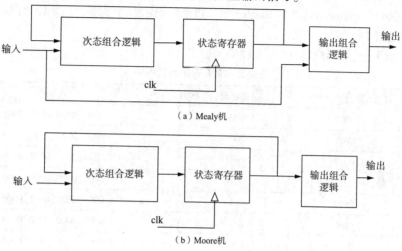

图 2-33　有限状态机

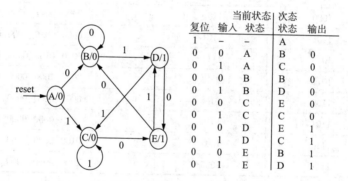

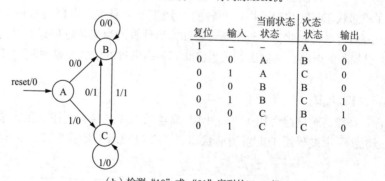

图 2-34　检测序列的状态机

2. 状态机编码

在数字 IC 设计中，状态机的状态用若干位二进制数来表示。状态机编码会影响次态组合逻辑的复杂度、保存当前状态的存储元件数量，进而影响状态机的功耗、面积和频率等。常见的状态机编码方法有以下几种。

(1) 二进制码 (binary code): 用 $\lceil \log_2 N \rceil$ 个二进制数表示 N 个状态。

(2) 独热码 (one-hot code): 用 N 位二进制数表示 N 个状态,N 位编码中,只有 1 位为 1,其余位均为 0。

(3) 格雷码 (Gray code): 用 $\lceil \log_2 N \rceil$ 个二进制数表示 N 个状态,但是任意两个相邻编码只有一位二进制数不同。

表 2-3 给出了十进制数 0 ~ 15 的 3 种编码形式。

表 2-3 常用的状态机编码

十进制数	二进制码	格雷码	独热码
0	0000	0000	0000_0000_0000_0001
1	0001	0001	0000_0000_0000_0010
2	0010	0011	0000_0000_0000_0100
3	0011	0010	0000_0000_0000_1000
4	0100	0110	0000_0000_0001_0000
5	0101	0111	0000_0000_0010_0000
6	0110	0101	0000_0000_0100_0000
7	0111	0100	0000_0000_1000_0000
8	1000	1100	0000_0001_0000_0000
9	1001	1101	0000_0010_0000_0000
10	1010	1111	0000_0100_0000_0000
11	1011	1110	0000_1000_0000_0000
12	1100	1011	0001_0000_0000_0000
13	1101	1010	0010_0000_0000_0000
14	1110	1001	0100_0000_0000_0000
15	1111	1000	1000_0000_0000_0000

在这 3 种编码中,二进制码和格雷码所用的 D 触发器最少。格雷码由于相邻的编码之间只有一位不同,在相邻状态间转移时,同时翻转的 D 触发器数目少,电路的噪声小。独热码的某个状态只有 1 位为高电平,因此,参与次态计算和输出计算的当前状态只有 1 位,电路的工作速度快。用 Moore 机编写的电路,其输出就是当前状态为高电平的位,非常明确,可以用作时钟信号或者复位信号。

3. FSM 的 RTL 编码

为了使综合工具能高质量综合用 Verilog HDL 描述的 FSM,通常使用三段式描述方法,用 3 个过程描述状态机:一个过程用于更新当前状态,一个过程用于计算次态,一个过程用于产生输出。

例 2-4: 用 Verilog HDL 描述图 2-34 (b) 中 Mealy 机。

(1) 状态用二进制码编码。

```
module state_machine (
    input clk,
    input reset,
```

```verilog
        input din,
        output dout);

        //定义状态
        localparam A = 2'b00;
        localparam B = 2'b01;
        localparam C = 2'b10;
        //定义内部变量
        reg [1:0] current_state;
        reg [1:0] next_state;

//时序电路只用于保存当前状态
always@(posedge clk)
    if (reset)                              //同步复位
        current_state <= A;
    else
        current_state <= next_state;       // 更新状态

//计算图2-34(b)的次态
always@ (*) begin
 case(current_state)
   A:  next_state = din ? C : B;
   B:  next_state = din ? C : B;
   C:  next_state = din ? C : B;
   default: next_state = A;
   endcase
 end

//计算图2-34(b)的输出
   assign dout = (current_state == B) & din   || (current_state == C) & ~din;
endmodule
```

(2) 状态用独热码编码。

```verilog
module state_machine (
input clk,
input reset,
input din,
output dout);

//定义内部变量
```

```
localparam A1 =2'b00;
localparam B1 =2'b01;
localparam C1 =2'b10;

//定义状态
reg [2:0] current_state;
reg [2:0] next_state;

//时序电路只用于保存当前状态
always@(posedge clk)
    if (reset)                              //同步复位
        current_state <=3'b001;             //独热码表示的状态A=001
    else
        current_state <=next_state;  // 更新状态

//计算图2-34 (b)的次态
always@ (*) begin
    next_state =3'b000;
    case(1) //synopsys parallel_case
    current_state[A1]: begin
        next_state[C1] =din;
        next_state[B1] = ~din;
     end
    current_state[B1]:begin
        next_state[C1] =din;
        next_state[B1] = ~din;
     end
    current_state[C1]:begin
        next_state[C1] =din;
        next_state[B1] = ~din;
    end
      endcase
  end

//计算图2-34 (b)的输出
assign dout =current_state[B1] & din || (current_state[C1]) & ~din;
endmodule
```

状态用二进制码和独热码编码时，Verilog HDL 代码略有不同。

用二进制码编码时，定义的状态为 A = 2'b00、B = 2'b01 和 C = 2'b10，状态变量为 2 位。case 语句中的控制表达式为 current_state，用 current_state 与分支表达式进行比较，如果相同，则进入对应的分支。case 语句中的 default 为初始状态 A。

用独热码编码时，状态变量 current_state 和 next_state 为 3 位，定义的内部变量为 A1 = 2'b00、B1 = 2'b01 和 C1 = 2'b10，表示内部变量 current_state 和 next_state 中的某位，current_state[A1] = current_state[0]，current_state[B1] = current_state[1]，current_state[C1] = current_state[2]。case 语句中的"值"为 1，分支表达式为 current_state 中的某位值，即将 current_state[A1] 或 current_state[B1] 或 current_state[C1] 与 1 比较。进入 case 后，首先将 next_state 赋值为 3'b000，如果 current_state 某一位为 1，则进入对应的分支，根据输入改变 next_state 中的某一位。假设当前状态为 A = 3'b001，即 current_state[0] = 1，进入分支 1，如果输入为 din = 1，则 next_state[2] = 1，next_state[2:0] = 3'b100；如果输入为 din = 0，则 next_state[1] = 1，next_state[2:0] = 3'b010。

下面是实际应用中状态机设计的一些注意事项。

（1）在完成状态机的设计后，需要仔细检查状态转移的完整性，保证从任何一个状态出发到其他状态和到自己的状态转移是逻辑完整的并符合设计要求。例如，从一个状态出发的转移使用了 3 个逻辑变量，需要检查这些变量所代表的 8 种情况是否覆盖了所有的转移，覆盖是否正确。这种检查看似简单，却能查出许多设计错误。

（2）在描述状态转移时，不应该使用过深的嵌套条件语句，以避免综合出来的电路无法满足时序要求。过于复杂的计算电路可以放在状态机描述的过程之外，降低状态机的复杂性。可以共享的语句尽量放在状态机描述之外。

（3）状态机的状态数目不宜过多，否则会导致电路规模太大。

2.5.3 基于流水线的设计

同步时序电路频率主要是由电路中的最长组合逻辑路径决定的。为了提高设计频率，常用的一种方法是在组合电路中插入寄存器，打断长的组合链使之变短，这种方法称为流水线设计方法。图 2-35 所示的电路中，在两级 D 寄存器之间存在着多级组合逻辑，假设电路的最高频率 = $f_{clock} = 1/T_{max}$。如果在这个多级组合逻辑中间插入寄存器，则原来的逻辑被分成两个部分，又假设分割后每个组合逻辑的处理时间为原来的 1/2，则该电路工作频率约为 $f_{pipeline} = 2f_{clock} = 2/T_{max}$，提高了一倍。

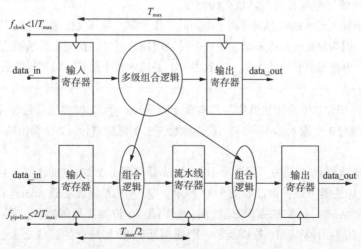

图 2-35　流水线设计示意图

讨论在多级组合逻辑中间插入寄存器之前，首先简单介绍一下数据流图。数据流图是有向无回路图 $G(V,E)$，每个节点 V_i 表示一个功能部件，各功能部件将接收到数据，产生结果输出。图 2-36 中的有向边 e_{ij} 从源节点 V_i 出发到节点 V_j，节点 V_i 产生的结果由节点 V_j "消费"。功能部件 V_j 要使用功能部件 V_i 的结果，必须等功能部件 V_i 运算结束，这样就可以用 e_{ij} 体现功能部件之间的依赖性。事实上，数据流图不但反映了数据生产者和数据消费者之间的关系，也揭示出数据流中存在的并发计算和一些变量的生命周期。

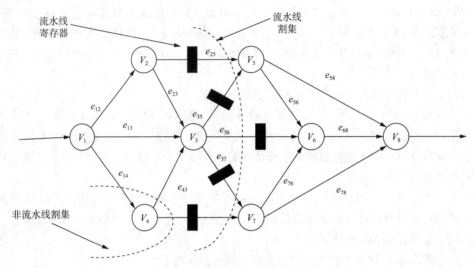

图 2-36 数据流图的割集示意图

在多级组合逻辑中是否插入寄存器由数据流图中的前向割集决定。一个图的割集是边的集合，如果删除了这个边的集合，那么这个图就变成分裂的图。流水线割集或者一个前向割集是最小边集：如果从图中删除这些边，那么这个图就变成了两个子图，即从输入节点到输出节点没有路径。例如，图 2-36 中虚线将数据流图分割成两个子图，包含寄存器的边集是一个割集 $\{e_{25}, e_{35}, e_{36}, e_{37}\}$。

在数据通路中插入寄存器的原则是从任何输入到任何输出的数据路径必须要通过相同数目的流水线寄存器。图 2-36 前向割集保证了输入到输出的每条数据路径都通过相同级数的寄存器，删除任何一个流水线寄存器都将破坏数据的时序。

在数据通路中插入流水线寄存器提高了电路的工作频率，但其代价是设计面积加大，从输入到输出的延时增加，因为每级流水线都增加了一个时钟周期的延时。在流水线填满之后，每个时钟周期都有一个输出，电路最高频率为 $1/T_{stage}$，其中 T_{stage} 是流水线中最长一级逻辑的最小时钟周期。

例 2-5：用一个 16 位的加法器作为基本单元，设计一个 32 位加法器且时钟频率保持不变。假设已有的加法器有 3 个输入端——2 个 16 位加数与 1 个低位进位；2 个输出端——进位以及 16 位加法和。

我们可以用流水线设计方法，用 2 个 16 位加法器实现 1 个 32 位加法器，且保持 32 位加法器的频率与 16 位加法器一致，设计如图 2-37 所示。第一个 16 位加法器 Adder_L 实现低 16 位加法，第二个加法器 Adder_H 实现高 16 位加法，它们是 16 位加法器的实例。第一个周期计算低 16 位结果，第二个周期计算高 16 位以及第一个周期低 16 位加法产生进位之和。在这个设计中，两个加法器中间插入流水线寄存器，用它们保证 32 位加法器与 16 位加法器频率一致。

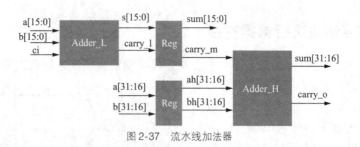

图 2-37 流水线加法器

```
module adder_32(clk, a, b, ci, sum, carry_o);
input clk;
input [31:0] a;            //被加数
input [31:0] b;            //加数
input ci;                  //进位

output [31:0]sum;          //输出和
output carry_o;            //进位输出

wire carry_l;              //低16位进位
wire [15:0] s;             //低16位进位和
reg [15:0] sum_l;          //流水线存储的低16位加法和
reg carry_m;               //流水线存储的低16位加法器的进位
reg [15:0] ah;             //被加数的高16位
reg [15:0] bh;             //加数的高16位
wire[15:0] sum_h;          //加法器高16位加法和

assign {carry_l, s } = a[15:0]+b[15:0]+ci;    // 低16位加法器
//流水线寄存器,保存低16位加法器的和与进位
always@ (posedge clk)
begin
  sum_l[15:0] <= s;
  carry_m    <= carry_l;
  ah         <= a[31:16];
  bh         <= b[31:16];
end
assign {carry_o, sum_h} = ah+bh+carry_m;    //高16位加法器
assign sum = {sum_h,sum_l};    //32位输出结果
endmodule
```

设计具有流水线结构的数据通路要考虑以下 3 个问题：什么时候用流水线？流水线寄存器应该插入哪里？流水线要引入的延时是多大？设计的一个准则是使用最少的寄存器来获得最高的频率。当关键路径的时序不满足时序要求且已经尝试过其他办法依然无法满足时序要求时，则可以考虑用流水线设计方法。另外还要评估由流水线引入的延时是否满足设计规范。

2.5.4 用握手协议进行数据交换

芯片内各个模块的处理能力通常不一样,高速模块和低速模块进行数据交换时,为了确保两个模块在数据交换过程中不会丢失数据,通常采用握手协议,如图 2-38 所示。进行数据交换的两个模块的握手信号为 valid 和 ready。从发送端模块输出的 valid 信号指示发送端已经将有效数据放在数据总线上,当数据有效时,该信号为高电平,否则为低电平。ready 是接收端模块发送给发送端模块的信号,如果接收端模块准备好接收数据,则它为高电平,一旦不准备接收数据,则它为低电平。

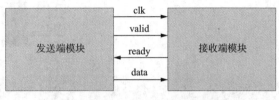

图 2-38 两个模块之间的数据传输

valid 和 ready 的先后关系具有 3 种情况,如图 2-39 所示。

(1) valid 先有效,等待 ready 有效后进行数据传输。valid 一旦有效,在传输完成前不可撤销。

(2) ready 先有效,等待 valid 有效后进行传输,ready 可以在 valid 有效前撤销。

(3) valid 和 ready 同时有效,立刻开始数据传输。

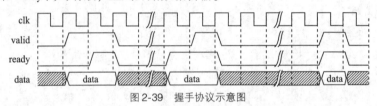

图 2-39 握手协议示意图

例 2-6:采用两级流水线结构完成一个 32 位乘法器的设计。

32 位乘法器的运算过程如图 2-40 所示,运算过程涉及 31 次 64 位数据的加法运算,采用阵列结构实现的 32 位乘法器组合路径过长,影响电路工作频率。

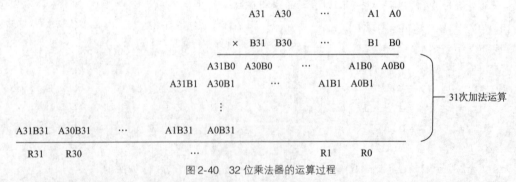

图 2-40 32 位乘法器的运算过程

为了提高乘法器的工作速度,采用两级流水线结构实现,具体分级:第一级处理时 4 个中间数据为一组并行完成 8 组加法运算,并进行结果缓存;第二级先以 4 个中间数据为一组进行加法运算,再将两组加法的结果数据相加得到最后的乘法结果。

通常处理器采用流水线结构实现,乘法器位于流水线的执行级。考虑到流水线会因访存、数据冒险等而被迫暂停,因此本例所设计的流水线结构乘法器利用握手信号实现不同级之间的数据安全交付,支持处理器中流水线的暂停操作,如图 2-41 所示。

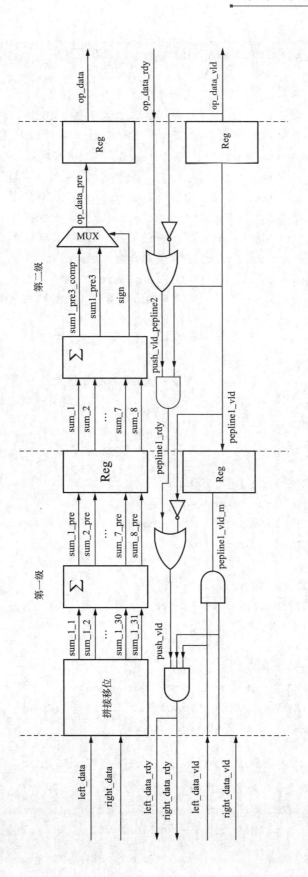

图2-41 两级流水线结构乘法器电路

```verilog
module op_mult #(parameter DATA_WIDTH 32 ) //数据宽度

    (input clk,                        //时钟信号,上升沿采样
     input rst_n,                      //异步复位信号,低电平有效
     input i_left_data_vld,            //指示 i_left_data 有效信号,高电平有效
     input ['DATA_WIDTH-1:0] i_left_data,    //输入数据
     output o_left_data_rdy,           //left_data 可以被接收信号,高电平有效
     input i_right_data_vld,           //指示 i_right_data 有效信号,高电平有效
     input ['DATA_WIDTH-1:0] i_right_data,   //输入数据
     output o_right_data_rdy,          // right_data 可以被接收信号,高电平有效
     output reg o_op_data_vld,         //指示输出数据,高电平有效
     output reg ['DATA_WIDTH-1:0] o_op_data, //输出数据
     input i_op_data_rdy               //指示输出数据可以被接收,高电平有效

wire push_vld;                         //第一级流水线更新信号
wire pepline1_vld_m;
reg pepline1_vld;                      //第一级流水线有效信号
reg   ['DATA_WIDTH* 2-1:0] sum[7:0];         //第一级流水线中间结果
wire push_vld_pepline2;
wire pepline1_rdy;
wire ['DATA_WIDTH* 2-1:0] op_data_pre;       //最终结果
wire ['DATA_WIDTH-1:0] left_data_rev;
wire ['DATA_WIDTH-1:0] right_data_rev;
wire ['DATA_WIDTH-1:0] left_data_comp;
wire ['DATA_WIDTH-1:0] right_data_comp;
wire ['DATA_WIDTH-1:0] mul1_1;
wire ['DATA_WIDTH-1:0] mul2_1;
wire ['DATA_WIDTH* 2-1:0] sum_1[31:0];
wire ['DATA_WIDTH* 2-1:0] sum_pre[7:0];
wire sign_pre;
reg sign;          //结果标志
wire ['DATA_WIDTH* 2-1:0] sum1_pre1,sum1_pre3;
wire ['DATA_WIDTH* 2-1:0] sum1_pre3_rev;
wire ['DATA_WIDTH* 2-1:0] sum1_pre3_comp;

//*******第一级流水线设计****************************//
//产生第一级流水线更新信号
assign pepline1_vld_m=i_left_data_vld & i_right_data_vld;
assign push_vld=pepline1_rdy | ~pepline1_vld;
```

```verilog
//产生left_data数据准备好信号和right_data数据准备好信号
assign o_left_data_rdy = i_left_data_vld & i_right_data_vld & push_vld;
assign o_right_data_rdy = o_left_data_rdy;

//产生第一级流水线有效信号
  always@(posedge clk or negedge rst_n) begin
    if(~rst_n) pepline1_vld <-1'd0;
    else if(push_vld) pepline1_vld <= pepline1_vld_m;
end

//更新第一级流水线,缓存第一级流水线计算结果
genvar i;
generate for(i=0;i<8;i=i+1)
    begin
        always@(posedge clk or negedge rst_n) begin
            if(~rst_n) sum[i] <='DATA_WIDTH* 2'd0;
            else if(push_vld) sum[i] <= sum_pre[i];
        end
    end
endgenerate

    //保存第一级流水线中符号位标志
assign sign_pre = i_left_data[31]^i_right_data[31];
    always@(posedge clk or negedge rst_n) begin
    if(~rst_n) sign <=1'd0;
    else if(push_vld) sign <= sign_pre;
end

//准备即将计算的数据,以补码的形式运算
assign left_data_rev = ~i_left_data;
assign left_data_comp = left_data_rev +1'b1;
assign right_data_rev = ~i_right_data;
assign right_data_comp = right_data_rev +1'b1;
assign mul1_1 = (i_left_data[31])? left_data_comp:i_left_data;
assign mul2_1 = (i_right_data[31])? right_data_comp:i_right_data;

//第一级流水线,4个中间数据为一组并行完成8组加法运算
genvar j;
generate for(j=0;j<8;j=j+1)
    begin
 assign sum_1[j* 4] = mul2_1[j* 4]? ({32'd0,mul1_1} << (j* 4)):64'd0;
 assign sum_1[j* 4 +1] = mul2_1[j* 4 +1]? ({32'd0,mul1_1} << (j* 4 +1)):64'd0;
 assign sum_1[j* 4 +2] = mul2_1[j* 4 +2]? ({32'd0,mul1_1} << (j* 4 +2)):64'd0;
```

```verilog
    assign sum_1[j*4+3]=mul2_1[j*4+3]? ({32'd0,mul1_1}<<(j*4+3)):64'd0;
    assign sum_pre[j]=sum_1[j*4]+sum_1[j*4+1]+sum_1[j*4+2]+sum_1[j*4+3];
  end
endgenerate
//******** 第一级流水线结束 ******************************//

//********第二级流水线设计 ****************************** //
//产生输出数据准备好信号
assign push_vld_pepline2 = i_op_data_rdy | ~o_op_data_vld;
assign pepline1_rdy = pepline1_vld & push_vld_pepline2;
    always@(posedge clk or negedge rst_n) begin
        if(~rst_n) o_op_data_vld <=1'd0;
        else if(push_vld_pepline2) o_op_data_vld <=pepline1_vld;
end

//更新输出数据
always@(posedge clk or negedge rst_n) begin
    if(~rst_n) o_op_data <='DATA_WIDTH'd0;
    else if(push_vld_pepline2)
          o_op_data <= op_data_pre['DATA_WIDTH-1:0];
end

//计算输出结果
assign sum1_pre1      = sum[0]+sum[1]+sum[2]+sum[3];
assign sum1_pre2      = sum[5]+sum[6]+sum[7]+sum[8];
assign sum1_pre3      = sum1_pre1+sum1_pre2;
assign sum1_pre3_rev  = ~sum1_pre3;
assign sum1_pre3_comp = sum1_pre3_rev+1'b1;
assign op_data_pre    = (sign)? sum1_pre3_comp:sum1_pre3;
endmodule
```

2.5.5 仲裁设计

如果有多个信号请求同一个处理,就需要仲裁电路来选择优先级高的信号进行处理。如果所有信号具有相同的优先级,仲裁电路可以用轮询的方式进行处理。

通常仲裁电路包含以下两部分。

(1) 优先级状态寄存器阵列,用于保存每个请求的优先级。如果一个仲裁电路有 N 个请求,那么需要一个 $(N-1) \times N$ 寄存器阵列,阵列的行表示 N 个请求的优先级,列表示每个请求的优先级和其他请求之间的关系。

(2) 请求响应计算单元。一旦某一路请求被响应,请求响应计算单元根据优先级调整策略,调整各路优先级。

例 2-7:设有 4 个外部请求输入 req[3:0],初始化时优先级顺序为 req[0] > req[1] > req

[2]>req[3]。请设计一个仲裁电路，该电路的优先级调整策略：某一路请求被响应，其优先级调至最低，其他依次提升。

优先级状态寄存器阵列大小为3×4，每个外部请求输入用3个寄存器表示其他外部请求输入优先级是否高于本请求输入。一次寄存器状态更新过程如图2-42所示。

初始时，4个请求的优先级为req[0]>req[1]>req[2]>req[3]，其优先级寄存器阵列大小为3×4。如图2-42所示，对于req[0]而言，其他3个请求的优先级都没有它高，因此，req[0]对应的列元素都为000；对于req[1]而言，只有req[0]的优先级比它高，因此req[1]对应的列元素为100；对于req[3]而言，没有优先级比它低的请求，因此req[3]对应的列元素为111。当req[0]有请求时，其由于具有最高的优先级而被响应，随后状态寄存器阵列更新，将req[0]的优先级调至最低，即修改对应列元素为111，将其他请求优先级依次调高，即修改第一行其他3个元素为000。其他请求的响应及状态寄存器更新过程与之类似。

请求响应计算单元由两级组合逻辑单元构成，如图2-43所示：第一级"与非"组合逻辑单元；第二级4输入"与"组合逻辑单元。其中"与非"组合逻辑单元依据优先级状态寄存器阵列中保存的请求优先级进行仲裁，4输入"与"组合逻辑单元完成当前是否有请求的判断，进而得到最终的仲裁结果。

req[0]	req[1]	req[2]	req[3]		req[0]	req[1]	req[2]	req[3]
0	1	1	1		1	0	0	0
0	0	1	1		1	0	1	1
0	0	0	1		1	0	0	1
初始优先级阵列					第一次处理结束优先级阵列			

图2-42 优先级阵列的更新

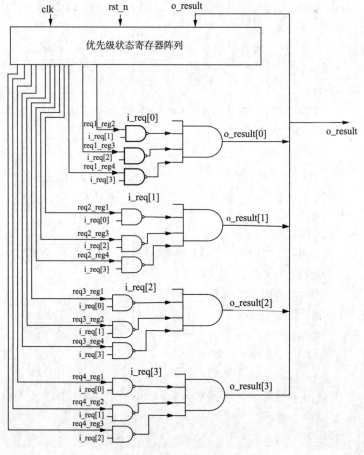

图2-43 4路请求仲裁器电路

```verilog
module arbiter4( clk, rst_n, req, result);    //修改优先级
  input clk,rst_n;
  input[3:0] i_req;
  output[3:0] o_result;
  reg[3:0] o_result;
  reg req1_reg2,req1_reg3,req1_reg4;
  reg req2_reg1,req2_reg3,req2_reg4;
  reg req3_reg1,req3_reg2,req3_reg4;
  reg req4_reg1,req4_reg2,req4_reg3;

  always @ (posedge clk or negedge rst_n)    //优先级状态寄存器阵列
    begin
    if (! rst_n)     //初始化,req[0]具有最高的优先级,req[1]、req[2]、req[3]优先
级依次递减
      begin
        req1_reg2 <=1'b0; req1_reg3 <=1'b0; req1_reg4 <=1'b0;
        req2_reg1 <=1'b1;  req2_reg3 <=1'b0; req2_reg4 <=1'b0;
        req3_reg1 <=1'b1; req3_reg2 <=1'b1;  req3_reg4 <=1'b0;
        req4_reg1 <=1'b1; req4_reg2 <=1'b1;  req4_reg3 <=1'b1;
      end
    else begin         //每当有请求被响应时,则将其优先级调至最低
      case (o_result)
       4'b0001: begin
              req1_reg2 <=1'b1; req1_reg3 <=1'b1; req1_reg4 <=1'b1;
              req2_reg1 <=1'b0;
              req3_reg1 <=1'b0;
              req4_reg1 <=1'b0;
             end
       4'b0010: begin
              req1_reg2 <=1'b0;
              req2_reg1 <=1'b1; req2_reg3 <=1'b1; req2_reg4 <=1'b1;
              req3_reg2 <=1'b0;
              req4_reg2 <=1'b0;
             end
       4'b0100:  begin
              req1_reg3 <=1'b0;
              req2_reg3 <=1'b0;
              req3_reg1 <=1'b1; req3_reg2 <=1'b1; req3_reg4 <=1'b1;
              req4_reg3 <=1'b0;
             end
```

```
            4'b1000: begin
                req1_reg4 <=1'b0;
                req2_reg4 <=1'b0;
                req3_reg4 <=1'b0;
                req4_reg1 <=1'b1; req4_reg2 <=1'b1; req4_reg3 <=1'b1;
                end
            endcase
        end
    end

    always @ *        //请求响应计算单元
      begin
        o_result[0]=i_req[0]&(~(req1_reg2&i_req[1]))&(~(req1_reg3&i_req[2]))&(~(req1_reg4&i_req[3]));
        o_result[1]=i_req[1]&(~(req2_reg1&i_req[0]))&(~(req2_reg3&i_req[2]))&(~(req2_reg4&i_req[3]));
        o_result[2]=i_req[2]&(~(req3_reg1&i_req[0]))&(~(req3_reg2&i_req[1]))&(~(req3_reg4&i_req[3]));
        o_result[3]=i_req[3]&(~(req4_reg1&i_req[0]))&(~(req4_reg2&i_req[1]))&(~(req4_reg3&i_req[2]));
      end
    endmodule
```

2.6 设计举例

本节所描述的设计实现用于光纤 40Gbit/s 以太网媒体访问控制（Media Access Control, MAC）层接收侧部分功能，我们以此为例说明前述设计方法在实际设计中的应用。相关标准参见 2015 年发布的 IEEE 802.3bm 以太网标准。

2.6.1 XLGMII 简介

XLGMII 是 40Gbit/s 以太网中 MAC 层和 PHY 层之间的接口。XLGMII 包含发送和接收两个独立接口，每个接口都有自己的数据、时钟和控制信号。

1. 发送接口信号

（1）txd[63:0]：数据发送信号，64 位并行数据。txd 按字节组织，每字节称为一个通道，共 8 个通道，txd[7:0]为发送数据通道0，txd[63:56]为发送数据通道7；字节发送顺序为发送数据通道 0，发送数据通道 1……发送数据通道 7；字节内发送顺序为最低有效位（Least Significant Bit, LSB）优先，即 txd[0]为第一个发送到串行链路的数据位。

（2）txc[7:0]：发送数据控制信号。txc[7:0]分别对应发送数据通道7～发送数据通道 0。

txc[n]=0 表示发送数据通道 n 上传输的是数据；txc[n]=1 表示发送数据通道 n 上传输的是控制字符。

(3) tx_clk：txd 和 txc 的时钟，频率为 312.5MHz，在时钟信号的上升沿和下降沿数据都有效，因此发送通道以 312.5MHz×2×64=40Gbit/s 的传输速率发送数据。

2. 接收接口信号

(1) rxd[63:0]：接收数据信号，64 位并行数据。rxd 按字节组织，每字节称为一个通道，共 8 个通道，rxd[7:0] 为接收数据通道 0，RXD[63:56] 为接收数据通道 7；字节接收顺序为接收数据通道 0，接收数据通道 1……接收数据通道 7；字节内接收顺序为 LSB 优先，即 rxd[0] 为第一个从串行链路接收到的数据位。

(2) rxc[7:0]：接收数据控制信号。rxc[7:0] 分别对应接收数据通道 7～接收数据通道 0。rxc[n]=0 表示接收数据通道 n 上传输的是数据；rxc[n]=1 表示接收数据通道 n 上传输的是控制字符。

(3) rx_clk：rxd 和 rxc 的时钟，频率为 312.5MHz，在时钟信号的上升沿和下降沿数据都有效，以 40Gbit/s 的传输速率接收数据。

XLGMII 定义数据在时钟上升沿和下降沿均有效，为设计实现方便，我们将时钟频率修改为 625MHz，上升沿有效。PHY 层与 MAC 层连接关系如图 2-44 所示。

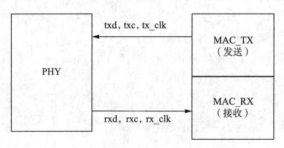

图 2-44　PHY 层与 MAC 层连接关系

2.6.2　以太网帧结构

下面对以太网帧结构做简单介绍。表 2-4 给出了 802.3 以太网帧结构。

表 2-4　802.3 以太网帧结构

字段	前导码	帧开始符	目标地址	源地址	长度/类型	数据和填充	帧校验序列
字段长度/字节	7	1	6	6	2	46～1500	4

(1) 前导码（preamble）：IEEE 802.3 定义的前导码由 7 个 8 位数据 b1010_1010 组成，目的是检测以太网帧开始。按照下面的序列从低位开始发送，前导码数值为 56'h55_5555_5555_5555。

(2) 帧开始符（Start Frame Delimiter, SFD）：表示以太网帧开始，1 字节，其值为 8'b1010_1011。数据是从低位开始发送，因此，在代码中 SFD 的数值为 8'hD5。

(3) 目的地址（Destination Address, DA）：6 字节，接收方根据目的地址判断到来的以太网帧是不是发送给特定节点的，LSB 优先。目的地址可以是单播地址、广播地址或组播 MAC 地址。广播地址全为 1（48'hFFFF_FFFF_FFFF），广播发送给所有设备，而组播只发送给网络中一组类似的节点。

(4) 源地址（Source Address，SA）：6 字节，表示发送以太网帧的传输设备地址，LSB 优先。SA 字段不能包含广播地址或组播地址。

(5) 长度/类型（length/type）：若字段值小于或等于 16'd1500，则表示帧的有效数据长度。例如，字段值为 16'd46，表示有效数据长度为 46 字节。字段的值如果大于或等于 16'd1530，则表示 MAC 客户端协议的类型。本设计支持 IEEE 802.1Q 标准所定义的虚拟局域网（Virtual Local Area Network，VLAN），最多支持两重 VLAN TAG 嵌套。字段值为 16'd8100 时，表示此以太网帧为带有 VLAN 标签的以太网帧，在本字段处插入 4 字节的 VLAN TAG，其他字段顺序后移。本设计最多支持连续两个 VLAN TAG，此时，最大帧长分别为 1522 字节和 1526 字节。

(6) 数据和填充（data and pad）：网络层传递给数据链路层的帧，其长度为 46～1500 字节。按照协议规定，最小报文为 64 字节，即 DA 6 字节、SA 6 字节、长度/类型 2 字节、FCS 4 字节以及数据和填充字段 46 字节。如果有效数据长度小于 46 字节，则需要用 0 对数据进行填充，保证数据和填充字段不少于 46 字节。

(7) 帧校验序列（Frame Check Sequence，FCS）：用于存储循环冗余校验（Cyclic Redundancy Check，CRC）产生的校验值。

2.6.3　MAC_RX 功能介绍

本节介绍 MAC 层接收侧实现电路，具体功能定义如下。

(1) 接收 XLGMII 输入，丢弃 FEC CodeWord 中的校验数据；将数据从 PHY 层时钟域同步到本地时钟域。

(2) 提取以太网帧数据，输出数据需将 XLGMII 中 rxd 的 8 个数据通道从小端字节序转换为大端字节序。

(3) 提取以太网帧状态，包括以长度/类型、FCS 字段，从 DA 字段提取以太网帧类型（广播、组播和单播），以及 802.1Q 和 802.1DQ VLAN 标签。

(4) 产生以太网帧标记信号，包括起始标记、结束标记，FCS 字段起始位置和结束字符位置。

(5) 产生接收到 DA 字段第一个字节时刻脉冲。

(6) 按帧类型、长度分类统计接收字节数。

(7) 错误处理。

2.6.4　MAC_RX 输入输出定义

图 2-45 所示为 PHY 层和 MAC_RX 之间的连接关系。

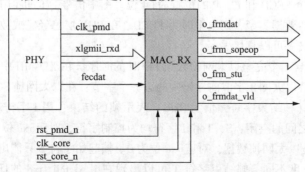

图 2-45　PHY 层和 MAC_RX 之间的连接关系

表 2-5 所示为 40Gbit/s 以太网 MAC_RX 的输入和输出定义。

表 2-5 MAC_RX 的输入和输出定义

信号名	输入/输出	宽度/位	说　　明
clk_pmd	输入	1	PHY 层接收时钟，频率 625MHz，上升沿有效
rst_pmd_n	输入	1	clk_pmd 时钟域同步复位信号，低电平有效
i_fecdat	输入	1	PHY 层 FEC 数据周期指示，高电平有效
i_xlgmii_rxc	输入	8	XLGMII rxc 输入
i_xlgmii_rxd	输入	64	XLGMII rxd 输入
clk_core	输入	1	内核时钟，频率 625MHz，上升沿有效
rst_core_n	输入	1	clk_core 时钟域同步复位信号，低电平有效
o_frmdat	输出	64	以太网帧数据
o_frmdat_vld	输出	1	o_frmdat 有效指示，高电平有效
o_frm_sopeop	输出	6	帧标记信号。 [5]: sop，帧头指示，高电平有效。 [4]: eop，帧尾指示，高电平有效。 [3]: fcs，FCS 第一字节指示，高电平有效。 [2:0]: pos，字节位置，由 {eop, fcs} 指示字节位置类型。 2'b11 表示 FCS 第一字节在 o_frmdat 中的字节位置；2'b01 表示 FCS 第一字节在 o_frmdat 中的字节位置；2'b10 表示结束字符在 o_frmdat 中的字节位置；2'b00 表示无效
o_frm_stu	输出	—	以太网帧状态，在 eop 为高电平时有效，包括当前帧状态指示以及提取的有关信息

2.6.5 MAC_RX 输入输出时序说明

本节说明 MAC_RX 输入输出时序。MAC_RX 的输入来自 PHY 层 XLGMII 的接收接口信号，在下文中不加区分。

前向纠错（Forward Error Correction，FEC）是在不可靠或强噪声干扰的信道中传输数据时用来控制错误的一项技术，可以纠正传输误码。本设计在 PHY 层已经实现一种 FEC 的编/解码电路，PHY 层接收链路数据完成 FEC 之后，未改变数据速率而是提供信号以区别数据字和校验字。来自 PHY 层的数据按 FEC CodeWord 组织，CodeWord 之间没有间隙，如图 2-46 所示。1 个 FEC CodeWord 由连续 N 个 FEC 数据字（FECD）和 M 个 FEC 校验字（FECP）构成，N 和 M 的数值由 FEC 算法决定，每个 FECD 和 FECP 的位宽为 64 位。图中信号 i_fecdat 用于指示当前时钟周期来自 XLGMII rxc/rxd 的数据类型，高电平时为 FECD。在 PHY 层已经完成数据的纠错，校验字对后续数据处理没有意义，可以直接丢弃。

图 2-47 给出了包含 1 个完整以太网帧数据 FECD 的时序。在 XLGMII 中，用 S 字符（帧起始字符，值为 0xfb）代替以太网 8 字节前导码中的第一个字节；在以太网帧 FCS 最后一个字节的下一个字节插入 T 字符（帧结束字符，值为 0xfd）表示帧的结束；用 I 字符（帧间隙字符，值为 0x07）表示以太网帧之间的空闲；S、T 和 I 字符均为控制字符，对应 rxc 位为 1。图中 frame data 表示 XLGMII 传输的是以太网帧数据，对应 rxc 位为 0。帧起始字符 S 只能出现在 rxd 的数据通道 0 上。根据以太网帧长度不同，帧结束字符 T 可以出现在 i_xlgmii_rxd 的任意一个字节位置上，

i_xlgmii_rxc 对应位指示 T 字符所在的字节位置。图中 0xff 表示 rxd 的所有字节全是控制字符。FECD 包含表 2-4 的以太网帧以及帧间隙和控制帧，本书不描述对控制帧的处理。

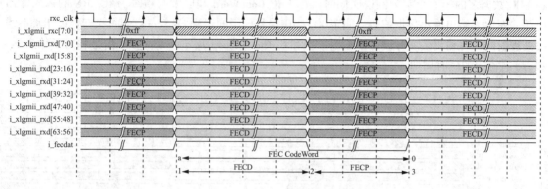

图 2-46　XLGMII 接收信号时序

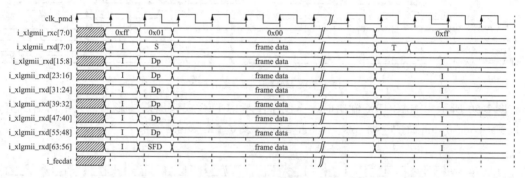

图 2-47　40Gbit/s 以太网帧输入时序

XLGMII 中 T 字符可以在 i_xlgmii_rxd 的任意一个字节位置上出现，共有 8 种可能情况，一个字内 T 字符之后只能是帧间隙字符 I，T 字符的具体位置由 i_xlgmii_rxc 指示，对应的值为 0x80、0xc0、0xe0、0xf0、0xf8、0xfc、0xf 和 0xff。图 2-48 说明 T 字符在 i_xlgmii_rxd 中出现的 8 种情况及其对应输出。图中 o_frame_sopeop[3] 为高电平，指示当前 o_frame_sopeop[2：0] 为 FCS 第一个字节位置，供后续对 FCS 进行剥离操作；s_fcsbyt 指示 T 字符所在字有效字节数，供 FCS 校验电路对帧数据进行校验。图 2-48 中假设自 XLGMII 输入到输出相关信号需要 n 个时钟周期。

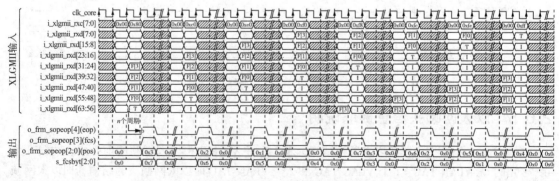

图 2-48　T 字符位置及译码输出时序

以太网帧总长为 64～1518（1526）字节，有可能超过 1 个 FEC CodeWord 所能传输的数据长度。图 2-49 以帧起始字符 S 在 FEC 数据字的最后一个字、帧结束字符 T 在 XLGMII[31:24] 并且在 FEC 数据字的第一个字为例说明同时考虑 FEC CodeWord 和以太网帧时 MAC_RX 的输入输出时序。图中未给出输出数据信号，假定 XLGMII 信号已经同步到 clk_core 时钟域，MAC_RX 不需要处理时间即可输出。实际设计中输出数据和 o_frm_sopeop 及 o_frmdat_vld 信号相对于输入 rxc 和 rxd 有确定的延时周期。

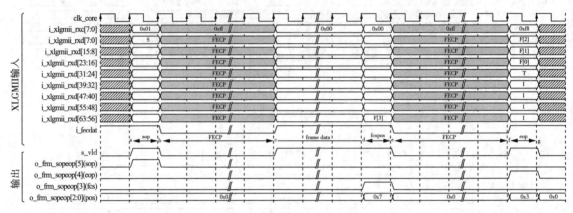

图 2-49 MAC_RX 输入输出时序

图 2-50 所示为 MAC_RX 输出时序，图中不考虑 FEC 校验周期的影响，只给出输出信号 o_frmdat_vld、o_frmdat、o_da_pls、o_frm_sopeop 及 o_frm_stu 的关系。

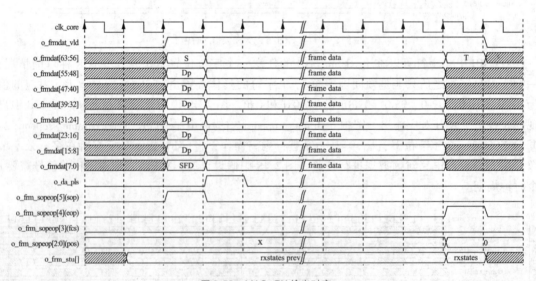

图 2-50 MAC_RX 输出时序

2.6.6 以太网帧头信息提取说明

根据 2.6.2 小节中说明的以太网帧结构，表 2-6 将 XLGMII 中以太网帧的前导码作为第 0 个字，列出了无 VLAN TAG、1 个 VLAN TAG 和 2 个 VLAN TAG 时以太网帧头的结构，即以太网帧头的所有可能情况。

表 2-6 以太网帧头结构

信号名	字序			
	0	1	2	3
xlgmii_rxd[7:0]	S	DA[5]	SA[3]	Vlan2[3]/TypLen-2[1]②
xlgmii_rxd[15:8]	Dp	DA[4]	SA[2]	Vlan2[2]/TypLen-2[0]②
xlgmii_rxd[23:16]	Dp	DA[3]	SA[1]	Vlan2[1]③
xlgmii_rxd[31:24]	Dp	DA[2]	SA[0]	Vlan2[0]③
xlgmii_rxd[39:32]	Dp	DA[1]	Vlan1[3]/TypLen-1[1]①	TypLen-3[1]③
xlgmii_rxd[47:40]	Dp	DA[0]	Vlan1[2]/TypLen-1[0]①	TypLen-3[0]③
xlgmii_rxd[55:48]	Dp	SA[5]	Vlan1[1]②	
xlgmii_rxd[63:56]	SFD	SA[4]	Vlan1[0]②	

① TypLen-1!=0x8100 时为无 VLAN TAG，TypLen-1 表示帧长度/类型，字节 Vlan1[1]及以后均为帧数据。
② TypLen-1==0x8100 且 TypLen-2!=0x8100 时表示本帧有 1 个 VLAN TAG，此时 Vlan1[1:0]为 VLAN TAG，TypLen-2 为帧长度/类型，字节 Vlan2[1]及以后均为帧数据。
③ TypLen-1==0x8100 且 TypLen-2==0x8100，插入 2 个 VLAN TAG，此时 Vlan1[1:0]为 VLAN TAG1，Vlan2[1:0]为 VLAN TAG2；TypLen-3 为帧长度/类型，字节 TypLen-3[0]以后为帧数据。

表中 S 指的是 XLGMII 传输以太网帧时指示帧开始的控制字符（值为 0xfb），Dp 指以太网帧的前导字符（值为 0x55），SFD 指以太网帧的起始分隔符（值为 0xd5）。

表中 DA 为目的地址，SA 为源地址，Vlan1 为第一个 VLAN TAG，Vlan2 为第二个 VLAN TAG；TypLen 为帧长度/类型。根据 TypLen 字段值确定当前帧的 VLAN TAG 个数。

2.6.7 顶层设计

根据前面的说明，MAC_RX 模块跨越不同的时钟域，将跨越时钟域的电路划分为独立模块，有利于在综合及静态时序分析时施加约束（如指定假路径），因此将 MAC_RX 划分为 xlgmii_rx 和 xlgmii_pmd2core 两个模块，如图 2-51 所示。xlgmii_rx 模块完成以太网帧数据提取和状态解析功能；xlgmii_pmd2core 模块使用异步 FIFO 将 XLGMII 输入信号从 clk_pmd 时钟域变换到 clk_core 时钟域，丢弃 FEC 校验周期数据和不属于以太网帧的数据，并将 XLGMII 输入的小端字节序转换为大端字节序（网络字节序）输出。

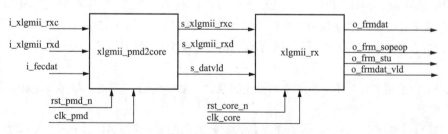

图 2-51 MAC_RX 模块结构图

MAC_RX 模块仅包含 xlgmii_pmd2core 和 xlgmii_rx 两个模块的实例及连接，代码略。图 2-51 中 s_xlgmii_rxc、s_xlgmii_rxd、s_datvld 这 3 个信号在 MAC_RX 模块中声明，并连接到 xlgmii_pmd2core 和 xlgmii_rx 两个模块的对应端口。表 2-7 所示为 xlgmii_pmd2core 的输入输出端口说明。

表 2-7 xlgmii_pmd2core 的输入输出端口说明

信号名	输入/输出	宽度/位	说 明
clk_pmd	输入	1	PHY 层时钟，频率 625MHz，占空比 50%，上升沿有效
rst_pmd_n	输入	1	clk_pmd 时钟域同步复位信号，低电平有效
i_fecdat	输入	1	PHY 层 FEC 数据周期指示，高电平有效
i_xlgmii_rxc	输入	8	XLGMII rxc 输入
i_xlgmii_rxd	输入	64	XLGMII rxd 输入
clk_core	输入	1	本地时钟，频率 625MHz，占空比 50%，上升沿有效
rst_core_n	输入	1	clk_core 时钟域同步复位信号，低电平有效
i_xlgmii_rxc	输入	8	同步于 clk_core 时钟的 xlgmii_rxc
i_xlgmii_rxd	输入	64	同步于 clk_core 时钟，字节序为网络字节序的 xlgmii_rxd
i_datvld	输入	1	当前时钟周期 i_xlgmii_rxc 和 i_xlgmii_rxd 有效指示，高电平有效
o_frmdat	输出	64	以太网帧数据
o_frmdat_vld	输出	1	当前时钟周期 o_frmdat、o_frm_sopeop 和 o_frm_stu 有效指示，高电平有效
o_frm_sopeop	输出	6	帧标记信号。 [5]：sop，帧头指示，高电平有效。 [4]：eop，帧尾指示，高电平有效。 [3]：fcs，FCS 第一字节指示，高电平有效。 [2:0]：pos，字节位置，由 {eop, fcs} 指示字节位置类型。2'b11 表示 FCS 第一字节在 o_frmdat 中的字节位置，结束字符在 FCS 之后；2'b01 表示 FCS 第一字节在 o_frmdat 中的字节位置；2'b10 表示结束字符在 o_frmdat 中的字节位置；2'b00 表示无效
o_frm_stu	输出	—	以太网帧状态，在 eop 为高电平时有效，包括当前帧状态指示以及提取的有关信息

2.6.8 xlgmii_pmd2core 模块

本模块丢弃来自 PHY 层输入的数据中的 FEC 校验字（图 2-46 所示的 XLGMII 帧结构中 FECP）以及 FECD 周期中全部为帧间隙字符的字（图 2-47 所示 40Gbit/s 以太网帧时序中 I 字符）；通过异步 FIFO 将 FECD 周期中的其他数据从 PHY 层时钟域 clk_pmd 同步到本地时钟域 clk_core。

异步 FIFO 采用本章 2.4.4 小节中所描述的设计，对其进行实例化，与实例化相关的信号和参数定义如下。

（1）读写时钟频率：在 clk_pmd 上升沿将有效的数据 rxd 和控制信号 rxc 写入 FIFO，频率是 625MHz。在 clk_core 上升沿读出 FIFO 数据，频率为 625MHz。

（2）异步 FIFO 深度：由于在 FIFO 写入之前已经丢弃无效字，实际写入速率低于读出速率，在 FIFO 读侧采用非空即读方式；为了不丢失数据，FIFO 深度应足够大使得 FIFO 写侧不会出现满状态。

本设计中读写的标称速率相等，根据 2.4.4 小节的分析，FIFO 深度应选择大于 2×(2+SYN_

SZ），在本设计中 SYN_SZ 设置为 2，因此最小的 FIFO 深度为 9。由于 2^4 是大于 9 的最小 2^N，因此 FIFO 的深度选择为 16 个字。

（3）异步 FIFO 宽度：64 位数据 i_xlgmii_rxd 的宽度及其 8 位控制信号 i_xlgmii_rxc 宽度之和为 72，即为参数 DATA_W 实例化值。

异步 FIFO 实例化代码如下，包括参数说明、信号说明及异步 FIFO 实例化。

```verilog
localparam          GMIISZ = 64+8 ;     // FIFO 宽度 = xlgmii txc(8) + txd size(64)
localparam [7:0] EOPCHR = 8'hfd;        // eop (end of packet,即 T 字符)值
localparam [7:0] SOPCHR = 8'hfb;        // sop (start of packet,即 S 字符)值

reg     [GMIISZ-1:0] dat_wr2_fifo;      // 写入 FIFO 的数据
reg                  fifo_wren ;        // 写使能,高电平有效
wire                 s_fifo_full ;      // FIFO 满信号,高电平有效
wire    [GMIISZ-1:0] dat_rd_fifo ;      // FIFO 读出数据
wire                 dat_rd_vld ;       // FIFO 读有效,高电平有效
wire                 s_fifo_empt ;      // FIFO 空信号,高电平有效
// async fifo instance
asyn_fifo
#(
    .FIFO_DEEP(16   ),                  // FIFO 深度
    .DATA_W   (GMIISZ)                  // FIFO 宽度
)
asyn_fifo_u
(
    .clk_wr    ( clk_pmd       ),  // 写时钟
    .rst_wr_n  ( rst_pmd_n     ),  // 写端低电平有效异步复位信号
    .i_wr_en   ( fifo_wren     ),  // 写使能,高电平有效
    .o_full    ( s_fifo_full   ),  // FIFO 满信号,高电平有效
    .i_wr_dat  ( dat_wr2_fifo  ),  // 写入 FIFO 的数据

    .clk_rd    ( clk_core      ),  // 读时钟
    .rst_rd_n  ( rst_core_n    ),  // 读端低电平复位信号
    .i_rd_en   ( dat_rd_vld    ),  // 读使能,高电平有效
    .o_empty   ( s_fifo_empt   ),  // 空信号,高电平有效
    .o_rd_dat  ( dat_rd_fifo   )   // 读出的数据
);
```

本模块其他功能由下面 3 段代码完成。第一段代码实现将输入 XLGMII 数据从小端字节序转换为大端字节序，同时把 rxc 的位序反转，使得 rxc 与 rxd 对应。

```verilog
// 输入数据字节序变换
wire [63:0] rxd_eth_odr;        // XLGMII 接收的数据 rxd,[7:0]为接收的第一个字节
wire [ 7:0] rxc_eth_odr;        // XLGMII rxc 位数据
generate
    genvar i;
    for (i = 0; i < 8; i = i + 1) begin : byt_rsv
        assign rxd_eth_odr[i*8 +7 : i*8] = i_xlgmii_rxd[63 -i*8 : 56 -i*8];
        assign rxc_eth_odr[i]            = i_xlgmii_rxd[7 -i];
    end
endgenerate
```

第二段代码根据输入 i_xlgmii_rxc 判断本时钟周期是否为有效时钟周期并产生数据有效信号。

```verilog
// 检测数据是否有效
reg   gmii_is_vld;                      // 帧数据是否有效
always@ (*) begin
    gmii_is_vld = 1'b0;
    case (i_xlgmii_rxc)
        8'h01,                          // 指示 S 字符
        8'h00,                          // 指示帧数据
        8'h80,8'hc0,8'he0,8'hf0,        // 指示 T 字符的位置
        8'hf8,8'hfc,8'hfe,
        8'hff                  : gmii_is_vld = 1'b1;
        default                : gmii_is_vld = 1'b0;
    endcase
    gmii_is_vld = gmii_is_vld && i_fecdat;
end
```

第三段代码产生 FIFO 写入信号。代码中插入的寄存器 fifo_wren 和 dat_wr2_fifo 的主要目的是让 FIFO RAM 和 PHY 层之间的时序易于满足。

```verilog
reg   fifo_wren ;                       // 写 FIFO 使能
always@(posedge clk_pmd)
    if (! rst_xlgmii_n) fifo_wren <= 1'b0;
    else                fifo_wren <= dat_is_vld;
always@ (posedge clk_pmd)
    dat_wr2_fifo <= { rxd_eth_odr, i_xlgmii_rxc};
```

2.6.9 xlgmii_rx 模块

本模块处理 xlgmii_pmd2core 模块同步后的数据，按以太网帧结构提取数据并输出，同时产生图 2-48 和图 2-49 所示的各种指示信号。为使电路能以 625MHz 频率工作，本模块采用 7 级流

水线实现，流水线之间采用握手协议进行数据传输，模块控制用状态机实现，整体结构如图 2-52 所示。流水线各级的功能描述如下。

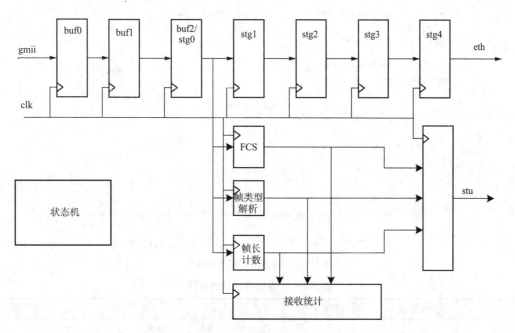

图 2-52　xlgmii_rx 模块整体结构

buf0 级：输入寄存器，用于改善 FIFO 与本电路之间的时序。

buf1 和 buf2 级：根据输入 rxc、rxd 产生 sop、eop 和 fcs 信号，在产生 eop 和 fcs 信号时丢弃 eop 所在字与前一个有效字之间的无效字。

stg0 到 stg3 级：丢弃帧头中的无效字，提取以太网帧状态，包括以太网帧长度/类型、从 DA 字段提取以太网帧类型（广播、组播和单播），802.1Q 和 802.1DQ VLAN 标签。

stg4 级：输出寄存器。

其他模块说明如下。

(1) FCS 模块：对前导码之后、FCS 之前的有效字节进行 CRC32 校验，并与帧数据中最后 4 字节（FCS）进行比较，产生输出状态中的 CRC32 校验结果。

(2) 帧类型解析模块：根据 DA 字段得到广播、组播和单播帧类型，根据 length/type 字段提取帧长度/类型、802.1Q 和 820.DQ 的 VLAN 标签。

(3) 帧长计数模块：用于计算帧数据中的有效字节，并与 length/type 字段比较，产生帧长度错误指示。

(4) 接收统计模块：根据帧长、帧类型、错误类型进行分类统计。

(5) 状态机模块：产生各个模块所需要的控制信号。

本书对 FCS、帧类型解析、帧长计数和接收统计模块不做详细描述，重点介绍状态机模块以及流水线各级模块。

1. 状态机模块

状态机模块协调其他模块工作。状态机共有 6 个状态，状态转移图如图 2-53 所示，各个状态说明如表 2-8 所示。

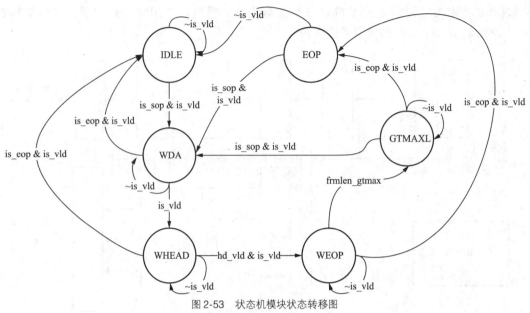

图 2-53 状态机模块状态转移图

表 2-8 状态机模块状态说明

状态	次态	转移条件	说明
IDLE	WDA	接收到有效前导	输出 1 时钟周期宽 sop 脉冲 帧长计数清零 FCS 校验电路复位
	IDLE	未接收到有效前导	等待
WDA	WHEAD	接收到一个有效字	产生 DA 接收脉冲
	WDA	未接收到有效字	等待
	IDLE	检测到 eop	接收错误：帧长小于 64，错误
WHEAD	WEOP	帧头 4 个字接收完成	帧头（包括前导码）接收完成，可以提取帧长度/类型等相关信息 设置最大帧长
	WHEAD	未接收到有效字	等待
	IDLE	检测到 eop	接收错误：帧长小于 64，错误
WEOP	EOP	检测到 eop	当前帧结束，输出 eop，当前帧接收状态，FCS 校验状态
	GTMAXL	帧长超长	接收错误：帧长超长，错误
	WEOP	未接收到有效字	等待
EOP	IDLE	无效字	帧间隙大于 8 字节
	WDA	接收到有效前导	帧间隙小于 8 字节
GTMAXL	WDA	接收到有效前导	当前帧超长并且非正常结束
	EOP	检测到 eop	当前帧结束
	GTMAXL	未接收到有效字	等待

复位后或一个完整的帧结束后进入 IDLE 状态；在 IDLE 状态下接收到有效的帧头之后转移到 WDA 状态；WDA 状态为等待接收存在 DA 字段的字，接收到 DA 之后转移到 WHEAD 状态。

以下代码为状态机的独热状态编码、变量及输入信号定义。

```verilog
wire is_vld      ;//当前接收字为有效字
wire is_sop      ;//当前接收字为前导码
wire is_eop      ;//当前接收字包含结束字符
wire hd_vld      ;//当前已经接收到全部帧头字
wire len_gtmax;  //当前帧长超过预置最大帧长或帧长度/类型字段定义的长度
//独热状态编码位定义
localparam RX_IDLE  = 0;
localparam RX_WDA   = 1;
localparam RX_WHEAD = 2;
localparam RX_WEOP  = 3;
localparam RX_EOP   = 4;
localparam RX_GTMAX = 5;
//状态定义
localparam [5:0] RX_IDLE  = 6'h1 << BIT_RX_IDLE ;//空闲状态,等待接收到前导码
localparam [5:0] RX_WDA   = 6'h1 << BIT_RX_WDA  ;//已接收到前导码,等待DA
localparam [5:0] RX_WHEAD = 6'h1 << BIT_RX_WHEAD;//等待全部帧头字接收完成
localparam [5:0] RX_WEOP  = 6'h1 << BIT_RX_WEOP; //等待帧结束字符
localparam [5:0] RX_EOP   = 6'h1 << BIT_RX_EOP;  //当前接收到的字包含帧结束字符
localparam [5:0] RX_GTMAX = 6'h1 << BIT_RX_GTMAX;
//当前帧长度超过最大帧长,等待帧结束字符
reg [5:0] rxst_nxt;                          //状态机次态变量
reg [5:0] rxst_cur;                          //状态机当前状态变量
```

三段式状态机实现代码:状态机输出与使用状态机输出的电路一起描述。

```verilog
//状态更新
always@(posedge clk) begin
    if (~rst_n) rxst_cur <= RX_IDLE;
    else        rxst_cur <= rxst_nxt;
end
//次态计算
always@ (*) begin
    rxst_nxt = rxst_cur;
    case(rxst_cur)
        RX_IDLE   : rxst_nxt = is_sop ? RX_WDA  : RX_IDLE;
        RX_WDA    : rxst_nxt = is_eop ? RX_IDLE : RX_WHEAD;
        RX_WHEAD  : rxst_nxt = is_eop ? RX_IDLE : (hd_vld   ? RX_WEOP : RX_WHEAD);
        RX_WEOP   : rxst_nxt = is_eop ? RX_EOP  : (len_gtmax ? RX_GTMAX : RX_WEOP);
        RX_EOP    : rxst_nxt = is_sop ? RX_WDA  : RX_IDLE ;
        RX_GTMAX  : rxst_nxt = is_eop ? RX_EOP  : RX_GTMAX;
        default   : rxst_nxt = RX_IDLE;
```

```
        endcase
        if (~is_vld) begin
            if (~rxst_cur[BIT_RX_EOP])rxst_nxt = rxst_cur;
        end
end
```

2. 流水线 buf0 级

功能说明如下。

(1) rxd_eq_eop 检测 rxd 的各个字节是否为 T 字符。

(2) rxd7_eq_sop 检测 rxd 的字节 7 是否为 S 字符。

(3) rxc_encod 将 rxc 编码，得到第一控制字符的字节位置。

(4) 将 rxc_encod、rxd7_eq_sop、rxd_eq_eop 和 i_gmii_rxd 在时钟上升沿存入流水线寄存器。

实现说明如下。

以下代码中的 rxc_encod、rxd7_eq_sop、rxd_eq_eop 是将 sop 和 eop 的检测分解成流水线上的两级实现，以减小 rxc 的扇出及组合链扇入。在 buf0 级将 rxc 编码得到对应的 rxc_encod[3]为高时，当前接收的字包含 T 字符，此时 rxc_encod[2:0]为 T 字符应该在 rxd 中出现的字节位置。rxc_encod = 4'b0111 时，S 字符应该在 rxd 字节 7 位置。rxc_encod = 4'b0001 时，表示当前字全部是数据字。

```
// ---------------------buf0 ---------------------------
localparam [7:0] SOPCHR = 8'hfb;    // sop 字符
localparam [7:0] EOPCHR = 8'hfd;    // eop 字符
// 组合信号
reg [3:0] rxc_encod;              // rxc 第一个控制字符位置,在 buf0 中使用
reg [7:0] rxd_eq_eop;             // rxd byte[7]~[0] 是 eop 字符,在 buf0 中使用
reg       rxd7_eq_sop;            // rxd byte[7] 是 sop 字符,在 buf0 中使用
// buf0 寄存器,供后级使用
reg [3:0] rxc_encod_buf0;         // rxd_eq_eop 寄存器存储后的值,在 buf1 中使用
reg [7:0] rxd_eq_eop_buf0;        // rxc_encod 寄存器存储后的值,在 buf1 中使用
reg       rxd7_eq_sop_buf0;       // rxd7_eq_sop 寄存器存储后的值,在 buf1 中使用
reg [63:0] rxd_buf0;              // rxd 寄存器存储后的值
// rxc 第一个控制字符位置编码
always@ (*) begin
    case(i_gmii_rxc)
    8'h00 : rxc_encod    = 4'b0001; // 所有 rxd 字节是数据
    8'h80 : rxc_encod    = 4'b0111; // 第一个控制字符在 rxd_byte[7]
    8'h01 : rxc_encod    = 4'b1111; // 第一个控制字符在 rxd_byte[0]
    8'h03 : rxc_encod    = 4'b1110; // 第一个控制字符在 rxd_byte[1]
    8'h07 : rxc_encod    = 4'b1101; // 第一个控制字符在 rxd_byte[2]
    8'h0f : rxc_encod    = 4'b1100; // 第一个控制字符在 rxd_byte[3]
```

```
        8'h1f : rxc_encod   = 4'b1011;    // 第一个控制字符在 rxd_byte[4]
        8'h3f : rxc_encod   = 4'b1010;    // 第一个控制字符在 rxd_byte[5]
        8'h7f : rxc_encod   = 4'b1001;    // 第一个控制字符在 rxd_byte[6]
        8'hff : rxc_encod   = 4'b1000;    // 第一个控制字符在 rxd_byte[7]
        default : rxc_encod = 4'b0000;    // 非法的控制字符,未处理
    endcase
end
// 检测 rxd 字节 7~0 等于 EO_PCHR
generate
genvar i;
for (i = 0; i < 8; i = i + 1) begin : eop_poschk
    rxd_eq_eop[i] = i_gmii_rxd[8 * i + 7 : 8 * i] == EOP_CHR;
end endgenerate
always@ ( * ) rxd7_eq_sop = i_gmii_rxd[63:56] == SOPCHR;
always@(posedge clk) begin
    if       (~rst_n  ) {rxc_encod_buf0,rxd_eq_eop_buf0,rxd7_eq_sop_buf0} <= {4'h0,7'h0,1'b0};
    else if (~i_datvld) {rxc_encod_buf0,rxd_eq_eop_buf0,rxd7_eq_sop_buf0} <= {4'h0,7'h0,1'b0};
    else {rxc_encod_buf0,rxd_eq_eop_buf0,rxd7_eq_sop_buf0} <= { rxc_encod,rxd_eq_eop,rxd7_eq_sop};
    rxd_buf0        <= i_gmii_rxd;
end
```

3. 流水线 buf1 级

功能说明如下。

(1) 使用流水线 buf0 级提供的 rxc_encod_buf0、rxd7_eq_sop_buf0、rxd_eq_eop_buf0 寄存器信号完成 sop、eop 及 fcs 位置指示信号的产生。

(2) 无条件保存 buf0 级数据。

buf1 第一部分:产生图 2-49 所示的 sop、eop 及 fcs 位置指示信号。

```
// buf1 第一部分:sop、eop 译码,确定 FCS 第一个字节和 eop 的位置
reg       is_sop_buf1       ;  // 当前字包含 sop
reg       is_vld_buf1       ;  // buf1 寄存器为有效字
reg [3:0] is_txd_eq_eop_2;     // 与 is_txd_eq_eop_1 一起构成 8 选 1,产生 is_eop_buf1
reg [1:0] is_txd_eq_eop_1;     // 与 is_txd_eq_eop_2 一起构成 8 选 1,产生 is_eop_buf1
reg       is_eop_buf1       ;  // =1 eop 在 buf1
reg       is_fcs_buf1       ;  // =1 FCS 第一个字节在 buf1
reg [2:0] pos_buf1          ;  // eop 字符位置
reg       is_fcs_buf2       ;  // =1 指示 FCS 第一个字节在 eop 的前一个字
reg [3:0] pos_buf2          ;  // FCS 第一个字节在 eop 的前一个字的位置(is_fcs_buf2 =1 时有意义)
```

```verilog
always@ (*) begin
    {is_txd_eq_eop_2,is_txd_eq_eop_1,is_eop_buf1,is_fcs_buf1,pos_buf1,is_fcs_buf2,pos_buf2} =
        {4'h0           ,2'h0         ,1'b0      ,1'b0      ,3'h0   ,1'b0      ,3'h0    };
    if (rxc_encod_buf0[3]) begin
        is_txd_eq_eop_2[3:0] = rxc_encod_buf0[2] ? rxd_eq_eop_buf0[7:4] : rxd_eq_eop_buf0[3:0];
        is_txd_eq_eop_1[1:0] = rxc_encod_buf0[1] ? is_txd_eq_eop_2[3:2] : is_txd_eq_eop_2[1:0];
        is_eop_buf1          = rxc_encod_buf0[0] ? is_txd_eq_eop_1[1]   : is_txd_eq_eop_1[0];
        is_fcs_buf1          = rxc_encod_buf0[2] ;
        pos_buf1             = {1'b0,rxc_encod_buf0[1:0]};
        is_fcs_buf2          = ~rxc_encod_buf0[2];
        pos_buf2             = rxc_encod_buf0[2] ? 3'h0 : {1'b1,rxc_encod_buf0[1:0]};
    end
    is_sop_buf1          = rxd7_eq_sop & (rxc_encod_buf0 == 4'b0001);
    is_vld_buf1          = ~(rxc_encod_buf0 == 4'h0);
end
```

buf1 第二部分：流水线寄存器。

```verilog
// buf1 第二部分：流水线寄存器
reg        vld_buf1    ; // 当前字为有效数据
reg [5:0]  sop_eop_buf1; // buf1 中 sop、eop、fcs 标记及 fcs 位置寄存器
reg [63:0] rxd_buf1    ; // rxd 寄存器
always@(posedge clk) begin
    if (~rst_n) {vld_buf1,sop_eop_buf1} <= {1'b0,6'h0};
    else        {vld_buf1,sop_eop_buf1} <= {is_vld_buf1,is_sop_buf1,is_eop_buf1,pos_buf1};
    rxd_buf1 <= rxd_buf0;
end
```

4. 流水线 buf2 级

功能说明如下。

（1）期望接收 eop 的状态下丢弃 buf1 中的无效数据。

（2）在状态机产生的控制信号 exp_eop 控制下工作。

（3）exp_eop 为低电平时工作在直通方式。

（4）exp_eop 为高电平时根据 buf1 状态更新 sop_eop_buf2 寄存器。

（5）产生 rxd 高 48 位全部为 1 的指示信号，供以太网帧类型（广播、组播和单播）检测电

路使用（目的是减小下一级检测电路扇入）。

具体代码如下。

```verilog
// buf2：丢弃eop(T)字符所在字与前一个有效字之间的无效字
reg [63:0] rxd_buf2        ;   // buf2寄存器
reg        vld_buf2        ;   // buf2为有效字
reg [ 5:0] sop_eop_buf2;       // buf2中sop、eop、fcs标记及fcs位置寄存器
wire load_buf2          = exp_eop ? (vld_buf2 ? vld_buf1 : 1'b1) : 1'b1;
wire load_sopeop_buf2 = load_buf2 ? is_fcs_buf2 : 1'b0;
always@ (posedge clk) begin
    if       ( ~rst_n  ) vld_buf2 <= 1'b0;
    else if (load_buf2) vld_buf2 <= vld_buf1;
    if (load_buf2) rxd_buf2 <= rxd_buf1;
    if (load_sopeop_buf2) sop_eop_buf2 <= {2'b00,is_fcs_buf2,pos_buf2}
    else                  sop_eop_buf2 <= sop_eop_buf1;
end
// 预先译码广播帧标记(DA=48'hFFFF_FFFF_FFFF) rxd[63:16] == {48 {1'b1} }
reg rxd_h24eqff_buf2;   // rxd[63:40] == 24'hff_ffff
reg rxd_l24eqff_buf2;   // rxd[39:16] == 24'hff_ffff
always@ (posedge clk) begin
    rxd_h24eqff_buf2        <= rxd_buf1[63 : 40] == 24'hff_ffff;
    rxd_l24eqff_buf2        <= rxd_buf1[39 : 16] == 24'hff_ffff;
enddiuqi
```

5. 流水线stg0 ~ stg3级

stg0是buf2的别名，在exp_eop为高电平、buf1和buf2均为有效数据时，vld_stg0输出高电平；在exp_eop为低电平、buf2为有效数据时，vld_stg0输出高电平。另外，状态机的输入信号is_sop、is_eop和is_vld在stg0产生。

```verilog
// stg0：除数据有效输出信号外,其他信号是buf2的镜像
wire [63:0] rxd_stg0          = rxd_buf2       ;
wire [ 6:0] sop_eop_stg0      = sop_eop_buf2;
wire        vld_stg0          = exp_eop ? (vld_buf1 && vld_buf2) : vld_buf2;
wire        rxd_h48all1_stg0 = rxd_h24eqff_buf2 & rxd_l24eqff_buf2;
// rxd高48位全部为高
//状态机输入信号
wire is_sop = sop_eop_stg0[6];
wire is_eop = sop_eop_stg0[5];
wire is_vld = vld_stg0           ;
```

stg0的rxd和sop_eop信号连接到FCS模块，以进行CRC32校验，代码中不详细描述。stg1～stg3在exp_head为高电平时丢弃帧头中的无效字，以获取帧长度/类型、VLAN TAG等以太网帧状态信息；在exp_head为低电平时透明传输有效/无效字。选择3级流水线有利于平衡FCS所需

时钟周期，使得 eop 所在字离开 stg3 时 FCS 校验已经完成。

```verilog
    reg [3:1] lden_stgs;        // stg1~stg3 寄存器装入使能信号
// stg1 寄存器
    reg [63:0] rxd_stg1         ;  // stg1 数据寄存器
    reg [ 5:0] sop_eop_stg1;    // stg1 的 sop、eop、fcs 标记及 fcs 位置寄存器
    reg        vld_stg1         ;  // stg1 有效标记
    always@(posedge clk) begin
        if (lden_stgs[1]) begin
            rxd_stg1     <= rxd_stg0;
            vld_stg1     <= vld_stg0;
            sop_eop_stg1 <= eop_sop_stg0;
        end
    end
// stg2 寄存器
    reg [63:0] rxd_stg2         ;  // stg2 数据寄存器
    reg [ 5:0] sop_eop_stg2;    // stg2 的 sop、eop、fcs 标记及 fcs 位置寄存器
    reg        vld_stg2         ;  // stg2 有效标记
    always@(posedge clk) begin
        if (lden_stgs[2]) begin
            rxd_stg2     <= rxd_stg1;
            vld_stg2     <= vld_stg1;
            sop_eop_stg2 <= eop_sop_stg1;
        end
    end
// stg3 寄存器
    reg [63:0] rxd_stg3         ;  // stg3 数据寄存器
    reg [ 5:0] sop_eop_stg3;    // stg3 的 sop、eop、fcs 标记及 fcs 位置寄存器
    reg        vld_stg3         ;  // stg3 有效标记
    always@(posedge clk) begin
        if (lden_stgs[3]) begin
            rxd_stg3     <= rxd_stg2;
            vld_stg3     <= vld_stg2;
            sop_eop_stg3 <= eop_sop_stg2;
        end
    end
// stg1~stg3 寄存器装入使能信号产生
    always@(*) begin
        if (exp_head) begin
            lden_stgs[3] = ~vld_stg3 | ~sop_eop_stg3[5];
            lden_stgs[2] = ~lden_stgs[3] & ~vld_stg2;
```

```
            lden_stgs[1] = ~lden_stgs[2] & ~vld_stg1;
        end else lden_stgs = 3'b111;
end
// 包头已经全部接收到(DA,SA,length/type,包括最多两重 VLAN TAG)
wire hd_vld = vld_stg3 & sop_eop_stg3[5] & vld_stg2 & vld_stg1 & vld_stg0;
```

6. 流水线 stg4 级

功能说明如下。

（1）exp_head 为高电平且 stg3 中 sop 为低电平时装入 stg3 数据。
（2）exp_head 为高电平且 stg3 中 sop 为高电平、hd_vld 为低电平时插入无效字。
（3）exp_head 为低电平时装入 stg3 数据。
（4）exp_head 为低电平且 stg3 中 eop 为高电平时产生当前帧状态装入信号以保存当前帧状态并输出。

流水线 stg4 级的实现代码如下。

```
// stg4 寄存器
reg  [63:0] rxd_stg4    ;  // stg4 数据寄存器
reg  [5:0]  sop_eop_stg4;  // stg4 的 sop、eop、fcs 标记及 fcs 位置寄存器
reg         vld_stg4    ;  // stg4 有效标记
wire        lden_stg4   = exp_head ? ~(vld_stg3 & eop_sop_stg3[5]) :1'b1;
always@(posedge clk) begin
    if (lden_stg4) begin
        rxd_stg4     <= rxd_stg3;
        vld_stg4     <= vld_stg3;
        sop_eop_stg4 <= eop_sop_stg3;
    end else begin
        vld_stg4     <= 1'b0;
        sop_eop_stg4 <= 6'h0;
    end
end
// cur_frm_stu 是当前帧的接收状态(包括 FCS 校验等,状态来自其他电路,在此不描述细节,仅说明其更新条件)
always@(posedge clk) begin
    if      (~rst_n                          ) cur_frm_stu <= 'h0   ;
    else if (eop_sop_stg3[4] & vld_stg3) cur_frm_stu <= rx_stu ;//来自其他部分电路
end
assign o_frmdat      = rxd_stg4;
assign o_frmdat_vld  = vld_stg4;
assign o_frm_sopeop  = sop_eop_stg4;
assign o_frm_stu     = cur_frm_stu;
```

习题 2

1. 分析 AXI Lite 总线协议并实现基本传输模式。
2. VGA 接口设计与实现。
3. RS232 接口协议实现。
4. SRAM 控制器协议实现。
5. 矩阵键盘实现。
6. 基 2 Booth 乘法器实现。
7. 4 个周期的单精度浮点加法器实现。
8. 32 位 DMA 设计与实现。
9. 设计一个序列检测器，检测 PCM 基群帧结构帧同步码"10011011"。
10. 自定义一个 RISC-V 指令集以实现某种应用，并设计一个 5 级流水线处理器实现该指令集。
11. 图示电路中，DFF 的建立时间为 5ns，保持时间为 3ns，时钟到输出延时的最小值/最大值为 6ns/12ns，OR 门延时的最小值/最大值为 1ns/4ns。

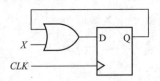

（1）电路正确工作的最小时钟周期是多少？
（2）计算输入 X 在时钟有效沿之后可以安全变化的最早时间。

第 3 章

动态验证

随着集成电路制造工艺和技术水平不断进步，芯片设计规模变得越来越大，验证所花费的时间越来越长，约占整个产品设计周期的70%，而且随着设计复杂度的提高还会呈指数增长。芯片一次流片的成功率很大程度上取决于设计验证是否充分。流片失败不仅仅会损失一次流片费用，更为严重的是将使芯片的上市时间延迟，导致市场份额缩小，造成对产品收益的影响。因此，设计验证在整个设计周期中扮演着非常重要的角色。

验证（verification）与测试（test）不同，经常有人将这两者搞混，虽然验证与测试在实现上有一些共性，但是它们有着本质的区别。验证是指检验设计是否与设计规范一致，而测试则是检验完成的产品是否符合标准。

图3-1展示了一个通用的验证平台结构，由验证环境和待测设计（Design Under Verification，DUV）构成。其中验证环境用于产生测试向量，并将测试向量驱动到待测设计中；待测设计接收测试向量，进行处理后，送给验证环境；验证环境接收来自待测设计的计算结果，并进行相关的检验，以确定待测设计的正确性。

下面各节将分别对验证方法、验证平台的搭建进行介绍，并给出多种测试用例。

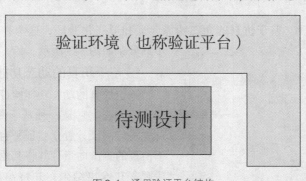

图3-1 通用验证平台结构

3.1 验证的概念

设计的抽象过程是在不同抽象层次之间转换的过程，即不断从高抽象层次向低抽象层次转换的过程，如图3-2所示。每转换一次都需要进行验证，以保证转换的正确性。

例如,根据技术规范要求,写出设计的行为级描述后,需要验证行为级描述代码是否与技术规范一致。将行为级描述转变为寄存器传输级(Register Transfer Level,RTL)代码,需要验证 RTL 代码是否与行为级描述功能相吻合,相应地需要分别验证 RTL 描述和门级网表、门级网表和晶体管级网表是否等价。因此,验证发生在设计的各个层次上。

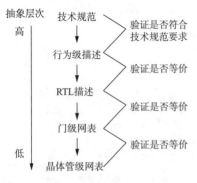

图 3-2 设计的抽象过程

除此之外,根据验证的规模,可以将验证分为下述几种层次。

(1) 单元层:每个设计单元都单独进行功能验证。这些单元通常都很简单,简单验证平台足以验证其功能。简单验证平台容易搭建,并且测试向量也容易设计实现。

(2) 功能块层:由一些单元或者较小的功能块组成。设计规模通常在十万门以上,因此需要较为复杂的验证平台。测试向量的设计需要花费较多的时间,以期获得较为高效的测试序列。

(3) 芯片层:大的功能块集成到一起就组成了芯片的逻辑。芯片层需要单独验证,验证必须严格和完善。芯片层的验证平台需要模仿外部(与本芯片接口相连接的)芯片的功能,提供给被测芯片较真实的激励。例如,被测芯片有 PCI 总线接口,验证平台就需要有能够模仿 PCI 总线主/从器件功能的激励产生器。除此之外,还要检测被测芯片的运行结果,并判断其正确性。

(4) 电路板层:如果能够获取一块板子上其他芯片的功能模型,就可以将被测芯片的模型和其他芯片的功能模型集成起来,建立板级验证平台,以此对板子的整体功能和被测芯片功能进行完整的验证。

3.2 验证方法

验证方法分为两种:基于仿真的动态功能验证和形式化验证。这两种验证方法又可以进一步细分,如图 3-3 所示。

图 3-3 验证方法分类

1. 基于仿真的动态功能验证

基于仿真的动态功能验证是业界最为常用的一种验证方法。它是一种基于测试向量的仿真技术。首先将待测设计置于验证平台中,验证平台产生用于仿真的测试向量,并将其驱动到待测设计中;然后观察其输出结果,并将输出结果与预期结果对比,以检验设计的正确性。根据是否需要了解待测设计的内部结构,基于仿真的动态功能验证可以分为黑盒验证、白盒验证和灰盒验证。

黑盒验证:验证工作是在完全不了解设计内部实现结构的情况下完成的。验证人员根据技术规范,设计相应的测试向量,通过观察外部输出端口信号,验证设计功能的正确性。黑盒验证不需要了解设计的内部状态,测试向量设计具有一定的随机性,因此有可能检查出设计中存在的一些未知的错误。但是这种验证方法可观测性差、收敛速度慢,对设计结构中的一些条件有可能验证不到,因此代码覆盖率不高,只适用于功能验证。

白盒验证：验证人员需要完全了解设计的内部实现结构，并针对内部电路设计具体的测试向量，验证电路结构的正确性。这种验证方法收敛性好，可以快速地设计出用于测试电路边界条件的测试向量，因此可以获得较高的代码覆盖率。但是，这种方法需要验证人员了解电路内部结构，对验证人员要求较高。而且，验证人员对电路过于了解，或者是过于关注电路结构，也有可能忽略电路功能上的一些错误。

灰盒验证：介于黑盒验证和白盒验证之间的一种验证方法。这种验证方法不仅需要关注电路功能的正确性，还需要观测电路内部路径的正确性。验证人员通过顶层接口输入测试向量，观察输出结果，以验证电路功能的正确性；同时结合电路内部结构的路径情况，设计特定的测试向量，以验证电路边界条件的正确性。通过这种方法，不仅可以验证电路功能的正确性，还可以获得较高的代码覆盖率。

2. 形式化验证

随着设计规模的日益增大，仿真任务量急剧增加。而设计层次每次转换，或设计每次修改，都需要重新进行验证，如果仍然使用仿真的方法，太过耗时。形式化验证与基于仿真的动态功能验证不同，它不需要生成测试向量，而是使用数学的方法验证电路功能的正确性。初期电路仿真结果正确以后，后续的代码修改或者是代码形式的转换（例如，寄存器传输级代码到电路网表的转换），其相应的验证工作都可以通过形式化验证完成。形式化验证可以进一步划分为等价性检查和模型检验。

等价性检查：通常采用的方法是将两个电路转换为正则表达式，并比较它们是否一致。这种验证方法常用于验证 RTL 设计与综合后的门级网表是否一致、门级网表与门级网表是否一致。除此之外，它还可以用来检验行为级模型与 RTL 模型的一致性。

模型检验：使用时态逻辑来描述设计特性，包括输入约束条件、不变量与输出断言等，通过有效的搜索方法来检验设计是否满足约束条件。

本章主要针对业界常用的验证方法——基于仿真的动态功能验证展开讨论。

3.3 验证平台搭建

随着集成电路规模的增大，验证任务越来越重，为了提高验证效率，现在普遍采用带有自检验功能的验证平台。一个带有自检验功能的验证平台结构如图 3-4 所示。

它由以下几个模块构成。

（1）激励发生器：产生各种测试序列，可以是随机生成的，或者是定向产生的，也可以是在一定限制条件下（受约束）随机生成的。受约束的随机测试是根据一定的约束条件，随机产生 DUV 所需的激励信号，

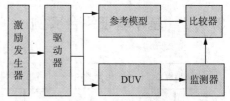

图 3-4 带有自检验功能的验证平台结构

通过大量的受约束随机激励，达到全面验证的效果，如图 3-5 所示。同时，大量的随机产生的各种满足约束的激励信号，能够测试出一些不可预知的错误。定向测试则是针对覆盖率统计结果，针对某些功能或者很难测试到的边界条件，创建出 DUV 所需的激励信号，快速定位可能出现的错误，达到迅速收敛、缩短验证时间的功效。

（2）驱动器：将激励发生器产生的测试序列，按照 DUV 接口信号时序要求，驱动到 DUV 的输入信号上。

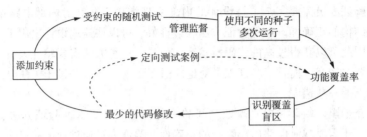

图 3-5　受约束的随机测试

（3）参考模型：实现与 DUV 相同的功能，通常采用高级语言编写，如 C、C++、SystemVerilog、System C 等。

（4）DUV：待测设计，可以是硬件描述语言（Verilog HDL 或 VHDL）编写的 RTL 代码，也可以是综合以后的网表文件。

（5）监测器：接收来自 DUV 的输出结果。

（6）比较器：比较参考模型的输出结果和 DUV 的输出结果。

在进行仿真时，首先由激励发生器产生相关的测试序列，然后驱动器将其同时驱动到 DUV 的输入信号和参考模型，监测器接收来自 DUV 的输出结果，并送给比较器。比较器对比参考模型的输出结果和 DUV 的输出结果，并将比较结果反馈给测试人员。

对于一些简单的 DUV，仿真验证可以不用参考模型进行对比，验证平台的搭建可以通过在自检验验证平台中去掉参考模型和比较器实现。但是对于一些复杂的、规模较大的 DUV，在进行仿真验证时，为了提高验证效率，缩短验证时间，除了增加自检验功能外，还可以通过增加断言模块和覆盖率统计模块实现对电路内部数据的监测和代码覆盖率、功能覆盖率的统计。

断言模块主要用来监视电路内部关键路径，以保证电路内部结构的正确性，因此断言是一种白盒验证方法。覆盖率统计模块主要实现对电路功能覆盖率和代码覆盖率的统计，根据统计结果，测试人员可以通过调整测试序列，实现 100% 的功能覆盖率和代码覆盖率。

3.4　验证平台实例

3.4.1　基本验证平台实例

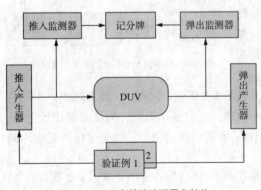

图 3-6　FIFO 自检验验证平台结构

这里采用 FIFO 作为被测实例，说明如何搭建一个带有自检验功能的验证平台。验证平台将采用 SystemVerilog 语言编写。SystemVerilog 语言是在多年实践基础上建立起来的，专门用于搭建验证平台，或者构建行为级模型。熟悉 Verilog HDL 或者任何一种面向对象语言的读者都可以快速了解并使用 SystemVerilog，不熟悉这些语言的读者，建议阅读相关书籍。

根据 FIFO 的功能，初步考虑的验证平台结构如图 3-6 所示。该验证平台主要包括推入产生器、弹出产生器、推入监测器、弹出监测器和记分牌。

推入产生器：产生随机数据，然后将数据推入待测设计，也就是 FIFO 中。

弹出产生器：随机产生弹出信号，将信号送到待测设计，控制 FIFO 弹出数据。

推入监测器：将推入产生器输出的数据存入记分牌，用于后续的比较和验证。

弹出监测器：检测弹出活动，把弹出的数据记录到记分牌中并对输出进行比较。

记分牌：实际上也是一个 FIFO，只不过这里的 FIFO 是采用 SystemVerilog 语言编写的一种行为级描述。除此之外，记分牌还需要对推入数据和弹出数据进行记录并检验结果的正确性。

最后，需要在顶层文件中实例化上述模块和待测设计，从而把验证系统和待测设计集成起来。

下面是完整的验证平台代码，包含所需的接口、总线功能模型函数、顶层文件等。

（1）接口——SystemVerilog 使用接口为模块之间的通信建模，接口可以看作一捆智能的连线。接口包含连接、同步，甚至两个或者更多个模块之间的通信功能，它们连接了待测设计和验证平台。

```systemverilog
// 产生器接口,用于和 FIFO 通信
interface fifo_interf (
    input  wire        clk ,       // 时钟信号
    output logic       rst_n,      // 复位信号
    input  wire        full,       // 排队满信号
    input  wire        empty,      // 排队空信号
    output logic       rd_en,      // 读(弹出)使能
    output logic       wr_en,      // 写(推入)使能
    output logic [7:0] data_in,    // 数据输入
    input  wire  [7:0] data_out    // 数据输出
);
endinterface

// 监测器接口,仅包含输入信号
interface fifo_monitor_interf (
    input wire       clk,       // 时钟信号
    input wire       rst,       // 复位信号
    input wire       full,      // 排队满信号
    input wire       empty,     // 排队空信号
    input wire       rd_en,     // 读(弹出)使能
    input wire       wr_en,     // 写(推入)使能
    input wire [7:0] data_in,   // 数据输入
    input wire [7:0] data_out   // 数据输出
);
endinterface
```

（2）总线功能模型函数——包括验证平台所需的推入产生器、弹出产生器、推入监测器、弹出监测器以及相关任务等。这里采用 SystemVerilog 语言中的类来构建。

```
// 定义一个总线功能模型类
class fifo_BFM;
  score_board sb;                  // 调用一个记分牌
  fifo_interf ports;               // 声明一个接口,用于和FIFO通信
  fifo_monitor_interf mports;      // 声明一个接口,用于监测

  // 读写相关信号
  bit readDone;
  bit writeDone;

  // 数据读写个数
  integer numWrites;
  integer numReads;

// 本类的构造函数
  function new (fifo_interf ports, fifo_monitor_interf mports);
  begin
    this.ports = ports;
    this.mports = mports;
    sb = new();
    numWrites = 5;
    numReads = 5;
    readDone = 0;
    writeDone = 0;
    ports.wr_en   = 0;
    ports.rd_en   = 0;
    ports.data_in = 0;
  end
  endfunction

// 推入监测器任务,用于监测FIFO写入操作。如果发生写入,则把写入的数据记录到记分牌中
  task pushMonitor();
  begin
    bit [7:0] data = 0;
    while (1) begin
      @ (posedge mports.clk);
      if (mports.wr_en == 1) begin
        data = mports.data_in;
        sb.addItem(data);
      end
```

```
      end
    end
  endtask
```

// 弹出监测器任务,用于监测 FIFO 读取操作。如果发生读取,则把读出的数据送到记分牌中,并将该数据与记分牌中存储的数据进行比较,验证读出数据的正确性

```
  task popMonitor();
  begin
    bit [7:0] data = 0;
    while (1) begin
      @ (posedge mports.clk);
      if (mports.rd_en == 1) begin
        data = mports.data_out;
        sb.compareItem(data); // compareItem also performs a pop
      end
    end
  end
  endtask
```

// 启动各种监测器和信号产生器

```
  task go();
  begin
    // 先复位断言
    reset();
    // 启动监测器
    repeat (numWrites) @ (posedge ports.clk);
    fork
      popMonitor ();
      pushMonitor ();
    join_none
    fork
      genPush();
      genPop();
    join_none

    while (! readDone && ! writeDone) begin
      @ (posedge ports.clk);
    end
    repeat (10) @ (posedge ports.clk);
    $write("% dns : Terminating simulations \n", $time);
```

```verilog
      end
    endtask

// 对平台进行复位操作
    task reset();
    begin
      repeat (5) @ (posedge ports.clk);  // 等候5个时钟周期,然后复位
      ports.rst = 1'b1;
      // Init all variables
      readDone = 0;
      writeDone = 0;
      repeat (5) @ (posedge ports.clk);  // 复位信号持续5个时钟周期
      ports.rst = 1'b0;
    end
    endtask

// 推入产生器任务,用于产生随机数据及相应的写使能信号,控制FIFO的写入操作
    task genPush();
    begin
      bit [7:0] data = 0;
      integer i = 0;
      for ( i=0; i < numWrites; i++)     // 产生numWrites次推入数据
      begin
        data = $random();
        @ (posedge ports.clk);
        while (ports.full == 1'b1)       // 当排队满时,在此等待
        begin
          ports.wr_en   = 1'b0;
          ports.data_in = 8'b0;
          @ (posedge ports.clk);
        end
        // 将数据写入排队的端口
        ports.wr_en   = 1'b1;
        ports.data_in = data;
      end
      // 当所有数据写完时,清除各种信号
      @ (posedge ports.clk);
      ports.wr_en   = 1'b0;
      ports.data_in = 8'b0;
      repeat (10) @ (posedge ports.clk);
```

```
      writeDone =1;
    end
  endtask

// 弹出产生器任务,在FIFO不空的情况下,产生读使能信号,控制FIFO的弹出操作
  task genPop();
  begin
    integer i =0;
    for ( i =0; i < numReads; i + +)    // 实行 numReads 次弹出操作
    begin
      @ (posedge ports.clk);
      while (ports.empty ==1'b1)     // 当排队空时,在此等候
      begin
        ports.rd_en    =1'b0;
        @ (posedge ports.clk);
      end
      // 排队读使能
      ports.rd_en    =1'b1;
    end
    // 当所有的弹出都完成时,清除各种信号
    @ (posedge ports.clk);
    ports.rd_en    =1'b0;
    repeat (10) @ (posedge ports.clk);
    readDone =1;
  end
  endtask
endclass

// 定义一个记分牌类,用于记录写入FIFO的数据,并对比FIFO弹出的数据,验证电路功能的正确性
class scoreboard;
  mailbox fifo = new();//定义一个mailbox变量,相当于定义了一个行为级的FIFO
  integer size;

  // 本类构造函数
  function new();
  begin
    size =0;
  end
  endfunction
```

```
//进行行为级FIFO的入队操作,当队列长度大于7时,产生错误报告
    task addItem(bit [7:0] data);
    begin
      if (size > 7) begin
        $write("%dns : ERROR : Over flow detected, current occupancy %d\n",
          $time, size);
      end else begin
        fifo.put(data);
        size++;
      end
    end
    endtask
//进行行为级FIFO的出队操作,当队列长度为0时,产生错误报告
    task compareItem (bit [7:0] data);
    begin
      bit [7:0] cdata = 0;
      if (size ==0) begin
        $write("%dns : ERROR : Under flow detected \n", $time);
      end else begin
        fifo.get (cdata);
        if (data != cdata) begin
          $write("%dns : ERROR : Data mismatch, Expected %x Got %x\n",
            $time, cdata, data );
        end
        size--;
      end
    end
    endtask
endclass
```

(3) 验证平台的顶层文件。

```
program fifo_top (fifo_ports ports, fifo_monitor_ports mports);
  fifo_driver driver = new(ports, mports);
  initial begin
    driver.go();
  end
endprogram
```

3.4.2 复杂功能验证平台实例

本节采用自动售货机作为被测实例,介绍如何搭建复杂功能的验证平台。根据所要测试电路的功能,初步考虑将验证平台划分为5个部分:激励产生器、信号监视器、覆盖率统计器、断言检测器和参考模型,如图3-7所示。

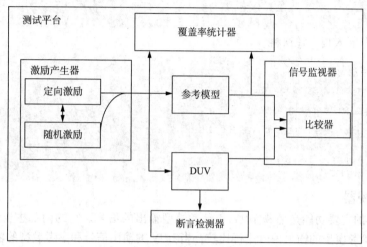

图 3-7 自动售货机验证平台结构

1. 激励产生器

激励产生器的主要功能是驱动 DUV 和参考模型的接口信号。根据售货机的功能,只需要对它进行定向测试和受约束的随机测试。

需要进行的定向测试如下。

(1) 用户送入的金额不足,以至于不能够购买到所需的饮料。
(2) 售货机中饮料的库存不足,以至于用户不能够购买到所需的饮料。
(3) 用户送入的金额和售货机中饮料的库存均不足,以至于用户不能够购买到所需的饮料。
(4) 用户送入的金额和售货机中饮料的库存均满足,用户购买到所需的饮料。
(5) 用户请求退款。
(6) 对售货机进行入货操作。
(7) 随机测试的约束条件。
(8) 每次只能购买一种饮料。

```
class buy;
rand coke, sprite, fanta;
constraint only_buy_one {
    coke + sprite + fanta == 2'd1;
}
endclass
```

(9) 每次送入的钱币面额只能是一角、五角、一元、五元、十元,所对应的编码为 3'b001 表示一角、3'b010 表示五角、3'b011 表示一元、3'b100 表示五元、3'b101 表示十元。

```
class money;
```

```
rand [2:0] money;
bit [2:0] vals [] = '{3'b001, 3'b010, 3'b011, 3'b100, 3'b101};
constraint in_money {
    money inside vals;
}
endclass
```

(10)每次只能入货一种饮料。

```
class plus;
rand coke_plus, sprite_plus, fanta_plus;
constraint only_plus_one {
    coke_plus + sprite_plus + fanta_plus == 2'd1;
}
endclass
```

2. 信号监视器

信号监视器的主要功能是监视 DUV 和参考模型输出的信号。它的内部主要是一个比较器，用于将 DUV 和参考模型的输出信号进行比较，当 DUV 的输出信号和参考模型的输出信号不一致时，仿真可能被强迫结束，同时输出出错的时间和出错的信号名称及内容。

3. 覆盖率统计器

覆盖率统计器的主要功能是根据激励产生器产生的测试向量和 DUV 输出信号，以及覆盖点（cover point）的要求统计出电路功能的覆盖率。它主要由覆盖点和交叉覆盖点构成。覆盖点定义了所需要统计的信号，交叉覆盖点定义了所需要统计的信号之间的交叠情况。

售货机的部分覆盖率描述如下。

(1)入货操作覆盖率计算。

```
coverpoint coke_plus iff(com_strobe);
coverpoint sprite_plus iff(com_strobe);
coverpoint fanta_plus iff(com_strobe);
cross coke_plus, sprite_plus, fanta_plus{
    illegal_bins bin1 = binsof(coke_plus)intersect{1} && binsof(sprite_plus)intersect{1};
    illegal_bins bin2 = binsof(coke_plus)intersect{1} && binsof(fanta_plus)intersect{1};
    illegal_bins bin3 = binsof(sprit_plus)intersect{1} && binsof(fanta_plus)intersect{1};
} iff(com_strobe);
```

(2)入款计数找钱覆盖率计算。

```
coverpoint in_amount iff(pay_strobe){
    illegal_bins bin1 = {[6,7]};
}
```

(3) 用户购买覆盖率计算。

```
coverpoint coke iff(strobe);
coverpoint sprite iff(strobe);
coverpoint fanta iff(strobe);
cross coke, sprite, fanta {
    illegal_bins bin1 =binsof(coke)intersect{1} && binsof(sprite)intersect{1};
    illegal_bins bin2 =binsof(coke)intersect{1} && binsof(fanta)intersect{1};
    illegal_bins bin3 =binsof(sprite)intersect{1} && binsof(fanta)intersect{1};
} iff(strobe);
```

4. 断言检测器

断言检测器的主要功能是动态检查电路内部的一些关键时序部位，以保证电路内部时序的正确性。它主要由一些并发断言构成，描述了所需要检测的时序信息。

售货机的关键时序及相应的 SVA（SystemVerilog Assertion，SystemVerilog 断言）描述如下。

```
//监视入货操作时序
assert property(com_strobe |-> (coke_plus ||sprite_plus ||fanta_plus));
//监视购买操作时序
assert property(strobe |-> (coke ||sprite ||fanta));
//监视入款操作时序
assert property(pay_strobe |-> (in_amount! =6 ||in_amount! =7));
//监视入款计数器和找钱器与中央控制器之间的操作时序
assert property(! c_ready |-> ! c_valid);
assert property(! s_ready |-> ! s_valid);
assert property(! f_ready |-> ! f_valid);
assert property(busy_cp |-> (! c_valid && ! s_valid && ! f_valid));
assert property(drink_strobe |-> (c_valid ||s_valid ||f_valid));
assert property(strobe && coke |-> (! s_valid && ! f_valid));
assert property(strobe && sprite |-> (! c_valid && ! f_valid));
assert property(strobe && fanta |-> (! s_valid && ! c_valid));
//监视物件计数器和灯控器与中央控制器之间的操作时序
assert property(! enough_c |-> ! buy_c);
assert property(! enough_s |-> ! buy_s);
assert property(! enough_f |-> ! buy_f);
assert property(busy_sc |-> (! buy_c && ! buy_s && ! buy_f));
assert property(buy_strobe |-> (buy_c ||buy_s ||buy_f));
assert property(strobe && coke |-> (! buy_s && ! buy_f));
assert property(strobe && sprite |-> (! buy_c && ! buy_f));
assert property(strobe && fanta |-> (! buy_s && ! buy_c));
```

平台的搭建过程见 3.4.1 小节简单实例，这里仅给出覆盖率和断言相关代码。

3.5 Synopsys VCS 仿真流程简介

本节将对 Synopsys 公司的 VCS（Verilog Compiler Simulator）仿真工具进行简要说明，并详细介绍 Linux 操作系统下 VCS 的仿真流程。

3.5.1 VCS 简介

VCS 是 Synopsys 公司推出的编译型的 Verilog 仿真器，支持 OVI 标准的 Verilog HDL、PLI（Programming Language Interface，程序语言接口）和 SDF（Standard Delay Format，标准延时格式）。VCS 具有目前行业中最高的模拟性能，其出色的内存管理能力足以支持千万门级的 ASIC 设计，而其模拟精度也完全满足深亚微米 ASIC sign-off 的要求。VCS 结合了节拍式算法和事件驱动算法，具有高性能、大规模和高精度的特点，适用于从行为级、RTL 到 sign-off 的各个阶段。

除了基本的 Verilog 编译仿真，作为一个仿真工具，VCS 还集成了以下功能。

（1）SystemVerilog。
（2）OVA（OpenVera Assertion，OpenVera 断言）。
（3）NTB（Native TestBench，本征测试平台）。
（4）DVE（Discovery Visualization Environment，可视化调试环境）。
（5）内建的覆盖率统计器。
（6）DirectC。
（7）增量编译。
（8）64-bit 模式。
（9）混合信号仿真。

本书对 VCS 仿真流程及仿真模式进行简单介绍，有兴趣深入研究的读者可以参考 VCS 技术手册。

3.5.2 VCS 两种工作模式

VCS 具有两种工作模式：交互模式（interactive mode）和批处理模式（batch mode）。Synopsys 公司推荐在设计未完全验证正确、仍需要对设计进行错误定位时选择交互模式；而当大部分设计错误已被查出或者设计已经验证正确时，采用批处理模式。

1. 交互（调试）模式

交互模式，又称为调试模式，通常在设计验证的初期采用。用户可以采用 GUI（Graphics User Interface，图形用户界面）或者通过 CLI（Command Line Interface，命令行界面）实现对设计的调试。GUI 通常采用 DVE 实现。CLI 通常采用 UCLI 实现。

在使用交互模式时，可以在编译后就直接启动仿真器，也可以先编译，然后启动仿真。如果要编译后就立即启动仿真器，可以使用下面的命令。

```
>vcs source.v -RI -line +vcsd +cfgfile +filename
```

其中 -RI 指示编译程序生成可执行的文件并在编译后马上启动仿真器。

如果要先编译，再启动仿真器 VirSim，可以使用下面的命令。

```
>vcs source.v -I -line +vcsd
>vcs source.v -RIG +cfgfile +filename
```

要编译出可以交互调试的可执行文件，必须在命令中加 -I 选项。上面第一条命令在编译后产生可执行文件 simv，第二条命令启动仿真器 VirSim 并开始交互式仿真。选项 -line 允许逐行执行仿真。选项 +cfgfile +filename 不是必需的，当想使用上一次仿真时记录的组合，可以使用此选项。

使用 VCS 编译源文件后会发现目录下多了 simv 文件和/csrc 等子目录，其中 simv 是默认的可执行文件。如果要改变输出的可执行文件的名字，可以在 VCS 做编译的时候使用选项 -o filename。/csrc 子目录中存的是增量编译的结果。

如果要使用 DVE 来交互调试，可以在编译时使用 -gui 选项启动 dve。

```
>simv -gui
```

2. 批处理模式

在刚开始仿真时，建议使用交互模式。在仿真趋于稳定后，为了提高验证效率，建议使用批处理模式。批处理模式下运行仿真，全过程的数据会被记录到 VCD 或者 VPD 文件中，运行结束后用 VCD 或者 VPD 文件可以观察运行过程的情况。批处理模式包括两个步骤：仿真并写 VCD+ 文件；用 VirSim 或者 DVE 观察仿真结果。

用下面的命令编译，然后自动使用 VirSim 运行并产生 VCD+（也就是 VPD）文件。

```
>vcs source.v -line -R -PP +vcsd
```

若不需要使 VirSim 自动运行，就不用加 -R 选项。选项 -PP 可以产生优化了的 VCD+ 文件。上面的命令产生 simv 可执行文件。

执行 simv 后即可产生 vcd+ 文件。若需要保存运行记录，可执行下面的命令。

```
>simv -l run.log
```

此后，若要使用 VirSim 观察结果，可执行下面的命令。

```
>vcs -RPP source.v +vpdfile +vcdplus.vpd
```

若要采用 DVE 观察仿真结果，可在编译时增加 -debug 选项。执行如下命令启动 DVE。

```
>dve
```

采用 GUI 启动 DVE 读入 VPD/VCD 文件，可执行如下命令。

```
>simv -gui
```

3.5.3 VCS-DVE 基本仿真流程

VCS-DVE 仿真主要由 3 个部分构成：编译、仿真、调试。其基本仿真流程如图 3-8 所示。仿真 Verilog HDL 源代码时，首先将源代码编译成仿真程序，其默认文件名为 simv。运行 simv 就可以得到仿真结果。使用交互模式时，仿真由使用者决定。使用批处理模式时，仿真程序自动决定何时停止仿真处理（通常是当仿真不再产生变化时，或者是当执行到 $stop 系统函数时）。基本编译命令如下。

> vcs source_files [source_or_object_files] options

编译后的默认文件是 simv。仿真运行只需执行如下命令。

> simv

VCS 命令包含很多选项，下面详细说明。

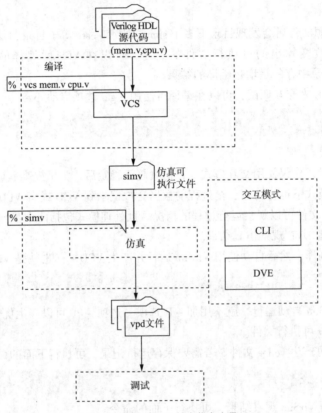

图 3-8 VCS-DVE 基本仿真流程

1. VCS 编译

编译命令如下。

> vcs source_files [compile_time_options]

该命令对源文件进行编译，生成一个用于仿真的可执行文件，默认文件名为 simv。编译后的结果如图 3-9 所示。

从图 3-9 可以看出，执行完编译命令后，同时生成 simv.daidir 和 csrc 文件夹，csrc 文件夹用于存放增量编译的结果。如果设置中使用了 PLI 就会创建 simv.daidir 文件夹。

VCS 常用编译选项如下。

> vcs source_files [compile_time_options]

其中，[compile_time_options] 即为编译选项，通过编译选项的设置可以简化编译命令。下面详细介绍几个常用的编译选项的用法。

```
/home/user/psw/psw08/sr/vcs_testcase>vcs shift_right_tb.v shift_right.v shift_re
g.v +v2k
                    Chronologic VCS (TM)
             Version C-2009.06 -- Mon Apr 25 10:20:36 2011
             Copyright (c) 1991-2008 by Synopsys Inc.
                      ALL RIGHTS RESERVED

This program is proprietary and confidential information of Synopsys Inc.
and may be used and disclosed only as authorized in a license agreement
controlling such use and disclosure.

Parsing design file 'shift_right_tb.v'
Parsing design file 'shift_right.v'
Parsing design file 'shift_reg.v'
Top Level Modules:
        shift_right_tb
No TimeScale specified
Starting vcs inline pass...
1 module and 0 UDP read.
recompiling module shift_right_tb
gcc  -pipe -O -I/abc/synopsys/vcs/include   -c -o rmapats.o rmapats.c
if [ -x ../simv ]; then chmod -x ../simv; fi
g++  -o ../simv  5NrI_d.o 5NrIB_d.o JmAB_1_d.o rmapats_mop.o rmapats.o SIM_l.o
  /abc/synopsys/vcs/linux/lib/libvirsim.a /abc/synopsys/vcs/linux/lib/librterrori
nf.so /abc/synopsys/vcs/linux/lib/libsnpsmalloc.so    /abc/synopsys/vcs/linux/l
ib/libvcsnew.so       /abc/synopsys/vcs/linux/lib/vcs_save_restore_new.o /abc/syno
psys/vcs/linux/lib/ctype-stubs_32.a -ldl  -lc -lm -lpthread -ldl
../simv up to date
CPU time: .038 seconds to compile + .012 seconds to elab + .186 seconds to link
/home/user/psw/psw08/sr/vcs_testcase>ls
csrc/   file_list.f   shift_reg.v   shift_right_tb.v  shift_right.v  simv*  simv.daidir/
```

图 3-9 编译结果

（1） -help。

功能：给出常用的编译选项及用法信息。

实例：

> vcs - help

（2） -o filename。

功能：指定产生的可执行文件名（默认名为 simv）。同时，simv.daidir 文件夹更名为 filename.daidir。

实例：

vcs shift_reight_tb.v shift_right.v shift_reg.v +v2k -o testcase

运行上述命令，结果如图 3-10 所示。

（3） -f file。

功能：使文件 file 包含源文件的完整路径列表和部分编译选项。

实例：

> vcs - f file_list.f   //这里假设 file_list.f 中已经写入了文件名
//shift_right_tb.v shift_right.v shift_reg.v

下述命令具有与上述命令同样的功能。

> vcs shift_right_tb.v shift_right.v shift_reg.v

（4） -line。

功能：使能单步调试，显示 VCS 执行源代码的顺序。

```
/home/user/psw/psw08/sr/vcs_testcase>vcs shift_right_tb.v shift_right.v shift_reg.v +v2k -o testcase
                        Chronologic VCS (TM)
              Version C-2009.06 -- Mon Apr 25 10:42:41 2011
                Copyright (c) 1991-2008 by Synopsys Inc.
                        ALL RIGHTS RESERVED

This program is proprietary and confidential information of Synopsys Inc.
and may be used and disclosed only as authorized in a license agreement
controlling such use and disclosure.

Parsing design file 'shift_right_tb.v'
Parsing design file 'shift_right.v'
Parsing design file 'shift_reg.v'
Top Level Modules:
        shift_right_tb
No TimeScale specified
Starting vcs inline pass...
1 module and 0 UDP read.
        However, due to incremental compilation, no re-compilation is necessary.
if [ -x ../testcase ]; then chmod -x ../testcase; fi
g++ -o ../testcase  rmapats_mop.o rmapats.o JmAB_1_d.o SIM_l.o 5NrI_d.o 5NrIB_d.o    /abc/synopsys/vc
nopsys/linux/lib/libsnpsmalloc.so       /abc/synopsys/vcs/linux/lib/libvcsnew.so       /abc/synopsys/
_32.a -ldl  -lc -lm -lpthread -ldl
../testcase up to date
CPU time: .032 seconds to compile + .011 seconds to elab + .064 seconds to link
/home/user/psw/psw08/sr/vcs_testcase>ls
csrc/   file_list.f  shift_reg.v   shift_right_tb.v   shift_right.v   testcase*   testcase.daidir/
```

图 3-10 指定产生的可执行文件名

实例：

> vcs shift_right_tb.v shift_right.v shift_reg.v -line

（5） -sverilog。

功能：使能 SystemVerilog 语法，如果源代码中使用了 SystemVerilog 语法，则必须使用该选项。

实例：

> vcs shift_right_tb.v shift_right.v shift_reg.v -sverilog

（6） -Mupdate [=0]。

功能：默认情况下，每次编译后更新 makefile 文件。如果希望在编译后不更改先前产生的 makefile 文件，则需增加 =0 选项。如果缺少 =0 选项，则默认启动增量编译，并且每次编译后更新 makefile 文件。

实例：

> vcs shift_right_tb.v shift_right.v shift_reg.v -Mupdate
> vcs shift_right_tb.v shift_right.v shift_reg.v -Mupdate=0

（7） -debug。

功能：使能 DVE 和 UCLI 调试。

实例：

> vcs shift_right_tb.v shift_right.v shift_reg.v +v2k -debug

运行上述命令，结果如图 3-11 所示。

图 3-11 –debug 选项的运行结果

(8) –R。

功能：在编译执行完后立即运行生成的可执行文件，启动仿真器。

实例：

> vcs shift_right_tb.v shift_right.v shift_reg.v +v2k -R

运行上述命令，结果如图 3-12 所示。

图 3-12 –R 选项的运行结果

(9) –s。

功能：仿真一开始就停止，同时进入 CLI 交互模式。一般情况下，此选项与 –R 和 +cli 选项一起使用。该选项还是一个运行时选项（runtime option）。

实例：

> vcs shift_right_tb.v shift_right.v shift_reg.v +v2k +cli -R -s

运行上述命令，结果如图 3-13 所示。

```
/home/user/psw/psw08/sr/vcs_testcase>vcs shift_right_tb.v shift_right.v shift_reg.v +v2k +cli -R -s
                        Chronologic VCS (TM)
                Version C-2009.06 -- Mon Apr 25 14:53:14 2011
                    Copyright (c) 1991-2008 by Synopsys Inc.
                           ALL RIGHTS RESERVED

This program is proprietary and confidential information of Synopsys Inc.
and may be used and disclosed only as authorized in a license agreement
controlling such use and disclosure.

Warning-[ACC_CLI_ON] ACC/CLI capabilities enabled
  ACC/CLI capabilities have been enabled for the entire design. For faster
  performance enable module specific capability in pli.tab file

Parsing design file 'shift_right_tb.v'
Parsing design file 'shift_right.v'
Parsing design file 'shift_reg.v'
Top Level Modules:
         shift_right_tb
No TimeScale specified
Starting vcs inline pass...
2 modules and 0 UDP read.
          However, due to incremental compilation, no re-compilation is necessary.
../simv up to date
Chronologic VCS simulator copyright 1991-2008
Contains Synopsys proprietary information.
Compiler version C-2009.06; Runtime version C-2009.06;  Apr 25 14:53 2011

$stop at time 0
The current CLI will be deprecated in the next upcoming release; Please move to UCLI as it will
 become default
cli_0 > show scope
      shift_right shift_right()
cli_1 >
```

图 3-13　-s 选项的运行结果

（10）　+v2k。

功能：启动 Verilog IEEE 1364 – 2001 标准语法特性。如果源代码中使用到了 Verilog IEEE 1364 – 2001 标准语法特性，必须添加此选项。

实例：

> vcs shift_right_tb.v shift_right.v shift_reg.v +v2k

（11）　-I。

功能：使能交互或者批处理模式调试，只有在调试程序时才使用该选项。

实例：

> vcs shift_right_tb.v shift_right.v shift_reg.v +v2k -I

（12）　+vcsd。

功能：使能 VCS 直接通道仿真接口，默认为 PLI。使用该选项能够加快 VCS 和 VirSim 之间的通信。一般情况下，只有在使用交互模式调试时才使用该选项。

实例：

> vcs shift_right_tb.v shift_right.v shift_reg.v +v2k +vcsd -I -R

（13）　+cli+level_number。

功能：使能 CLI 交互模式调试，level_number（级数）表示使能的程度，可以为 1~4 中任一个数。

+cli+1 或者 +cli 指使能读线网和寄存器，以及写寄存器命令。

+cli+2 具有和 +cli+1 相同的功能，同时增加使能信号回调命令，该命令在信号改变时能够进行某些处理，如 break signal_name。

+cli+3 具有上述的功能，同时增加对线网的强制赋值和释放功能，但是不包含对寄存器的强制赋值和释放功能。

+cli+4 具有上述的功能，同时增加对寄存器的强制赋值和释放功能。

实例：

> vcs shift_right_tb.v shift_right.v shift_reg.v +v2k +cli+4

（14）+race。

功能：检查设计中是否存在竞争条件，并在仿真的过程中将出现的竞争条件写入 race.out 文件。

实例：

> vcs shift_right_tb.v shift_right.v shift_reg.v +v2k +race -R

运行上述命令，结果如图 3-14 所示，生成 race.out 和 race.unique.out 文件。

```
/home/user/psw/psw08/sr/vcs_testcase>ls
csrc/            race.out              shift_reg.v        simv.daidir/      vcdplus.vpd
file_list.f      race.unique.out       shift_right_tb.v   simv*             sub_file_list.f   vcs.key
```

图 3-14 +race 选项的运行结果

其中，race.out 文件记录出现的所有竞争条件，同一竞争条件出现几次便记录几次。race.unique.out 对同一竞争条件只记录一次。

2. VCS 运行

编译完成后使用命令

> simv [run_time_options]

启动仿真器。其中，simv 为编译后产生的可执行文件，run_time_options 用于控制 VCS 可执行文件 simv。仿真器的运行结果如图 3-15 所示。

```
/home/user/psw/psw08/sr/vcs_testcase>simv
Chronologic VCS simulator copyright 1991-2008
Contains Synopsys proprietary information.
Compiler version C-2009.06; Runtime version C-2009.06;  Apr 26 16:15 2011

VCD+ Writer C-2009.06 Copyright 2005 Synopsys Inc.
$finish called from file "shift_right_tb.v", line 29.
$finish at simulation time                   155
          V C S   S i m u l a t i o n   R e p o r t
Time: 155
CPU Time:      0.010 seconds;       Data structure size:    0.0Mb
Tue Apr 26 16:15:38 2011
```

图 3-15 仿真器的运行结果

常用的 run_time_options 选项如下。

（1）-l log_name.log。

功能：用于产生日志文件，将运行过程中的所有信息输出到 log_name.log 文件中。

实例：

> simv -l test.log

(2) -s。

功能：仿真一开始就停止，同时进入 CLI 交互模式。

实例：

```
> simv -s
```

3. VCS 调试

VCS 仿真工具存在 3 种调试模式：CLI 交互模式、VirSim 交互模式和 VirSim 后处理模式。这里介绍 CLI 交互模式。

CLI 交互模式存在两种调用方式：一种是编译后马上执行；另一种是将编译和执行分开。

编译后马上执行：

```
>vcs shift_right_tb.v shift_right.v shift_reg.v +v2k +cli4 -R -s
```

编译和执行分开：

```
>vcs shift_right_tb.v shift_right.v shift_reg.v +v2k +cli4
>simv -s
```

在编译中加 -line 选项可以增加单步调试的功能。+cli+[1,2,3,4] 所指示的功能详见前文。进入 CLI 交互模式后便可以利用 CLI 命令进行设计的调试、查错。常用的 CLI 命令如下。

(1) 改变观察模块命令。

① show [variable/scope/ports]。

功能：显示当前观察模块的变量、模块中实例化的模块名或者端口信息。

实例：

```
cli_13 > show scope
cli_14 > show variable
cli_15 > show ports
```

② scope module。

功能：设置当前观察的模块。

实例：

```
cli_16 > scope shift_right_tb.shift_right.shift_reg1
```

③ upscope。

功能：将上一层的模块设置为当前观察的模块。

实例：

```
cli_17 > upscope
```

(2) 线网和寄存器读写命令。

① force net_or_reg = value。

功能：给寄存器或者线网强制赋值。

② releas net_or_reg。

功能：释放寄存器或者线网先前强制赋的值。

③ set reg_or_memory_address = value。

功能：给寄存器或者存储器赋值。

④ print % ［b/c/t/f/e/g/d/h/x/m/o/s/v］net_or_reg。

功能：输出当前时刻寄存器或者线网的值。

（3）设置断点命令。

① once［#time ｜ @ posedge ｜ @ negedge］net_or_reg。

功能：线网或者寄存器信号从当前时刻起经过 time 时间设置一次断点，或者在其下一个上升沿或下降沿处设置一次断点。

② always［#time ｜ @ posedge ｜ @ negedge］net_or_reg。

功能：线网或者寄存器信号从当前时刻起每经过 time 时间设置一次断点，或者在其每个上升沿或下降沿处都设置一次断点。

③ show break。

功能：显示当前设置的所有断点信息。

④ delete breakpoint_number。

功能：删除某个断点。

（4）仿真控制命令。

① source scripfile。

功能：调用包含 CLI 命令的脚本文件。

② next。

功能：执行下一行代码。

③ quit。

功能：退出 CLI 交互模式。

quit 命令的运行结果如图 3-16 所示。

```
/home/user/psw/psw08/sr/vcs_testcase>ls
csrc/           race.unique.out    shift_right_tb.v   simv.daidir/        vcs.key
file_list.f     scrip_file         shift_right.v      sub_file_list.f
race.out        shift_reg.v        simv*              vcdplus.vpd
/home/user/psw/psw08/sr/vcs_testcase>simv -s
Chronologic VCS simulator copyright 1991-2008
Contains Synopsys proprietary information.
Compiler version C-2009.06; Runtime version C-2009.06;  Apr 25 17:59 2011

$stop at time 0
The current CLI will be deprecated in the next upcoming release; Please move to UCLI as it will
 become default
cli_0 > source scrip_file
Reg             clk
Reg [3:0]       din
Wire [3:0]      dout
Reg             load
Reg             rst
Line tracking is now ON.
[shift_right_tb.v:14]
[shift_right_tb.v:18]
load: %
1 tbreak @posedge shift_right_tb.load
cli_1 > next
[shift_right_tb.v:15]
cli_2 > quit
$finish at simulation time          5
         V C S   S i m u l a t i o n   R e p o r t
Time: 5
CPU Time:      0.010 seconds;      Data structure size:    0.0Mb
Mon Apr 25 18:00:43 2011
/home/user/psw/psw08/sr/vcs_testcase>
```

图 3-16　quit 命令的运行结果

3.5.4 VCS 图形化的集成调试环境

1. DVE

DVE 是 VCS 的一个图形化的集成调试环境，可以提供波形、结构、代码级的调试。DVE 具有两种运行方式：交互（interactive）模式和后处理模式（post-process mode）。交互模式是在完成 VCS 编译后，启动 DVE，在 DVE 界面中进行仿真，可以对仿真过程进行控制。后处理模式则是在 VCS 编译并仿真结束后，启动 DVE 来调用、检查仿真结果。

（1）交互模式。

编译后启动：

```
>vcs -R -gui -debug_all design.v
```

-R 在编译执行完后立即运行生成的可执行文件，启动仿真器。-gui 启动图形化的调试工具 DVE。-debug_all 调用 UCLI 和 DVE，并为进一步的 DVE 调试建立必要的文档，加入单步调试、内存释放和基于断言的调试。

在已存在的执行文件中启动 DVE。

```
>./simv -gui
```

该命令在 simv 仿真的 0 时刻打开 DVE：

（2）后处理模式。

```
>DVE    //启动 DVE
>       //打开波形文件(.vcd、vpd)
```

必须使用相同版本的 VCS 和 DVE，以确保仿真中存在的问题都能调试。可以通过使用 Help→About 帮助菜单选项查询 DVE 版本。

2. DVE 后处理模式简介

DVE 后处理模式可以分为两个步骤：写 VCD+ 文件，生成波形文件；观察仿真结果。

第一步：写 VCD+ 文件。

利用命令

```
>vcs -full64 -debugpp -sverilog tb_arbiter4.v simulation.sv arbiter4.v
```

完成源文件的编译。

利用命令

```
>simv
```

运行仿真器，同时生成 .vcd 或者 .vpd 文件。

第二步：启动 DVE 图形用户界面观察生成的波形图。

利用命令

```
>dve
```

启动图形用户界面，如图 3-17 所示。

启动图形用户界面后，可以采用下述的任意一种方式打开一个数据库文件。

（1）单击 File→Open Database。

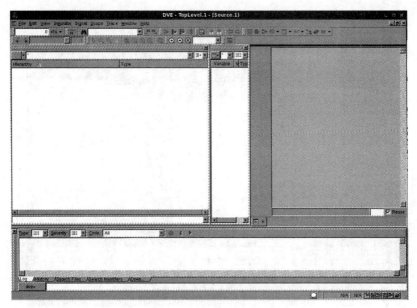

图 3-17　启动图形用户界面

（2）在工具栏单击 图标。

打开数据库文件的对话框，如图 3-18 所示。

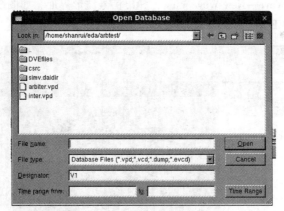

图 3-18　DVE 中的 Open Database 对话框

选中界面中 arbiter.vpd，单击 Open 按钮，如图 3-19 所示。

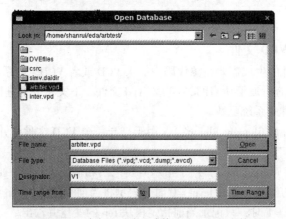

图 3-19　选中 VCS 中生成的 arbiter.vpd 文件

随后，出现 Hierarchy 层次化界面，如图 3-20 所示。

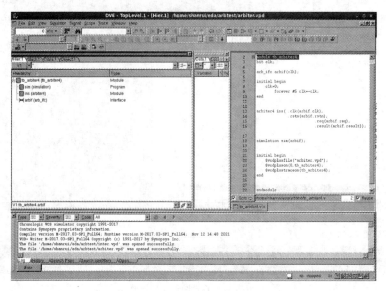

图 3-20　DVE 中的 Hierarchy 层次化界面

选择需要查看的信号，DVE 支持查看任意层次结构的信号。首先选中对应的层次单元，然后单击 Signal→Add To Wave→New Wave View，弹出信号波形界面，如图 3-21 所示。DVE 工具的详细使用方法请参考 DVE 用户手册。

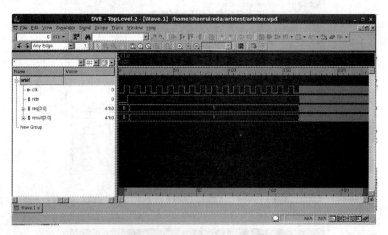

图 3-21　DVE 中的信号波形界面

3. 生成 VCD 和 VPD 文件

VCD 或者 VPD 文件的生成需要在源代码中加入 VCD 或者 VCD + 的系统函数，在编译源文件并且执行后，即可生成查看波形所需的 .vcd 或 .vpd 文件。下文将分别进行详细介绍。

（1）生成 VCD 文件的系统函数。

系统函数 $dumpfile（"filename.dump"），用于打开一个 VCD 文件，并给定输出的 VCD 文件名称为"filename.dump"。

系统函数 $dumpvar（level，top），用于指示需要记录和输出的信号。level 表示记录的层次深度，top 表示开始记录的模块名。当 level = 0 时，表示将当前指定模块 top 和所有下属层次的变量都记录并输出；当 level = 1 时，只记录当前指定模块 top 的变量并输出。

系统函数$dumpon，用于启动信号记录并输出。
系统函数$dumpoff，用于终止信号记录并输出。
一个生成 VCD 文件的例子如下：

```verilog
module shift_right_tb;
reg clk;
reg rst;
reg load;
reg[3:0] din;
wire[3:0] dout;

shift_right shift_right(.clk(clk),
                       .rst(rst),
                       .load(load),
                       .din(din),
                       .dout(dout));

initial clk = 0;
always #5 clk = ~clk;

initial begin                //用于生成 VCD 文件的系统函数命令
  $dumpfile("shift_right_tb.dump");
  $dumpvar(1, shift_right_tb);
  $dumpon;
end

initial begin
      rst = 1;
   load = 0;
   #5 rst = 0;
   #10 rst = 1;
   #10 load = 1; din = 4'b0001;
#10 load = 0;
#10 $dumpoff;
   #100 $finish();
end
endmodule
```

(2) 生成 VPD 文件的系统函数。

系统函数$vcdplusfile（"filename"），用于打开一个 VPD 文件。

系统函数$vcdpluson（level_number, module_instance ｜ net_or_reg），用于开启在 VPD 文件中记录信号。level_number 表示记录的层次深度，module_instance 用于指示开始记录的模块；net_ or_reg 指定所要记录的单个线网或者寄存器。当 level_number = 0 时，将指定模块和所有下属层次的变量都记录并输出；当 level_number = 1 时，只记录当前指定模块的变量并输出。

系统函数 $vcdplusoff（module_instance | net_or_reg），用于停止在 VPD 文件中记录信号变化。module_instance 用于指定停止记录的模块；net_or_reg 用于指定停止记录的线网或者寄存器。

系统函数 $vcdplustraceon（module_instance），用于开始记录代码的执行顺序，需要 – line 选项的支持。

系统函数 $vcdplustraceoff（module_instance），用于停止记录代码的执行顺序。

一个生成 VPD 文件的例子如下：

```
module shift_right_tb;
reg clk;
reg rst;
reg load;
reg[3:0] din;
wire[3:0] dout;

shift_right shift_right(.clk(clk),
                       .rst(rst),
                       .load(load),
                       .din(din),
                       .dout(dout));

initial clk = 0;
always #5 clk = ~clk;

initial begin         ////用于生成VPD文件的系统函数命令
$vcdplusfile("shift_right_tb.vpd");
    $vcdpluson(0,shift_right_tb);
    $vcdplustraceon(shift_right_tb);
end

initial begin
    rst = 1;
    load = 0;
    #5 rst = 0;
    #10 rst = 1;
    #10 load = 1; din = 4'b0001;
    #10 load = 0;
    #20 $vcdplustraceoff(shift_right_tb);
        $vcdplusoff(shift_right_tb);
    #100 $finish();
```

```
end
endmodule
```

3.5.5 VCS 代码覆盖率统计

1. VCS 代码覆盖率类型

代码覆盖率（code coverage）用于指示硬件代码有多少经过了验证。利用 VCS 工具能够完成以下几种代码覆盖率统计。

line：行覆盖，检查是否执行了所有语句行，可读性高。

cond：条件覆盖，检查是否执行了所有条件组合。

fsm：状态机覆盖，检查是否执行了所有的状态转移。

tgl：翻转覆盖，检查信号是否从 0 跳变到 1 以及从 1 跳变到 0。

path：路径覆盖，检查 if 和 case 语句中的条件表达式是否为真，以及由该条件控制的 initial 或 always 块中的过程赋值语句的执行情况。

branch：分支覆盖，对 if、case 以及条件运算符（?:）所建立的分支语句的执行情况进行分析，并给出相关信号或表达式向量。

assert：SVA 覆盖，统计 SystemVerilog 的断言覆盖情况。

obc：可观察覆盖。传统的覆盖率与功能的正确性毫无关系，可观察覆盖率通过设置观察点，一定程度上将代码行覆盖率与功能正确性关联起来。

2. VCS 代码覆盖率统计步骤

VCS 代码覆盖率统计流程如图 3-22 所示，分为以下 3 个步骤。

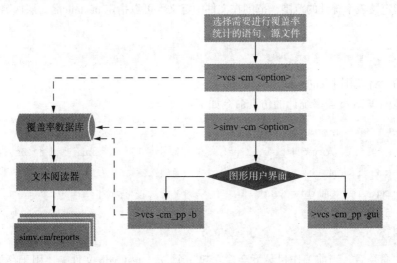

图 3-22 VCS 代码覆盖率统计流程

（1）编译设计，加入覆盖率统计选项，指出 VCS 需要编译的覆盖率统计类型，例如：

```
>vcs -PP -Mupdate -cm line+cond+fsm -f design.f
```

（2）进行覆盖率统计仿真，指出 VCS 仿真运行时需要统计的覆盖率类型，例如：

```
>simv -cm line+fsm
```

(3) 启动 cmView，在批处理模式下生成文本报告，或者启动 GUI 模式查看覆盖率结果，例如：

```
>vcs-cm_pp-cm line            //批处理模式
>vcs-cm_pp gui-cm line        // GUI 模式
>cmView-cm_line
```

3. VCS 代码覆盖率统计分析

(1) 代码覆盖率仿真。

利用 VCS 进行代码覆盖率统计时，基本的选项有以下几个。

① –cm <options>。

功能：指定覆盖率类型，包括 line、cond、fsm、tgl、path、branch、assert、obc。如果包含两种或以上覆盖率类型，可用"+"分隔。

例如：

```
>vcs-cm line+cond+tgl+fsm
```

指明统计行、条件、翻转和状态机的覆盖率。

② –cm_dir <directory_path_name>。

功能：指定覆盖率统计结果的存放路径，如果不指定，则结果存放在默认文件夹 simv.vdb。

例如：

```
>vcs-cm_dir cm_test
```

指明覆盖率结果存放在 cm_test 下。

③ –cm_hier <filename>。

功能：指定覆盖率统计的范围，范围在文件中定义，可以指定 module 名、层次名和源文件等。

例如：

```
>vcs-cm_hier cm_dut.list
```

指明覆盖率的统计范围由 cm_dut.list 定义。

一个典型的 VCS 覆盖率统计的仿真命令如下：

```
>VCS -R-PP-debug_pp-Mupate
    -cm line+cond+tgl+fsm         //统计 line、cond、tgl 和 fsm 覆盖率
    -cm_dir cm_test               //覆盖率结果存放在 cm_test 下
    -cm_hier cm_dut.list          //覆盖率的统计范围由 cm_dut.list 定义
    -f design.f
    -l vcs.log
```

运行上述命令后，当前工作目录下会建立起一个 cm_test.vdb 文件夹，用于存放覆盖率统计结果，其内容包含行覆盖、条件覆盖、翻转覆盖以及状态机覆盖的统计结果，如图 3-23 所示。

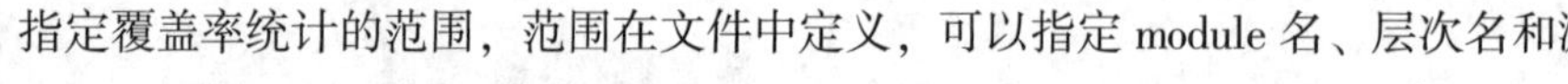

图 3-23 VCS 覆盖率统计仿真结果

(2) 覆盖率查看与分析。

常用的 VCS 的覆盖率查看与分析方式有两种：一种是利用 DVE 打开覆盖率文件进行查看与分析；另一种是直接查看 HTML 文件。

① 利用 DVE 打开覆盖率文件。采用如下命令：

```
>dve-full64-cov-dir simv.vdb
```

启动 DVE 查看覆盖率报告，其界面如图 3-24 所示。

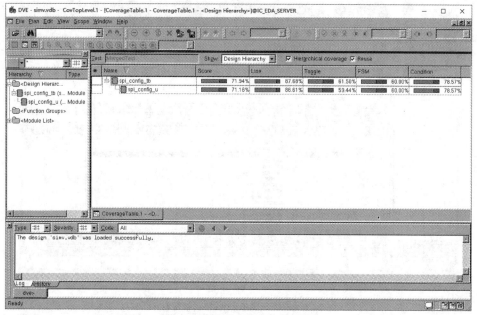

图 3-24　DVE 代码覆盖率查看界面

双击代码可以看到覆盖率情况的细节如下。

- Line 覆盖率情况。

如图 3-25 所示，在圈处可以选择不同的覆盖率类型进行查看。Line 覆盖率选项下，代码窗口中绿色表示已覆盖，红色表示未覆盖。

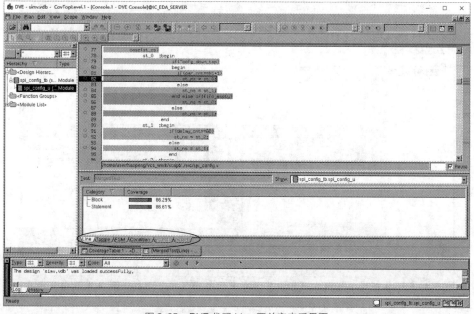

图 3-25　DVE 代码 Line 覆盖率查看界面

- Toggle 覆盖率情况。

如图 3-26 所示,Toggle 覆盖率选项下,代码窗口中绿色表示 100% 覆盖,红色表示未覆盖,黄色表示未达到 100% 覆盖。下方的覆盖率统计窗口给出了不同信号的具体翻转覆盖率。

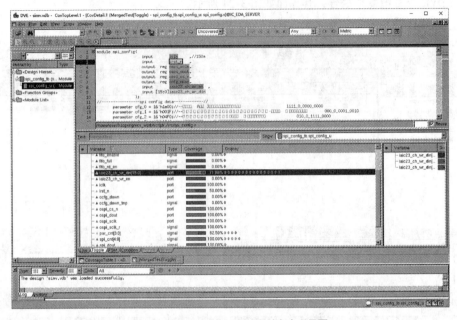

图 3-26　DVE 代码 Toggle 覆盖率查看界面

- FSM 覆盖率情况。

如图 3-27 所示,FSM 覆盖率选项下,代码窗口中红色表示状态机覆盖不完备。下方的覆盖率统计窗口分别显示了状态覆盖率是否达到 100%,状态间跳转的完备性是否达到 100%,同时以矩阵形式给出了各个状态之间的跳转覆盖情况说明。

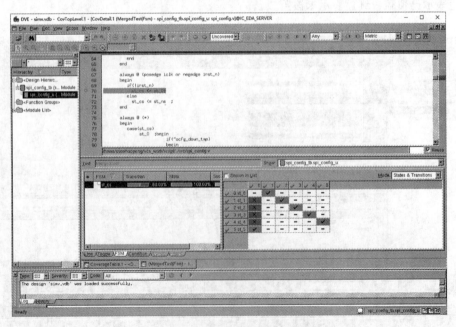

图 3-27　DVE 代码 FSM 覆盖率查看界面

- Condition 覆盖率情况。

如图 3-28 所示,Condition 覆盖率选项下,代码窗口中黄色表示条件覆盖不完备。下方的覆盖率统计窗口给出了已覆盖的条件占比,同时给出了条件的不同组合的覆盖情况说明。

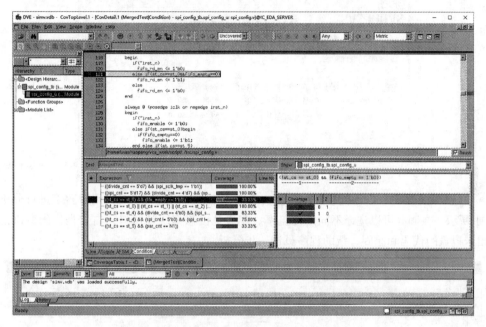

图 3-28　DVE 代码 Condition 覆盖率查看的界面

② 采用 HTML 格式直接观察覆盖率。

若需要生成 HTML 格式的报告,采用如下命令:

```
>urg -dir cm_test.vdb -report cm_rpt
```

该命令指示生成 HTML 格式的覆盖率报告存入文件夹 cm_rpt,运行之后在当前路径下生成一个 cm_rpt 文件夹,包含一个名为 dashboard.html 的覆盖率报告文件。

可利用浏览器直接打开 dashboard.html 文件,如图 3-29 所示。

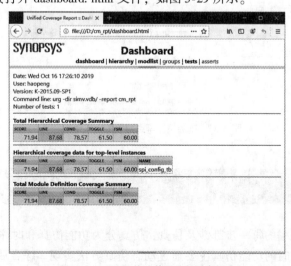

图 3-29　HTML 格式的代码覆盖率报告

- 单击"hierarchy",以代码设计层次查看覆盖率,如图 3-30 所示。

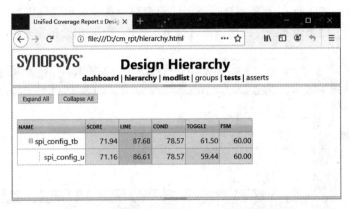

图 3-30 以 Design Hierarchy(设计层次)查看代码覆盖率

- 单击"modlist",以不同覆盖率类型查看覆盖率,可以进一步对代码覆盖率进行分析,如图 3-31 所示。在圈处可以选择不同的覆盖率。左边是覆盖率统计窗口,右边是代码窗口,能够指示出未覆盖的代码和原因,帮助程序员进一步分析。

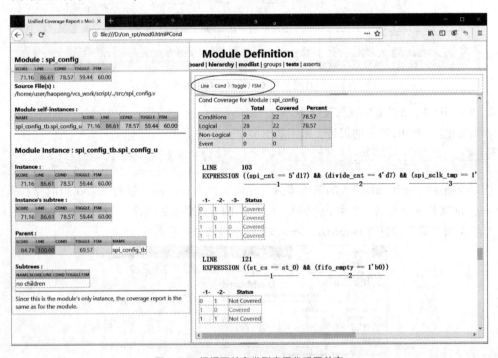

图 3-31 根据覆盖率类型查看代码覆盖率

3.6 门级仿真

集成电路设计过程中的每一步都涉及仿真,仿真分为功能仿真和时序仿真。针对 RTL 描述主要进行功能仿真,此时的功能仿真主要通过动态仿真方法实现。综合后门级网表进行功能仿真时主要通过形式化仿真工具完成,需检验 RTL 描述与综合后门级网表的一致性。同时,也可以利用动态仿真实现不进行时序检查的功能仿真。版图后网表进行功能仿真时主要通过形式化仿真工具完成,需检验综合后门级网表与版图后网表的一致性。版图后网表的时序仿真主要利用静态时序分析工具完成,同时需要完成基于动态仿真的时序仿真工作。

本节将针对综合后门级网表和版图后网表的动态仿真方法展开讲解。

3.6.1 综合后门级网表仿真

在 DC 综合后,设计代码被转换为由标准单元(cell)构成的"门级网表",并包含一定的时序信息。利用"门级网表"和芯片生产厂商提供的 Verilog HDL 格式或 VHDL 格式的库文件,可以进行"门级"仿真分析,这里主要完成"门级"功能仿真。"门级"仿真分析一般使用与 RTL 仿真相同的测试平台(testbench)。布线前的"门级"仿真可以证明 RTL 代码描述的逻辑关系是可利用标准单元实现的,并能预测电路的性能。

采用 DC 综合生成的门级网络进行动态仿真时,需要以下 3 种文件。

(1) 目标库文件:这里采用 Verilog HDL 格式的库文件。

(2) 网表文件:由 DC 综合工具生成 Verilog HDL 格式的网表文件。门级网络文件中已经没有了抽象的逻辑关系描述,只是各种 cell 及其相互间的连接关系。这些 cell 都是目标单元库中存在的。

(3) 测试文件:这里采用和功能仿真一致的仿真平台文件。

1. 基本仿真步骤

采用 VCS 进行仿真时,需要首先在仿真平台中添加波形生成文件命令:

```
initial
begin
  $vcdpluson("tb.vpd");
end
```

然后,添加目标库文件。可以在 tb.v 文件中利用 include 命令将设计文件添加进来,具体命令如下:

```
'include"../arm/liberary/verilog/umc_typical.v"
```

也可以直接将目标库文件作为设计文件之一进行编译。

完成上述步骤后,可以开始对设计文件进行编译,编译命令如下:

```
>vcs -full64 -debug_all tb.v pe_netlist.v umc_typical.v
```

编译完成后生成可执行文件 simv,直接运行该文件即可。

```
>./simv
```

最后,利用 DVE 查看仿真波形。

```
>dve -vpd tb.vpd
```

2. 带有 IP 核的仿真步骤

如果设计中带有知识产权核(Intellectual Property Core,IP 核),则需要在仿真时对 IP 核的仿真模型进行编译,即在 VCS 命令中增加 IP 核仿真模型。由于 IP 核的仿真模型中一般带有时序检查语句,所以需要在仿真时通过选项 notimingcheck 设置不进行时序检查,仅仅进行功能仿真。

编译命令如下：

```
> vcs - full64 - l + notimingcheck + neg_tchk - negdelay + maxdelays + vcs + initreg + random + sdfverbose - f test.f debug_access + r
```

包含 IP 核仿真模型的 test.f 文件的部分内容如图 3-32 所示。

```
top_tb.v
top.v
pad_peg_top_non_pg.vg
define.v
./fpga_src/confi_ram.v
./fpga_src/data.v
./fpga_src/fpga_control.v
./fpga_src/fsm.v
./fpga_src/hdmi_ram.v
./fpga_src/instr.v
./fpga_src/out_ram.v
./ram_ip_smic/bank.v
./ram_ip_smic/fifo_ram_in.v
./ram_ip_smic/fifo_ram_out.v
./ram_ip_smic/frame.v
./ram_ip_smic/pe_ram_data.v
./ram_ip_smic/pe_ram_instr.v
./ram_ip_smic/S55NLLPLLGS_ZP1500A_V1.2.5.v
./ram_ip_smic/scc55nll_hd_rvt.v
./ram_ip_smic/smic_rom.v
./ram_ip_smic/SP55NLLD2RP_OV3_ANALOG_V0p3.v
./ram_ip_smic/SP55NLLD2RP_OV3_V0p2a.v
./ram_ip_smic/scc55nll_hd_eco_rvt.v
./ram_ip_smic/scc55nll_hd_lvt.v
```

图 3-32 包含 IP 核仿真模型的 test.f 文件的部分内容

编译完成后生成可执行文件 simv，直接运行该文件即可。

```
> ./simv
```

最后，利用 DVE 查看仿真波形。

```
> dve - vpd tb.vpd
```

3.6.2 版图后网表仿真

经过布局布线后的电路，已经能够提取出较为精确的路径延迟，因此，在流片前，需要对版图后网表进行时序仿真（也叫后仿真），来确认电路工作时序是否满足要求。

版图后网表的时序仿真可以利用功能仿真阶段的仿真平台实现，需要注意的是，功能仿真时，仿真平台文件中没有使用实际的时间单位，因此需要先查看库文件中的时间单位，再进行相应的修改，使仿真平台文件与库文件使用相同的时间单位。同时，需要设定仿真的时钟周期，通过 timescale 命令明确仿真时间单位，再根据时钟信号产生的方法确定仿真的时钟周期，例如：

```
'timescale 1ns/1ps
module tb;
    reg clk;
    ...
    initial begin
```

```
        clk = 0;
        forever #5 clk = ~clk;
    end
endmodule
```

通过 timescale 命令判定仿真平台内部的时间单位为 ns, 从时钟信号产生方式上可以判定时钟的周期为 10 个时间单位, 从而可以确定此次仿真的时钟频率为 100MHz。其他时钟频率的设定方式与此类似。

在进行编译之前, 还需要将 SDF 文件利用系统函数 $ sdf_annotate 反标到版图后网表文件中。SDF 文件包含门和连线的延迟信息, SDF 文件的部分内容如图 3-33 所示。系统函数 $ sdf_annotate 的具体用法如下:

```
$sdf_annotate("../func_lt_cmin_m40c.sdf","top_tb.top.pad_peg_top","sdf.log", "MINIMUN", "1:1:1");
```

```
(DELAYFILE
  (SDFVERSION "3.0")
  (DESIGN "pad_peg_top")
  (DATE "Sun Oct 10 10:11:57 2021")
  (VENDOR "Cadence Design Systems, Inc.")
  (PROGRAM "Innovus")
  (VERSION "v19.13-s080_1 ((64bit) 01/24/2020 18:10 (Linux 2.6.32-431.11.2.el6.x86_64))")
  (DIVIDER /)
  (VOLTAGE 1.320000::1.320000)
  (PROCESS "1.000000::1.000000")
  (TEMPERATURE -40.000000::-40.000000)
  (TIMESCALE 1.0 ns)
(CELL
  (CELLTYPE "pad_peg_top")
  (INSTANCE)
    (DELAY
      (ABSOLUTE
        (INTERCONNECT pad_PinClk inst_pad_PinClk/PAD (0.000::0.000) (0.000::0.000))
        (INTERCONNECT pad_Rstn inst_pad_Rstn/PAD (0.000::0.000) (0.000::0.000))
        (INTERCONNECT pad_N[3] adc_3__inst_pad_N_i/PAD (0.000::0.000) (0.000::0.000))
        (INTERCONNECT pad_N[2] adc_2__inst_pad_N_i/PAD (0.000::0.000) (0.000::0.000))
        (INTERCONNECT pad_N[1] adc_1__inst_pad_N_i/PAD (0.000::0.000) (0.000::0.000))
        (INTERCONNECT pad_N[0] adc_0__inst_pad_N_i/PAD (0.000::0.000) (0.000::0.000))
        (INTERCONNECT pad_M[7] abdd_7__inst_pad_M_i/PAD (0.000::0.000) (0.000::0.000))
        (INTERCONNECT pad_M[6] abdd_6__inst_pad_M_i/PAD (0.000::0.000) (0.000::0.000))
        (INTERCONNECT pad_M[5] abdd_5__inst_pad_M_i/PAD (0.000::0.000) (0.000::0.000))
        (INTERCONNECT pad_M[4] abdd_4__inst_pad_M_i/PAD (0.000::0.000) (0.000::0.000))
        (INTERCONNECT pad_M[3] abdd_3__inst_pad_M_i/PAD (0.000::0.000) (0.000::0.000))
        (INTERCONNECT pad_M[2] abdd_2__inst_pad_M_i/PAD (0.000::0.000) (0.000::0.000))
        (INTERCONNECT pad_M[1] abdd_1__inst_pad_M_i/PAD (0.000::0.000) (0.000::0.000))
        (INTERCONNECT pad_M[0] abdd_0__inst_pad_M_i/PAD (0.000::0.000) (0.000::0.000))
        (INTERCONNECT pad_PDRST inst_pad_PDRST/PAD (0.000::0.000) (0.000::0.000))
        (INTERCONNECT pad_OD[1] anndd_1__inst_pad_OD_i/PAD (0.000::0.000) (0.000::0.000))
        (INTERCONNECT pad_OD[0] anndd_0__inst_pad_OD_i/PAD (0.000::0.000) (0.000::0.000))
        (INTERCONNECT pad_BP inst_pad_BP/PAD (0.000::0.000) (0.000::0.000))
        (INTERCONNECT pad_rd_fifo_en inst_pad_rd_fifo_en/PAD (0.000::0.000) (0.000::0.000))
```

图 3-33　SDF 文件的部分内容

系统函数 $ sdf_annotate 最多有 7 个参数, 第一个参数是必需的, 其他都是可选的, 但最好指定所有参数。

参数 1: 需要进行反标的 SDF 文件。

参数 2: 将 SDF 反标到 DUV 的层次路径。

参数 3: 配置文件, 用于配置最大/最小延迟、是否 scale 等, 使用该文件可替换后面的 3 个参数。

参数 4: 反标过程中生成的日志文件名。

参数 5: 用于指定三元组 (min: typ: max) 中的一个进行反标, 可以是 MAXIMUN、

MINMUM、TYPICAL、TOOL_CONTROL，默认是 TOOL_CONTROL。

参数 6：用于指定数值的 scale 因子，默认是 1.0:1.0:1.0。

参数 7：用于指定 scale 因子如何作用到三元组上，可以是 FROM_MAXIMUN、FROM_MINIMUM、FROM_MTM、FROM_TYPICAL，默认是 FROM_MTM。

版图后网表文件进行时序仿真时，一定要注意反标文件是否标注成功，通常反标是否成功主要通过以下方法查看。

（1）查看日志文件中是否有 SDF annotation Done，如图 3-34 所示。

```
Command: /home/student5/Desktop/mapped1019/./simv +vcs+initreg+0 +vcs+initmem+0 -l sim.log
Chronologic VCS simulator copyright 1991-2018
Contains Synopsys proprietary information.
Compiler version O-2018.09-SP2-3_Full64; Runtime version O-2018.09-SP2-3_Full64;  Nov  3 09:37 2021
Doing SDF annotation ...... Done
********************************************************
```

图 3-34　日志文件中显示 SDF annotation Done

（2）查看日志文件中的反标率是否达标，如图 3-35 所示。需要在编译时添加 -sdfverbose 选项，一般要求反标率 95% 以上。

```
# ************************ SDF Annotate ************************
#
# Static entries from SDF files:
#
#    IOPATH           =           942233
#    INTERCONNECT     =           319361
#    SETUPHOLD        =            88544
#    RECREM           =            14003
#    WIDTH            =            42181
#    PERIOD           =              172
#    TIMINGCHECK(ALL) =           144900
#
#
# Annotated entries in elaborated design:
#
#    IOPATH Delays       =         942269
#    INTERCONNECT(MIPD)  =         205303
#    INTERCONNECT(MSID)  =         114040
#    Timing Checks       =         218890
#    Negative Tchecks    =          83643
#
#    Annotated instances =         118054
#    Total instances     =         119696
#
# Static entries in elaborated design:
#    IOPATH Delays    =           951648
#    Timing Checks    =           251909
#
# ************************************************************
#
```

图 3-35　日志文件中的反标率

由图 3-35 中的"Annotated instances"和"Total instances"计算可知，反标率为 98.6%，符合要求。

（3）找一个寄存器，确认其延迟是和 SDF 中的延迟一致，还是和库模型中的延迟一致，如果和 SDF 文件的延迟一致则表明反标成功，否则反标失败。

以网表中的 rd_rom_en1_reg 寄存器为例进行说明，寄存器接口信息如图 3-36 所示。对网表文件进行时序反标后，仿真结果如图 3-37 所示，可以看出寄存器输出信号 rd_rom_en1 的 CLK-Q 的延迟为 0.315ns。图 3-38 所示为延迟反标文件中该寄存器的延迟信息，可以看出该寄存器单元的 CLK-Q 的延迟为 0.315ns。两者延迟信息一致，说明 SDF 文件反标成功。

```
SDRNQHDV1 rd_rom_en1_reg (.CK(SysClk_clone3),
 .D(rd_rom_en),
 .Q(rd_rom_en1),
 .RDN(FE_OFN4843_wire_Rstn),
 .SE(n322),
 .SI(n322));
```

图 3-36　网表中的 rd_rom_en1_reg 寄存器接口信息

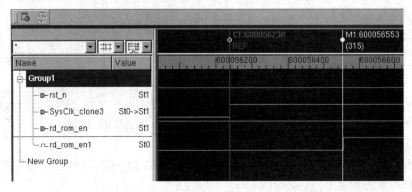

图 3-37　带有延迟反标的寄存器时序仿真结果

```
CELL
(CELLTYPE "SDRNQHDV1")
(INSTANCE  peg_top_inst/ID_controller_init/rd_rom_en1_reg)
  (DELAY
  (ABSOLUTE
  (IOPATH (posedge CK) Q (0.315::0.315) (0.308::0.308))
  (COND CK==1'b0&&D==1'b0&&SE==1'b0&&SI==1'b0 (IOPATH RDN Q () (0.276::0.276)))
  (COND CK==1'b0&&D==1'b0&&SE==1'b0&&SI==1'b1 (IOPATH RDN Q () (0.276::0.276)))
  (COND CK==1'b0&&D==1'b0&&SE==1'b1&&SI==1'b0 (IOPATH RDN Q () (0.276::0.276)))
  (COND CK==1'b0&&D==1'b0&&SE==1'b1&&SI==1'b1 (IOPATH RDN Q () (0.276::0.276)))
  (COND CK==1'b0&&D==1'b1&&SE==1'b0&&SI==1'b0 (IOPATH RDN Q () (0.276::0.276)))
  (COND CK==1'b0&&D==1'b1&&SE==1'b0&&SI==1'b1 (IOPATH RDN Q () (0.276::0.276)))
  (COND CK==1'b0&&D==1'b1&&SE==1'b1&&SI==1'b0 (IOPATH RDN Q () (0.276::0.276)))
  (COND CK==1'b1&&D==1'b0&&SE==1'b0&&SI==1'b0 (IOPATH RDN Q () (0.276::0.276)))
  (COND CK==1'b1&&D==1'b0&&SE==1'b0&&SI==1'b1 (IOPATH RDN Q () (0.276::0.276)))
  (COND CK==1'b1&&D==1'b0&&SE==1'b1&&SI==1'b0 (IOPATH RDN Q () (0.276::0.276)))
  (COND CK==1'b1&&D==1'b0&&SE==1'b1&&SI==1'b1 (IOPATH RDN Q () (0.276::0.276)))
  (COND CK==1'b1&&D==1'b1&&SE==1'b0&&SI==1'b0 (IOPATH RDN Q () (0.276::0.276)))
  (COND CK==1'b1&&D==1'b1&&SE==1'b0&&SI==1'b1 (IOPATH RDN Q () (0.276::0.276)))
  (COND CK==1'b1&&D==1'b1&&SE==1'b1&&SI==1'b0 (IOPATH RDN Q () (0.276::0.276)))
  (COND CK==1'b1&&D==1'b1&&SE==1'b1&&SI==1'b1 (IOPATH RDN Q () (0.276::0.276)))
)
)
```

图 3-38　延迟反标文件中 rd_rom_en1_reg 寄存器的延迟信息

（4）根据日志文件中的时序违例信息确认，时序检查（timingcheck）是按照 SDF 中标记的时序信息检查，还是根据库模型中的时序进行检查，如果按照 SDF 文件中标记的时序信息检查，则表明反标成功。

一个简单的反标实例如下：

```
initial
begin
   $sdf_annotate("func_wcl_cmax_m40c.sdf",top_tb.top.pad_peg_top,"sdf.log","MAXIMUM");
end
```

将上述代码添加到仿真平台中即完成了反标。

利用 VCS 工具完成编译，命令如下：

```
>vcs-full64-l+neg_tchk-negdelay+maxdelays+vcs+initreg+random+sdfverbose-f test.f-debug_access+r
```

编译完成后生成可执行文件 simv，直接运行该文件即可。

```
>./simv
```

最后，利用 DVE 查看仿真波形。

```
>dve-vpd tb.vpd
```

满足以下两个条件证明仿真结果正确：仿真过程中未报告时序不满足；测试用例的仿真结果与 RTL 代码仿真结果一致。

时序仿真的波形会出现一些"毛刺"和过渡状态，这是由延迟引起的，无法彻底消除，只要不影响电路的状态和输出，不必理睬。

3.6.3 带有异步路径的时序仿真

在对带有异步路径的网表进行时序仿真时，通常采用两级同步寄存器来解决由于异步路径而产生的亚稳态问题。图 3-39 中加阴影的寄存器为同步寄存器。

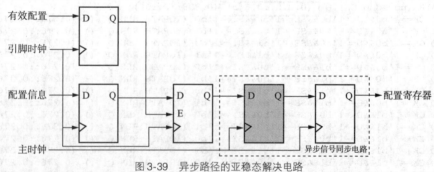

图 3-39　异步路径的亚稳态解决电路

在进行电路时序仿真时，同步寄存器常常会出现建立/保持时间违例的现象，如图 3-40 所示。深入查看该寄存器的波形信息会发现，在报告违例的时刻，寄存器的输出数据变为未知状态 X，如图 3-41 所示。

```
"./ram_ip_smic/scc55nll_hd_rvt.v", 40552: Timing violation in top_tb.top.pad_peg_top.peg_top_inst.wl_afifo_wrapper_out_init.wl_afifo.wl_afifo_synr2w.w_gray_rptr_reg_0_
   $setuphold ) posedge CK &&& (ENABLE_RDN_AND_NOT_SE == 1'b1):612032210, negedge D &&& (ENABLE_RDN_AND_NOT_SE == 1'b1):612032023, limits: (236,-85) );

"./ram_ip_smic/scc55nll_hd_rvt.v", 40555: Timing violation in top_tb.top.pad_peg_top.peg_top_inst.wl_afifo_wrapper_out_init.wl_afifo.wl_afifo_synr2w.w_gray_rptr_reg_2_
   $setuphold ) posedge CK &&& (ENABLE_RDN_AND_NOT_SE == 1'b1):612132218, posedge D &&& (ENABLE_RDN_AND_NOT_SE == 1'b1):612132020, limits: (276,-174) );
```

图 3-40　用来处理异步路径的同步寄存器仿真时出现违例

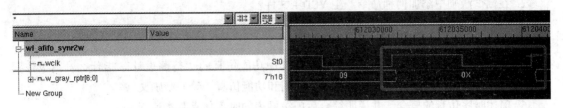

图 3-41 同步寄存器违例时刻的波形信息

由于仿真工具在默认情况下会对所有路径进行时序检查,因此同步寄存器的时序违例会导致后续电路不正常工作,而在流片后的芯片工作过程中不会出现这一问题。为了解决仿真过程中的这一问题,需要在编译时添加 + optconfigfile + Notimingcheck.cfg 选项来指定同步寄存器不进行时序检查。在带有异步路径的时序仿真中,可以使用如下编译命令:

```
> vcs - full64 - l + notimingcheck + neg_tchk - negdelay + maxdelays + vcs + initreg + random + sdfverbose + optconfigfile + Notimingcheck.cfg - f test.f debug_access + r
```

其中,Notimingcheck.cfg 文件中指明了电路中所有用来处理异步路径的同步寄存器。通常利用下述脚本语言来显式指明电路中所有同步寄存器:

```
instance {tb.u_dut.xxx } {noTiming};
```

图 3-42 所示为一个指明同步寄存器的例子。

```
instance {top_tb.top.pad_peg_top.peg_top_inst.wl_afifo_wrapper_init.wl_afifo.wl_afifo_synw2r.r_gray_wptr_reg_0_}{noTiming};
instance {top_tb.top.pad_peg_top.peg_top_inst.wl_afifo_wrapper_init.wl_afifo.wl_afifo_synw2r.r_gray_wptr_reg_1_}{noTiming};
instance {top_tb.top.pad_peg_top.peg_top_inst.wl_afifo_wrapper_init.wl_afifo.wl_afifo_synw2r.r_gray_wptr_reg_2_}{noTiming};
instance {top_tb.top.pad_peg_top.peg_top_inst.wl_afifo_wrapper_init.wl_afifo.wl_afifo_synw2r.r_gray_wptr_reg_3_}{noTiming};
instance {top_tb.top.pad_peg_top.peg_top_inst.wl_afifo_wrapper_init.wl_afifo.wl_afifo_synw2r.r_gray_wptr_reg_4_}{noTiming};
instance {top_tb.top.pad_peg_top.peg_top_inst.wl_afifo_wrapper_init.wl_afifo.wl_afifo_synw2r.r_gray_wptr_reg_5_}{noTiming};
instance {top_tb.top.pad_peg_top.peg_top_inst.wl_afifo_wrapper_init.wl_afifo.wl_afifo_synw2r.r_gray_wptr_reg_6_}{noTiming};
```

图 3-42 Notimingcheck.cfg 文件中用于指明同步寄存器的命令

增加 + optconfigfile + Notimingcheck.cfg 选项后,重新运行仿真工程,可以看到仿真日志文件不再报告同步寄存器时序违例,同时查看仿真波形,发现先前出现未知状态 X 的时刻能够正确显示数据信息,如图 3-43 所示。

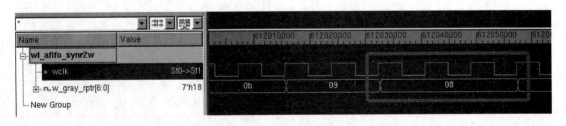

图 3-43 增加 + optconfigfile + Notimingcheck.cfg 选项后时序仿真结果

习题 3

1. 简述 VCS 的仿真流程及相关命令。

2. 在测试激励中添加何种命令产生 VCD+ 文件？
3. 列出 VCS 覆盖率统计功能可以统计的类型，并进行简要说明。
4. 简述代码覆盖率统计的步骤及相关命令。
5. 分别说明功能仿真和门级仿真的概念。其中功能仿真的"待测设计"指什么？门级仿真的"待测设计"指什么？门级仿真是否可以使用和功能仿真一致的激励文件？
6. 简述时序仿真的概念，并说明综合后门级网表的时序仿真基本流程。
7. 搭建异步 FIFO 电路的仿真验证平台，并完成该电路的功能仿真和门级仿真。

第 4 章

EDA 工具运行环境简介

EDA 工具稳定运行的平台当属 UNIX 和 Linux。业界普遍认为，随着 Linux 集群技术的快速发展，全球 EDA 工具正在从过去的 UNIX 平台等转向 Linux 平台。Linux 操作系统相关知识浩如烟海，本章为不熟悉 Linux 操作系统的读者介绍 Linux 系统的基本操作，以便在集成电路设计中使用 EDA 工具。

4.1 Linux 系统

Linux 是一种开源操作系统，遵循 POSIX（Portable Operating System Interface of UNIX，可移植操作系统接口）标准，与 UNIX 的风格非常相像，但是核心代码已经全部重新编写。"Linux 之父"芬兰人莱纳斯·托沃兹（Linus Torvalds）遵循 GPL（GNU General Public License，GNU 通用公共许可证）规范，在微型 UNIX 操作系统 Minix 的基础上开发了 Linux（Linus's Unix）内核并开源，众多 Linux 爱好者自其开源起，就一直在不断完善和优化 Linux，使得 Linux 的性能不断提升。

Linux 操作系统的出现打破了长久以来传统商业操作系统的技术垄断，为计算机技术的发展做出了巨大贡献。今天，Linux 已经成为个人计算机、工作站、大型机，甚至超级计算机等不同类型计算机的常用操作系统。

4.1.1 Linux 简介

内核、Shell 和文件系统共同构成了基本的 Linux 操作系统，如图 4-1 所示。内核是 Linux 操作系统的核心，负责管理所有的硬件设备，包括文件系统管理、进程管理和存储管理等；Shell 是用户和内核之间的接口，接收用户命令并将命令送到内核执行；文件系统是操作系统管理磁盘分区上文件的方法和数据结构，即文件在磁盘上的组织方法。

通过内核、Shell 和文件结构，Linux 可以运行程序、管理文件以及同用户交互。另外，一些外加应用程序或实用工具等软件，如编辑器、编译器和通信程序等，也逐渐被认为是 Linux 的组成部分，它们都执行标准的计算机操作。用户也可以在 Linux 操作系统中开发自己的应用程序。

图 4-1 Linux 操作系统结构图

1. 内核

内核是控制计算机硬件的核心程序，将用户命令和程序组织为可以由计算机处理的进程。内核实现了 Linux 的多用户、多任务机制。Linux 内核由 C 语言开发并开放源代码，用户可以通过修改源代码并重新编译以获得新的版本。这种易于访问操作系统内部结构的特性是一种优势，又是一个弱点，它可以加速内核的研究和开发，但同时也允许不同版本的简单堆叠。

Linux 内核版本有两种：稳定版和开发版。稳定版内核可以商用，开发版内核由于要试验各种解决方案，因此内部可能存在 bug。众多的 Linux 内核以内核版本名称（版本号）来区分，版本号通常遵从格式：主版本号.次版本号.修正号。如果次版本号是偶数，表明该内核是稳定版；若是奇数，则为开发版。修正号表示修改的次数。主版本号和次版本号共同描述内核系列。例如，版本 2.6.12 是稳定版，经过 12 次修改，而版本 2.5.74 则是开发版，经过 74 次修改。

2. Shell

Shell 是一个全功能的编程环境，提供内核与用户之间的交互界面，负责解释用户输入的命令然后发送给内核，因此也称为解释器。用户可以用 Shell 启动、挂起、停止甚至开发一些应用程序。目前流行的 Shell 有 ash、bash、ksh、csh、zsh 等，一般 Linux 系统都将 bash 作为默认的 Shell。

用户使用 Linux 时通过命令完成所需操作。一条命令是由多个字符组成并以换行符结束的字符串，是用户和 Shell 之间对话的一个基本单位。用户可以通过命令"more /etc/shells"查看本机支持的 Shell 类型，通过"echo $SHELL"查看当前使用的 Shell 类型，通过"chsh-s /bin/csh djy"为用户（本命令用户为 djy）指定 Shell（本命令 Shell 为 csh）。可通过命令"uname-a"或"cat /proc/version"查看本机内核版本。

3. 文件系统

文件系统规定了如何在存储设备上存储数据以及如何访问存储在设备上的数据。一个文件系统在逻辑上是独立的实体，能被操作系统单独管理和使用。

在 Linux 中，一切皆为文件，文件被组织成目录，目录又被组织成一种层次型的树状结构，树根所在目录称为根目录，所有的其他目录都起源于根目录。整个 Linux 文件系统就是一个互相关联的目录集合，每个目录又包含多个文件，Linux 从根目录开始逐层访问到文件。

Linux 支持的基本文件类型有普通文件（-）、目录文件（d）、链接文件（l）和特殊文件等。

普通文件：文本文件、C 语言代码、Shell 脚本、二进制的可执行文件等，可用 cat、less、more、vi 等命令查看内容，用 mv 命令改名。

目录文件：由一组目录项组成，目录项包括文件名、子目录名及其指针，是 Linux 存储文件名的唯一地方。可用 ls 命令列出目录文件，各层目录之间用斜线"/"间隔，有别于 Windows 系统下的反斜线"\"间隔。

链接文件：指向同一索引节点的目录条目。用 ls 命令查看时，链接文件以 l 开头，文件名后以"->"指向所链接的文件。

特殊文件：Linux 的一些设备如磁盘、终端、打印机等都会在文件系统中表示出来，此类文件就是特殊文件，多放在/dev 目录下。Linux 没有盘符（如 C:、D:）的概念，而是用/dev/hda、/dev/hdb 表示第一块、第二块 IDE 硬盘，用/dev/hda1、/dev/hda2 表示第一块 IDE 硬盘的第一个、第二个分区，以此类推；同理，用/dev/sda、/dev/sdb 表示第一块、第二块 SCSI 硬盘，用

/dev/sda1、/dev/sda2 表示第一块 SCSI 硬盘的第一个、第二个分区，以此类推。

Linux 的树状目录结构从根目录"/"开始，包括/bin、/boot、/dev、/etc、/home……等目录，下面对常用目录做简单说明。

/bin：bin 是二进制（binary）的英文缩写，该目录用于存放 Linux 最常用的命令，功能和/usr/bin 类似，其中的文件普通用户均可使用。

/boot：内核和加载内核所需文件的目录。一般情况下系统引导管理器 GRUB（GRand Unified Bootloader）或 LILO（LInux LOader）也位于这个目录下。

/dev：dev 是设备（device）的英文缩写，该目录用于存放设备文件，如终端、磁盘等。

/etc：etc 是其他（etcetera）的缩写，该目录用于存放系统管理所需要的配置文件，如网络配置文件、X_Window 系统配置文件、设备配置信息和用户信息等，是系统中最重要的目录之一。

/sbin：用于存放系统管理程序，一般用户没有访问权限。该目录和/usr/sbin、/usr/X11R6/sbin 以及/usr/local/sbin 等目录类似。

/home：用来存放用户主目录。一般来说，"/home/用户名"就是该用户的主目录。

/lib：lib 是库（library）的英文缩写，该目录用来存放系统动态链接共享库。

/mnt：临时文件系统的挂载目录，一般情况下是空的。需要系统开机自动挂载的文件系统也可以挂载到该目录。

/proc：用于存放操作系统运行时的进程信息及内核信息（如 CPU、硬盘分区、内存信息等），是 Linux 提供的一个虚拟系统，该目录下的文件并不存于硬盘中，而是系统初启的时候在内存中产生的。

/usr：usr 是用户（user）的缩写，用于存放用户使用的系统命令和应用程序等信息，如命令、帮助文件等。

/var：var 是变更（vary）的缩写，主要存放系统记录文件和配置文件。通常/var 下的文件用于提供给系统管理员进行系统的用户注册、系统负载、安全性方面的查询等。

4.1.2　Linux 常用命令

Linux 有数百条独立的命令，范围从简单的命令如文件复制、删除，到复杂的命令如高速联网、文件修订以及软件开发中使用的命令等。不同的 Linux 用户所需要以及经常使用的命令是不同的，用户不必了解所有命令的详细信息，故本小节只列出一般用户和普通管理员经常使用的主要命令。

本小节简单介绍 Linux 的命令格式及获取命令帮助的方式，使读者可以方便地使用 Linux 命令，并通过使用在线帮助文档了解更多的命令及其使用方法。

一条 Linux 命令由命令名、命令选项和命令参数组成，如图 4-2 所示。多数命令有多个选项，数百条命令可以组合成数千种可执行的操作，这无疑增加了初学者入门的难度，不过 Linux 提供了在线帮助文档，用户可以通过 man、help、info 等命令来获取帮助。

图 4-2　Linux 命令格式

1. 系统管理命令

这里介绍有关磁盘管理与维护、系统设置与管理的常用命令及其常用选项。

(1) cd

功能：cd 是 change director 的缩写，用于切换到任何当前用户有权访问的目录，或由任何目录回到用户主目录。

实例：

① 用 cd 命令切换到 project 目录，如图 4-3 所示。

图 4-3　切换到 project 目录

② 用 cd 命令从当前目录回到用户主目录，如图 4-4 所示，此时不需要任何参数。

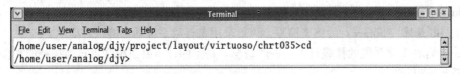

图 4-4　回到用户主目录

③ 用 cd 命令切换到上层目录（父目录），如图 4-5 所示。

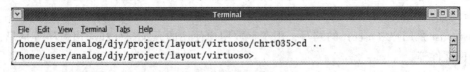

图 4-5　切换到上层目录

在 Linux 中，"."表示当前目录，".."表示父目录。"."和".."是独立的文件名，故和命令之间要以空格或制表符隔开。

(2) ls

功能：ls 是 list 之意，用于列出指定目录（默认为当前目录）的内容，包括文件和子目录的名称。

其常用选项如下。

① -a：显示所有目录和文件，包括当前目录"."、父目录".."、隐藏文件（以"."开头的文件）等。

② -l：以长格式显示目录和文件，包括目录和文件的各种属性。

③ -F：显示目录和文件时加上表示其基本属性的符号，如可执行文件加"*"、目录加"/"、链接加"@"等。

④ -t：依照文件修改时间进行显示。

⑤ -s：依照文件大小进行排序。

实例：

① 以长格式显示当前目录内容，如图 4-6 所示。

第一行"total 84"表示目录下所有文件及目录的大小。其余各行又分为若干列。

第一列共有 10 个字符。第一个字符表示文件种类：d 为目录文件；l 为链接；b 为块文件；

-为普通文件。后面9个字符，3个一组分别表示文件所有者，所有者所在组的其他用户，组外其他用户对文件的读、写、执行的访问权限，r表示可读，w表示可写，x表示可执行，-表示无此项代表的权限。第二列的数字表示文件的硬链接数目或子目录数目。第三列表示用户所有者。第四列表示用户所有者所在的组。第五列的数字表示文件大小（以字节为单位）。第六、七、八列表示文件最后修改的月份、日期、时间。最后一列为文件名。

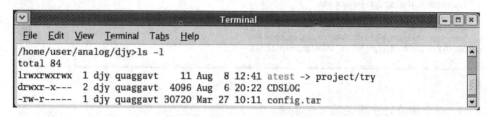

图4-6 以长格式显示当前目录内容

② 显示所有文件及文件基本属性，如图4-7所示。

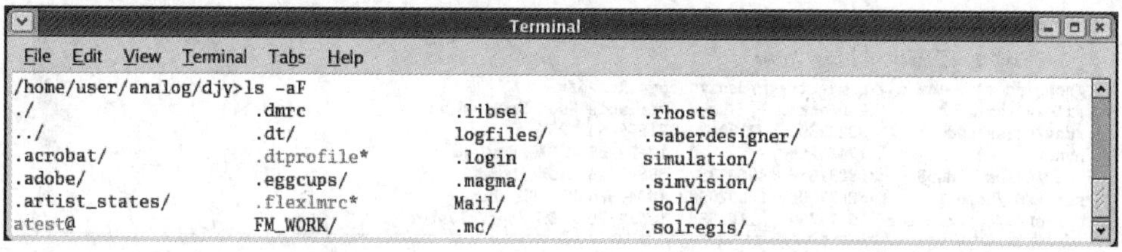

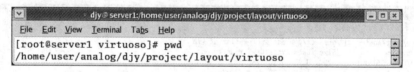

图4-7 显示所有文件及文件基本属性

（3）pwd

功能：pwd是print working directory的缩写，用于显示用户当前工作目录的绝对路径。

实例：显示用户当前工作目录，如图4-8所示。

图4-8 显示用户当前工作目录

（4）mkdir

功能：mkdir是make directory的缩写，用于创建目录（可以同时指定目录的权限）。

其常用选项如下。

① -p：如果拟创建目录的上层目录不存在，则依序一并创建；若已存在，略过。

② -m：在创建目录的同时设定目录的访问权限。

实例：创建目录syn/design_compiler/01_try，如图4-9所示，当前目录下没有syn目录。

相关命令rmdir（remove directory）用于删除空目录，详细信息请使用man命令查询；若要删除非空目录，请参考rm命令。

（5）df

功能：df是disk free的缩写，用于报告文件系统的磁盘空间使用情况。

其常用选项如下。

① -m：以1MB为单位显示（默认情况下或加-k参数都以1KB为单位显示）。

② -h：以用户可读性较高的方式显示信息。（h为human readable之意。）

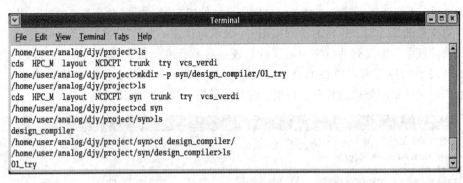

图 4-9　创建目录

③ -l：只显示本地主机上的文件系统。

实例：

① 以 KB 为单位显示磁盘使用情况，如图 4-10 所示。

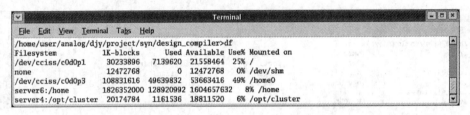

图 4-10　以 KB 为单位显示磁盘使用情况

本例同时显示了本地主机所挂载的集群系统上的磁盘信息，若只显示本地信息，需加 -l 选项。

② 以用户可读性较高的方式显示本地磁盘使用情况，如图 4-11 所示。

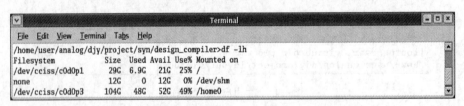

图 4-11　以用户可读性较高的方式显示本地磁盘使用情况

相关命令 du（disk usage）用于报告目录或文件的大小，详细信息请使用 man 命令查询。

(6) passwd

功能：passwd 是 password 之意，用于设置/修改用户密码。

其常用选项如下。

① -l：（管理员）停用某用户账号。

② -u：（管理员）重新启用某用户账号。

实例：管理员修改某用户密码，如图 4-12 所示。

本例为用户 psw29 设置密码，由于所设密码过于简单，故被提示密码易于破解。

相关命令 adduser 用于创建用户账户、userdel 用于删除用户账号、usermod 用于修改用户账号属性、groupadd 用于创建组、groupdel 用于删除组、groupmod 用于修改组的 id 或名称，详细信息请使用 man 等帮助命令查询。

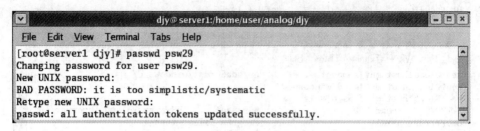

图 4-12　管理员修改某用户密码

（7）date

功能：用于显示或设置系统时间。

其常用选项如下。

① +%A：以完整名称显示星期。

② +%D：显示包含年、月、日的日期。

③ +%H/M/S：显示当前时间的小时、分钟、秒数。

实例：以 24 小时制显示当前的系统时间，如图 4-13 所示。

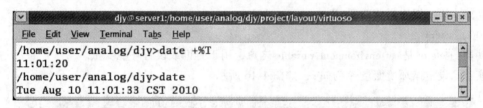

图 4-13　显示系统时间

相关命令 cal 用于显示月历，timeconfig 用于设置时区，详细信息请使用 man 命令查询。

（8）mount

功能：用于挂载文件系统。

其常用选项如下。

-t：指定设备的文件系统类型，支持的格式有 ext2、msdos、vfat、ntfs 等。

实例：将 Windows 系统的 D 盘挂载到/mnt/windows_d。

第一步：在/mnt 目录下建立子目录 windows_d（图略）。

第二步：使用磁盘分区命令 fdisk -l 查看待挂载目录（D 盘）的名称和类型，如图 4-14 所示。

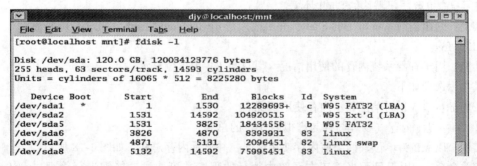

图 4-14　查看 D 盘

从图 4-14 可以看出 Windows 的 D 盘为/dev/sda5、FAT32 类型。

第三步：使用 mount 命令完成挂载，如图 4-15 所示。

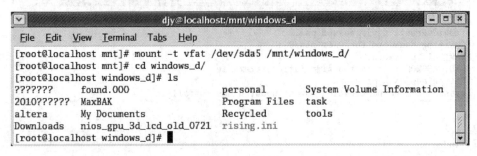

图 4-15　完成挂载

从图 4-15 可以看出 Windows 的 D 盘已经挂载到/mnt/windows_d 下。

相关命令 umount 用于卸载磁盘，详细信息请使用 man 等帮助命令查询。

（9） fsck

功能：fsck 是 file system check 之意，用于检查文件系统并尝试修复错误。

（10） exit

功能：用于退出当前的 Shell。

（11） setenv

功能：setenv 是 set environment variable 之意，用于查询或设置环境变量。

实例：设定某环境变量 A 为 abc，如图 4-16 所示。

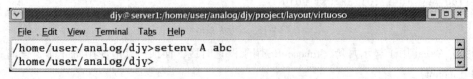

图 4-16　设定环境变量

相关命令 set 用于设定 Shell、unset 用于删除变量或函数、echo 用于显示文本或变量内容、export 用于增加/修改/删除环境变量，详细信息请使用帮助命令查询。

（12） chsh

功能：chsh 是 change shell 的缩写，用于更换用户登录系统时使用的 Shell。

其常用选项如下。

① -l：列出当前系统可用的 Shell。

② -s：更改用户默认的 Shell 环境。

实例：列出当前系统可用的 Shell，并更改用户 djy 的 Shell 为 csh，如图 4-17 所示。

（13） free

功能：用于查看系统内存的使用情况（默认以 KB 为单位显示）。

其常用选项如下。

① -m：以 MB 为单位显示内存使用情况。

② -t：显示内存（物理内存与虚拟内存）的总和。

实例：以 MB 为单位查询当前内存使用情况，并显示内存总和，如图 4-18 所示。

相关命令 top 用于显示当前正在系统中执行的程序并可通过功能键进行管理、ps（process status）用于报告程序执行状况并可配合 kill 命令随时终止或删除不要的程序、pstree（process status tree）用于以树状图显示程序信息，详细信息请使用帮助命令查询。

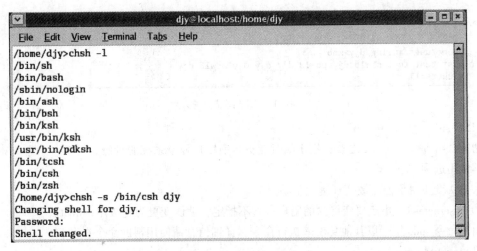

图 4-17　更改 Shell 环境

```
/home/user/analog/djy>free -tm
              total       used       free     shared    buffers     cached
Mem:          32482       2797      29685          0        301       1882
-/+ buffers/cache:          613      31869
Swap:          8001          0       8001
Total:        40483       2797      37686
```

图 4-18　显示内存总和

（14）who

功能：用于查询当前登录系统的用户信息。

其常用选项如下。

① -H：同时显示返回信息的标题栏。

② -q：只显示登录系统的账号名称和总人数。

实例：

① 列出当前登录系统的用户，同时显示返回信息的标题栏，如图 4-19 所示。

```
/home/user/analog/djy>who -H
NAME     LINE         TIME           COMMENT
test     :0           Aug  4 16:32
test     pts/1        Aug  4 16:32 (:0.0)
test     pts/2        Aug  4 16:36 (:0.0)
psw16    192.168.1.75:0 Aug 12 08:59 (192.168.1.75)
djy      pts/3        Aug  6 21:05 (:3.0)
psw13    192.168.1.72:0 Aug 12 15:03 (192.168.1.72)
```

图 4-19　显示返回信息的标题栏

② 列出当前登录系统的用户及总人数，如图 4-20 所示。

相关命令 whoami 用于显示用户名称、last 用于显示当前与过去登录系统的用户相关信息，详细信息请使用帮助命令查询。

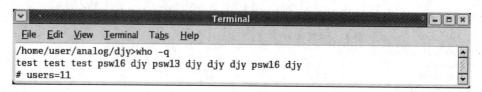

图 4-20　显示用户名及总人数

（15）su

功能：su 是 super user 之意，用于临时变更当前用户登录系统的身份。

其常用选项如下。

① m：变更身份但不改变环境变量。

②［username］：指定要变更为的用户；若不指定，默认变更为超级用户 root。

相关命令 sudo 用于以其他身份来执行命令，详细信息请使用帮助命令查询。

（16）shutdown

功能：系统关机命令，并可以根据需要进行重新开机、特定时间关机等操作。

其常用选项如下。

①［time］：设定关机时间。

② -r：设定开机时间。

实例：

① 指定系统关机后，到 10:00 开机。

实例：

```
shutdown -r 10:00
```

② 指定系统 5 分钟后关机，同时送出警告信息给登录的用户。

实例：

```
shutdown +5 "System will shutdown in 5 minutes. Please backup your data."
```

相关命令 halt 用于关闭系统、reboot 用于系统重启，详细信息请使用帮助命令查询。

2. 文件管理命令

这里主要介绍文件日常管理、文本编辑、备份压缩等方面的常用命令及其常用选项，由于文本编辑命令 vi 使用频率高、涉及内容多，故在后面单列一节。

（1）cp

功能：cp 是 copy 之意，用于复制文件或目录。

其常用选项如下。

① -i：复制过程中需要覆盖已有文件时先询问用户。

② -r：递归处理，即将指定目录下的文件与子目录一并处理。

实例：

① 将文件 ncsim 复制为 ncsim_new，如图 4-21 所示。

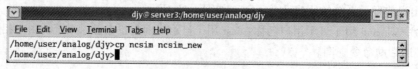

图 4-21　复制文件

② 将目录 tool 复制到 project 目录下，如图 4-22 所示。

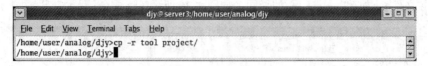

图 4-22 复制目录

③ 将 ncsim、ncsim_new、config.tar 等文件复制到 project 目录下，如图 4-23 所示。

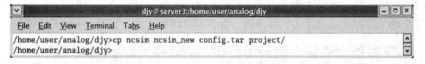

图 4-23 复制文件到目录

(2) mv

功能：mv 是 move 之意，用于移动或重命名已有的文件或目录。

其常用选项如下。

① -i：需要覆盖已有文件时先询问用户。

② -u：在移动或重命名文件时，若目的文件存在且更新，则不覆盖。

实例：

① 将文件 ncsim_new 重命名为 ncsim_try，如图 4-24 所示。

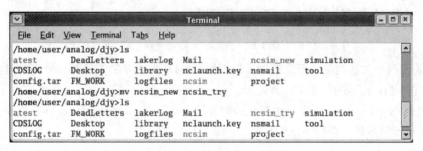

图 4-24 重命名文件

② 将文件 ncsim_try 移动到目录 project 下，如图 4-25 所示。

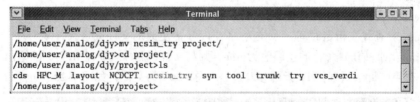

图 4-25 移动文件

(3) diff

功能：diff 是 differential 之意，用于逐行比较文本文件的差异，并输出到终端。

其常用选项如下。

① -i：比较过程中忽略大小写的差异。

② -b：不比较空格字符数目的不同。

③ -s：即使文件相同，也输出提示信息。

实例：

① 比较文件 ncsim 和 ncsim_try 的异同，如图 4-26 所示。

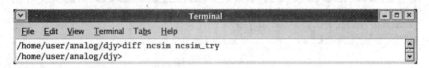

图 4-26　文件相同不返回信息

因为两个文件相同，故而不返回任何信息。

② 比较文件 ncsim 和 ncsim_try 的异同，如图 4-27 所示。

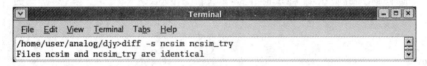

图 4-27　文件相同也输出提示信息

③ 比较文件 ncsim 和 ncsim_diff 的异同，如图 4-28 所示。

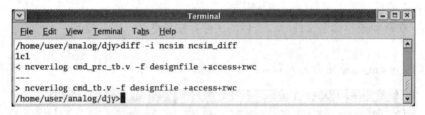

图 4-28　文件不同并列出差异

1c1，表示两个文件的第一行有差别；后面的内容以"---"为分界，分别列出文件 1（ncsim）和文件 2（ncsim_diff）中的不同之处。

相关命令 cmp（compare）用于比较文件的差异、diffstat（differential status）用来根据 diff 的比较结果显示统计结果，详细信息请使用帮助命令查询。

（4）find

功能：用于查找特定的文件或目录。

其常用选项如下。

① -name：指定字符串作为查找文件或目录的名称（可使用通配符）。

② -ctime：查找在指定时间（单位为 24 小时）内更改的文件或目录。

③ -print：如果 find 命令的返回值为 true，则将文件或目录名称显示到标准输出。

实例：在当前目录下查找 10 天内修改过、名称为 try 的文件，如图 4-29 所示。

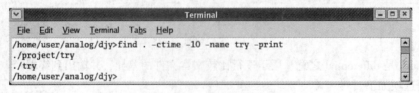

图 4-29　查找文件

相关命令 which 用于在环境变量 $PATH 设定的目录里查找符合要求的文件并列出其具体位置、whereis 用于在特定目录下查找文件，详细信息请使用帮助命令查询。

(5) chmod

功能：chmod 是 change mode 之意，用于更改文件或目录的权限。

其常用选项如下。

-R：递归处理，即将指定目录下的文件与子目录一并处理。

实例：把 ncsim 文件的权限设置为所有者可读、可写、可执行，组内用户和组外用户可读、可执行，如图 4-30 所示。

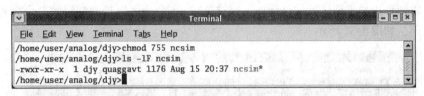

图 4-30　更改文件权限

结合 ls 命令的描述，文件所有者的权限是 rwx，即 111，故为 7；组内用户和组外用户的权限是 r-x，即 101，故为 5。同时，文件的权限还有其他表示方法：u 表示文件所有者，g 表示文件所有者的同组用户，o 表示文件所有者的组外用户，a 表示以上三类用户；+ 表示增加权限，- 表示取消权限，= 表示唯一设定权限。

因此，与图 4-30 所示命令达到相同效果的命令还可以是

chmod u=rwx,g=rx,o=rx ncsim

相关命令 chown（change owner）用于更改文件或目录的所有者或所属组，详细信息请使用帮助命令查询。

(6) ln

功能：ln 是 link 之意，用于创建文件或目录的链接。

其常用选项如下。

-s：创建源文件的软链接（符号链接），而非硬链接（默认情况）。

实例：在当前目录下创建文件 project/try 的符号链接 ln_try，如图 4-31 所示。

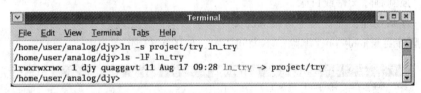

图 4-31　创建文件的链接

关于 Linux 的链接，简单说明如下。

Linux 链接分两种，一种被称为硬链接（hard link），另一种被称为符号链接（symbolic link）。默认情况下，ln 命令产生硬链接。

硬链接指通过索引节点来进行链接。在 Linux 的文件系统中，保存在磁盘分区中的文件不管是什么类型都会被分配一个编号，称为索引节点号（inode index）。在 Linux 中，多个文件名指向同一索引节点的情况是存在的，一般这种链接就是硬链接。硬链接的作用是允许一个文件拥有多个有效路径，这样用户就可以建立硬链接到重要文件，以防止"误删"。其原因如上所述，因为对应该目录的索引节点有一个以上的链接，只删除一个链接并不影响索引节点本身和其他链接，只有最后一个链接被删除后，文件的数据块及目录的链接才会被释放。也就是说，文件真正

被删除的条件是与之相关的所有硬链接文件均被删除。

符号链接也称为软链接。软链接文件类似于 Windows 的快捷方式，是一个特殊的文件，它实际上是一个文本文件，内容为另一文件的位置信息。

（7）mc

功能：mc 是 midnight commander 的缩写，这是一个菜单式的文件管理程序，具有图形化的操作界面。

实例：以图形用户界面进行文件管理，通过执行 mc 命令可以把原终端的命令行界面转换成图形用户界面，如图 4-32 所示。

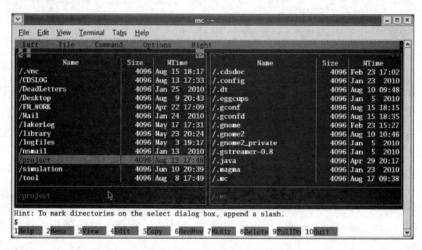

图 4-32　以图形用户界面进行文件管理

（8）rm

功能：rm 是 remove 之意，用于删除文件或目录。

其常用选项如下。

① -i：删除前询问用户。

② -f：强制删除文件或目录。

③ -r：递归处理，即将指定目录下的文件与子目录一并处理。

实例：删除目录 tool_rm，删除前不询问用户，如图 4-33 所示。

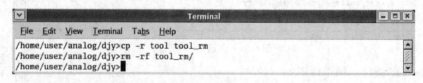

图 4-33　删除目录

（9）cat

功能：cat 是 concatenate 之意，用于读取指定文件并将其内容显示到标准输出；或利用重定向字符"＞"（添加）和"＞＞"（追加）把多个文件合并为一个文件。

其常用选项如下。

① -n：列出文件内容时在行首显示行号。

② -s：当文件某部分的空白行超过 1 行时，仅显示 1 行空白。

实例：

① 显示文件 ncsim 的内容，并在行首显示行号，如图 4-34 所示。

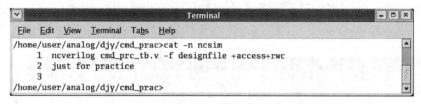

图 4-34　显示文件内容

② 将文件 July 和 July_caesar 的内容合并为文件 try，如图 4-35 所示。

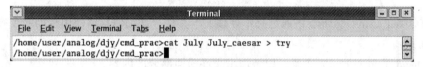

图 4-35　合并文件

相关命令 more 用于逐页显示文件内容并可提示当前显示的百分比、less 用于显示文件内容并具有互动式操作界面，详细信息请使用帮助命令查询。

（10）grep

功能：grep 是 global search regular expression 之意，用于搜索文件中符合条件的字符串。

其常用选项如下。

-i：忽略字符大小写。

实例：在当前目录下查找包含字符串 ncverilog 的文件，如图 4-36 所示。

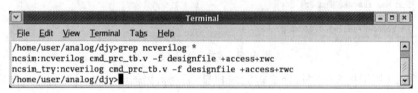

图 4-36　查找文件

（11）tee

功能：用于读取标准输入的数据并将其输出成文件，也可以把管道数据存成文件。

其常用选项如下。

-a：把数据附加到已有文件内容的后面。

实例：把命令执行结果存到 try.log 中，同时显示到标准输出，如图 4-37 所示。

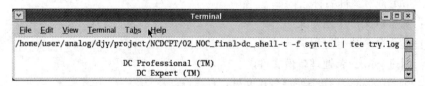

图 4-37　输出执行结果

命令 dc_shell-t-f syn.tcl 的执行结果通过管道"｜"作为命令 tee 的输入。

（12）tr

功能：tr 是 translate character 之意，用于转换或更改文件中的字符。

其常用选项如下。

-d：删除字符。

实例：把文件 ncsim 中的字符 nc 删除并通过管道输出到标准输出和文件 ncsim_new，如图 4-38 所示。

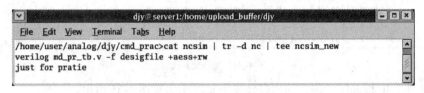

图 4-38　删除字符并输出

相关命令 sed（stream editor）通过脚本处理文本文件，详细信息请使用帮助命令查询。

（13） head

功能：head 是 head of file 之意，用于输出文件前面部分的内容。

其常用选项如下。

① -c：设置要显示多少数据量（以字节为单位）的文件内容。

② -n：设置显示行数。

实例：显示文件 June_caesar 前 3 行的内容，如图 4-39 所示。

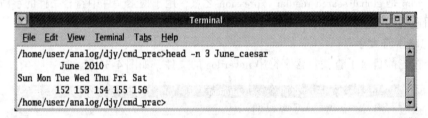

图 4-39　显示文件前 3 行

相关命令 cut 用于把文件中符合要求的内容显示到标准输出、tail 用于输出文件后面部分的内容，详细信息请使用帮助命令查询。

（14） tar

功能：tar 是 tape archive 之意，用于打包文件，可将多个文件或目录打包成一个文件（包含内部文件之间的链接），便于保存。

其常用选项如下。

① -c：创建新的备份文件。

② -f：指定备份文件名称。

③ -x：从备份文件中还原文件。

④ -v：显示命令执行过程。

⑤ -z：通过 gzip 命令处理备份文件。

⑥ -Z：通过 compress 命令处理备份文件。

实例：把当前目录下的所有文件备份到 back.tar，如图 4-40 所示。

本例中先用 cf 为选项对当前目录下的文件仅做打包处理，包大小为 20KB；继而以 zcf 为选项对当前目录下的文件做打包处理并以 gzip 进行压缩，包大小为 4KB。此外，通过本例还可以发现，tar 命令的选项前可以不带"-"。

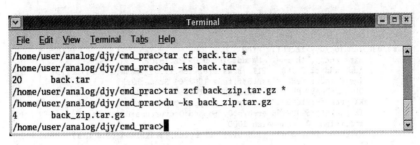

图 4-40　打包备份

相关命令 compress 用于压缩或解压（选项为 -d）文件（扩展名默认为 .Z）、zip 用于把文件压缩成扩展名为 .zip 的压缩包、unzip 用于解压扩展名为 .zip 的压缩包、gzip 用于把文件压缩成扩展名为 .gz 的压缩包、gunzip 用于解压扩展名为 .gz 的压缩包（= gzip -d），详细信息请使用帮助命令查询。

3. 网络通信命令

（1）ping

功能：ping 是乒乓撞击之意，用于测试特定主机的网络功能是否正常。

其常用选项如下。

-c：设置测试数据包传送次数。

实例：测试主机 server2 的网络物理连接是否正常，如图 4-41 所示。

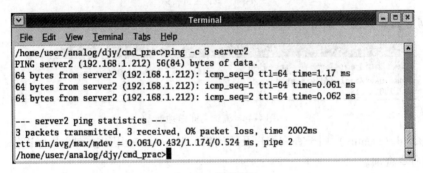

图 4-41　测试连接

（2）ifconfig

功能：ifconfig 是 interface configure 之意，用于显示或设置网络设备。

其常用选项如下。

① [网络设备]：指定网络设备的名称。例如，eth0 指第一块网卡。

② up：启动指定的网络设备。

③ down：关闭指定的网络设备。

④ netmask：设置网络设备的子网掩码。

实例：查看第一块网卡的网络设置，如图 4-42 所示。

相关命令 netconfig 用于从交互式界面配置网络环境、netstat 用于显示网络状态，详细信息请使用帮助命令查询。

（3）hostname

功能：用于查询和设置主机名称、域名、IP 地址、FQDN（Full Qualified Domain Name，全限定域名）等。

```
/home/user/analog/djy>ifconfig eth0
eth0      Link encap:Ethernet  HWaddr 18:A9:05:3E:18:02
          inet addr:192.168.1.211  Bcast:192.168.1.255  Mask:255.255.255.0
          inet6 addr: fe80::1aa9:5ff:fe3e:1802/64 Scope:Link
          UP BROADCAST RUNNING MULTICAST  MTU:1500  Metric:1
          RX packets:216090378 errors:0 dropped:0 overruns:0 frame:0
          TX packets:59408153 errors:0 dropped:0 overruns:0 carrier:0
          collisions:0 txqueuelen:1000
          RX bytes:1941902433 (1.8 GiB)  TX bytes:4214152404 (3.9 GiB)
```

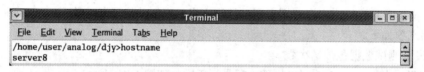

图 4-42　查看网络设置

其常用选项如下。

① -i：查询主机的 IP 地址。

② -y：查询 NIS 域名。

实例：

① 查询主机名称，如图 4-43 所示。

```
/home/user/analog/djy>hostname
server8
```

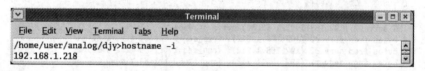

图 4-43　查询主机名称

② 查询主机 IP 地址，如图 4-44 所示。

```
/home/user/analog/djy>hostname -i
192.168.1.218
```

图 4-44　查询主机 IP 地址

相关命令 id（identity）用于查询用户及所属组的 ID、hostid 用于查询主机标识符，详细信息请使用帮助命令查询。

（4）ftp

功能：ftp 指 file transfer protocol，用于传输文件。

其常用选项如下。

-i：关闭交谈模式，不询问任何问题。

其常用子命令如下。

① ascii：将文件传送类型设置为 ASCII（传送文本文件）。

② binary：将文件传送类型设置为二进制。

③ cd：更改远程主机上的工作目录。

④ lcd：更改本地主机上的工作目录。

⑤ dir/ls：显示远程主机当前目录内容。

⑥ !ls/!dir：显示本地主机当前目录内容。

⑦ pwd：显示远程主机上的当前目录。

⑧ !pwd：显示本地主机上的当前目录。

⑨ get remote-file：将远程主机上的文件复制到本地。

⑩ mget remote-files：将远程主机上的文件复制到本地，一次复制多个文件。

⑪ put local-file：将本地主机上的文件放到远程主机。

⑫ mput local-files：将本地主机上的文件放到远程主机，一次传送多个文件。

⑬ !：从 ftp 子系统退出到 Shell。

⑭ bye/quit：退出 ftp 子系统。

⑮ disconnect：从远程计算机断开，保留 ftp 提示。

⑯ open：与指定的 ftp 服务器连接。

实例：将远程主机 192.168.1.228 上 ftp_try 目录下的文件 June 和 June_caesar 复制到本地，传输过程中询问用户，如图 4-45 所示。

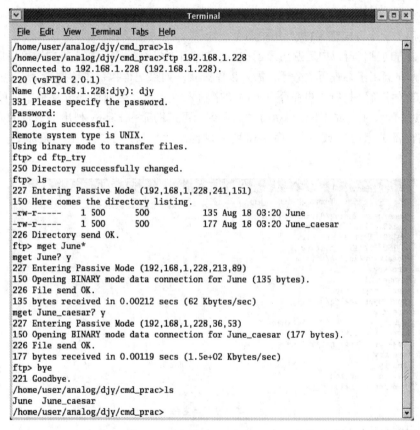

图 4-45　传输文件

（5）rsh

功能：rsh 是 remote shell 的缩写，用于登录远程主机。

实例：从本地远程登录 server2，如图 4-46 所示。

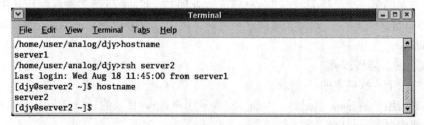

图 4-46　远程登录

相关命令 rlogin（remote login）和 telnet，详细信息请使用帮助命令查询。

4. 命令输入的几点技巧

本部分主要介绍在终端输入命令时的几点小技巧，以提高操作效率。

（1）使用 Tab 键完成命令自动补齐。

Linux 下的操作多数依靠命令，但命令名或者命令参数（文件名）可能较长，逐个字符输入就比较麻烦。如果已经输入的字符足以唯一确定一条命令或命令参数所对应的文件名，就可以借助 Tab 键自动补齐该命令。对于命令名，例如，要输入命令 ifconfig，只需输入"ifc"，再按 Tab 键即可；对于命令参数，例如，要通过命令 more 查看文件 final_noc_090830_change_INTB_ADDR.tcl 的内容，只需输入"more fin"，再按 Tab 键即可（此时假定以 fin 打头的文件只有 final_noc_090830_change_INTB_ADDR.tcl）。

（2）使用↑、↓方向键和!执行历史命令。

通过按↑方向键，可以向后遍历最近在该控制台下输入的命令；按↓方向键可以向前遍历。

↑、↓方向键用于翻查历史命令，需要依序查找。如果记得执行过哪些命令，也可以用"!命令名前面部分字符"执行历史命令（此时要求输入的"命令名前面部分字符"能唯一确定一条已经执行过的命令）；如果不记得执行过的命令，可借助命令 history 列出已执行的命令，再用"!命令名前面部分字符"或者"!命令序号"执行；"!!"用于执行上一条命令，如图 4-47 所示。

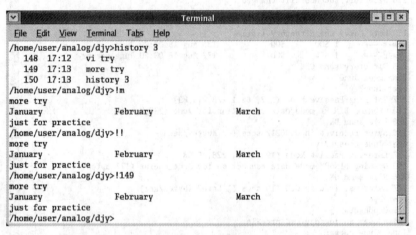

图 4-47 执行历史命令

（3）使用鼠标进行复制、粘贴。

首先按住鼠标左键选择要复制的内容，再按鼠标中键就可以把所选内容粘贴在光标所在位置。如果是带滚轮鼠标，则滚轮即中键；如果是两键鼠标，同时按左右键即可粘贴。

（4）处理名称特殊的文件。

如果文件名的第一个字符为"-"，对其进行处理时，Linux 将把文件名当作选项以致无法处理，此时可以使用"--"符号来解决这个问题。例如，使用命令"rm --- filename"可删除文件 - filename。

（5）快速进入某些目录。

cd -：进入上一次进入的目录。

cd ~：进入用户的 home 目录。~/sub_dir 表示用户 home 目录的子目录 sub_dir。

cd：返回用户 home 目录。

(6) 使用别名。

有些命令容易产生误操作，或者使用频率很高，可为其建立别名以减少误操作和提高效率。例如，对于删除命令，可建立别名 alias rm 'rm-i'，这样每次删除文件时系统都会询问用户；对于逻辑综合命令，可建立别名 alias da 'design_analyzer'，这样每次输入 da 即相当于输入 desing_analyzer，可提高效率。

4.2 vi 编辑器

vi（visual interface）是 Linux 默认的文本编辑程序，vim（vi improved）是 vi 的强化版。vi/vim 采用传统的命令行界面，以命令编辑文本常令初学者困惑，但其功能相当完善，一旦熟练，便觉妙趣横生、爱不释手。vi/vim 功能强大，命令繁多，感兴趣的读者请访问相关论坛。

vi 的模式（mode）或说编辑状态对于正确和高效使用 vi 编辑器很重要，通常可以分为如下几种。

(1) 正常（normal）模式：默认的编辑状态，如果不加特殊说明，本书提到的命令都直接在正常模式下输入。处于任何其他模式都可以通过键盘上的 Esc 键回到正常模式。

(2) 命令（command）模式：用于执行较长、较复杂的命令。在正常模式下输入"："（一般命令）、"/"（正向搜索）或"?"（反向搜索）即可进入该模式。命令模式下的命令需要按 Enter 键才开始执行。

(3) 插入（insert）模式：用于文本输入。在正常模式下输入"i"（insert）或"a"（append）即可进入插入模式。

(4) 可视（visual）模式：用于选定文本块。可以在正常模式下输入"v"（小写）来按字符选定，输入"V"（大写）来按行选定，或输入"Ctrl + v"来按方块选定。该模式 Linux 支持，而 Solaris 不支持。

模式间的切换：按 Esc 键由插入模式和可视模式退回正常模式；命令执行完毕即由命令模式返回正常模式。

当然，也有不少资料把 vi/vim 的模式分为 3 类：命令模式、插入模式和末行模式（最底行模式）。不过，不同的模式划分方法归根结底是相通的，意在帮助用户高效地进行文本编辑。

注意：在 vi 中输入命令或者进行文本编辑时，有些机器上可能不支持退格键（Backspace），那么可以尝试 Ctrl + h 组合键或者 Delete 键。

4.2.1 基本操作

下面分类讨论 vi 的基本操作。这里以一个后面将要讨论的文件——逻辑综合的 TCL 脚本 syn.tcl 为例进行说明。

1. 进入 vi

在终端命令提示符后面输入以下指令均可进入 vi 编辑器。

(1) vi：进入 vi 而不读入任何文件，当退出时则需要指定文件名。

(2) vi filename：进入 vi 并读入指定名称的文件，若该文件不存在，则创建以 filename 命名的文件。

(3) vi + n filename：进入 vi 并且由文件的第 n 行开始编辑。

(4) vi + filename：进入 vi 并且由文件的最后一行开始编辑。

(5) vi +/word filename：进入 vi 并且由文件的字符串 word 开始编辑。

(6) vi filename（s）：进入 vi 并且将各指定文件列入名单，第一个文件先读入。

2. 光标移动

在正常模式下输入如下字符、字符串或按如下键可完成需要的光标移动。

(1) h/←/Backspace 键：光标左移。

(2) l/→/Space 键：光标右移。

(3) k/↑/Ctrl + p 组合键：光标上移一行。

(4) j/↓/Ctrl + n 组合键/Enter 键：光标下移一行。

(5) w/W：光标右移至下一个字的字首。

(6) b/B：光标左移至上一个字的字首。

(7) e/E：光标右移至下一个字的字尾。

(8))：光标移至句尾。

(9) (：光标移至句首。

(10) }：光标移至段落开头。

(11) {：光标移至段落结尾。

(12) G：光标移至文件尾。

(13) gg：光标移至文件首行行首。

(14) nG：光标移至第 n 行行首。

(15) n +：光标下移 n 行。

(16) n -：光标上移 n 行。

(17) 0：光标移至当前行行首（是数字 0 不是字母 O）。

(18) $：光标移至当前行行尾。

(19) n $：光标下移 n 行并显示在该行行尾。

(20) H：光标移至屏幕顶行。

(21) M：光标移至屏幕中间行。

(22) L：光标移至屏幕底行。

(23) Ctrl + u 组合键：光标向文件首翻半屏。

(24) Ctrl + d 组合键：光标向文件尾翻半屏。

(25) Ctrl + b 组合键：光标向文件首翻屏。

(26) Ctrl + f 组合键：光标向文件尾翻屏。

对于 h、j、k、l，可以用"数字 n + h/j/k/l"分别向 4 个方向移动 n 个字符 n 行。

3. 文本插入

在正常模式下输入如下字符或字符串即可进入插入模式。

(1) i：在光标前插入文本。

(2) I：在当前行行首插入文本。

(3) a：在光标后插入文本。

(4) A：在当前行行尾插入文本。

(5) o：在当前行的下一行新开一行。

(6) O：在当前行的上一行新开一行。

(7) r：替换当前字符。
(8) R：从当前字符开始持续替换字符直至按 Esc 键。
(9) ~：改变当前字符的大小写。
(10) s：以输入文本替代当前字符直至按 Esc 键。
(11) S：删除光标所在行并从当前光标起输入文本。
(12) cw：删除光标所在字并从当前光标起输入文本。
(13) cc：删除光标所在行并从当前光标起输入文本（与 S 功能相同）。

对于 S、cw、cc，可在命令前辅以数字 n，以一次完成 n 个字/行操作。

4. 文本删除

在正常模式下输入如下字符或字符串即可进行相应的文本删除。
(1) x：删除光标处字符（nx：从当前光标处往后删除 n 个字符）。
(2) X：删除光标前字符（nX：从当前光标处往前删除 n 个字符）。
(3) dw：从当前光标处删至下个字开头（$n$dw：从当前光标处往后删除 n 个字）。
(4) dd：删除整行（$n$dd：从当前行开始往后删除 n 行）。
(5) db：删除光标前面的字（$n$db：从当前光标开始往前删除 n 个字）。
(6) d$/D：从当前光标处删至行尾。
(7) d0：从当前光标处删至行首（是数字 0 不是字母 O）。
(8) :m,nd：从第 m 行开始删除 n 行。
(9) xp：交换当前字符和其后一个字符。
(10) ddp：交换当前行和下一行。
(11) J：合并当前行和下一行。

5. 移动复制

在正常模式下输入如下字符或字符串即可进行相应的文本移动和复制。

(1) 使用 m 命令将指定范围的文本移动到指定位置，格式：

```
:起始行,结束行 m 目标行
```

如图 4-48 所示，拟将文件的第 35～38 行移动到第 42 行，可以输入命令：

```
:35,38m42
```

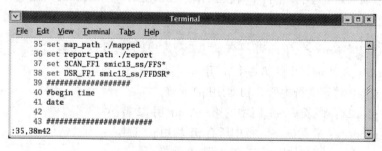

图 4-48 移动到第 42 行

(2) 使用 t 命令将指定范围的文本复制到指定位置，格式：

```
:起始行,结束行 t 目标行
```

如图 4-49 所示，拟将文件的第 366～368 行复制到最后一行，可以输入命令：

```
:366,368t$
```

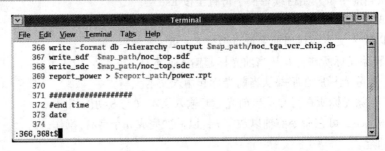

图 4-49　复制到最后一行

（3）y 与 Y 命令的使用。

① yw：从当前字符开始复制 1 个字符（nyw/ynw：从当前字符开始复制 n 个字符）。

② y$：从当前字符开始复制 1 行（ny$：从当前字符开始复制 n 行）。

③ Y：从当前字符开始复制 1 行。

④ y)：复制到下一句的开始。

⑤ y}：复制到下一段的开始。

⑥ yy：复制当前行。

⑦ p：在光标后粘贴复制的内容（删除的内容也可用 p 粘贴到合适位置）。

注意：可以将复制、删除、插入等部分命令与光标移动命令相结合，一次完成大量内容的相应操作。

6. 查找替换

（1）查找：在正常模式下输入 "/" 和 "?" 即可进入查找状态。

① /string：从光标处向文件尾查找 string。

② ?string：从光标处向文件首查找 string。

③ n：在同方向上重复上次查找命令。

④ N：在反方向上重复上次查找命令。

⑤ :set ic：查找过程中忽略大小写。（ic 即 ignore case。）

⑥ :set noic：查找过程中大小写敏感。

（2）替换：若要进行字符/字符串替换操作，可以使用 ":substitute" 命令（通常情况下使用其缩略形式 ":s"），该命令可以对指定范围的字符/字符串执行替换操作。其通用形式为

```
:[range]s/original_string/target_string/[flags]
```

① :s/p1/p2/：将当前行中的第一个 p1 用 p2 替换。

② :s/p1/p2/g：将当前行中所有 p1 均用 p2 替换。

③ :m,ns/p1/p2/：将第 m～n 行中的第一个 p1 用 p2 替换。

④ :m,ns/p1/p2/g：将第 m～n 行中所有 p1 均用 p2 替换。

⑤ :g/p1/s//p2/g：将文件中所有 p1 均用 p2 替换。

⑥ :%s/p1/p2/g：将文件中所有 p1 均用 p2 替换。

⑦ :1,$s/p1/p2/g：将文件中所有 p1 均用 p2 替换。

⑧ :m,ns/p1/p2/c：将第 m～n 行中的第一个 p1 用 p2 替换，替换前要求用户确认。

⑨ :m,ns/p1/p2/gc：将第 m～n 行中的所有 p1 用 p2 替换，替换前要求用户确认。

例如，将文件中第 10 行到第 20 行中的所有字符 9 用$替换，替换前要求用户确认，可以输入命令：

```
:10,20s/9/ $/gc。
```

按 Enter 键后窗口显示如图 4-50 所示。

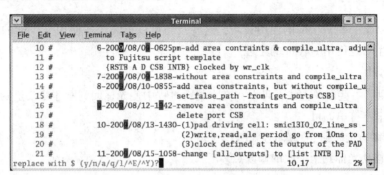

图 4-50　替换字符

针对系统的询问，用户有 y/n/a/q/l/^E/^Y 这 7 种回答，其含义分别如下。

y：可以替换。

n：不替换。

a：全部替换，不要再询问。

q：退出，剩下的内容不再处理。

l：把当前这个替换完成就退出。

^E：即 Ctrl + E，向文件尾滚屏一行（实际只需输入 Ctrl + e）。

^Y：即 Ctrl + Y，向文件首滚屏一行（实际只需输入 Ctrl + y）。

7. 保存与退出

在正常模式下输入如下命令可完成保存或退出。

(1) :w：保存。

(2) :w filename：另存为 filename。

(3) :wq：保存退出。

(4) :wq filename：以 filename 为文件名保存后退出。

(5) :q!：不保存退出。

8. 辅助操作

在正常模式下输入如下命令可进行相应的辅助操作。

(1) u：撤销修改或删除操作，可多次按 u 键以撤销多次操作。

(2) U：撤销对整行的操作。

(3) Ctrl + r：前向撤销（即对撤销的撤销）。

(4) Ctrl + g：在编辑窗口的底行显示文件名、总行数、光标位置等信息。

(5) :nohls：消除查找到的内容的高亮显示。

(6) :set number/:set nu：显示行号。

(7) :set nonumber/:set nonu：不显示行号。

(8) :set wrap：把超出当前窗口显示宽度的行的右边内容折到下一行显示。

(9) :set nowrap：把超出当前窗口显示宽度的行的右边内容留在窗口右边。

（10）:set cmdheight = n：在窗口最底部留下 n 行用于显示信息（n 为自然数）。
（11）:syntax enable：文件内容依照语法高亮显示。
（12）:syntax clear：暂时关闭语法高亮显示。

4.2.2 使用技巧

本小节总结了一些 vi/vim 的使用技巧，这些技巧可以提高经常使用 vi/vim 的工程人员的工作效率。熟能生巧是使用 vi/vim 的至理。

1. 光标移动

vi/vim 提供了一些简单方法，可以在文本编辑过程中使光标回到刚才修改过的位置。在正常模式下输入如下字符串即可。

（1）'.：移动光标到上一次的修改行。
（2）`.：移动光标到上一次的修改点。

2. 文本删除

当在某个位置对文本进行大幅删除时，在正常模式下输入如下字符串即可。

（1）daw：当光标位于单词的中间时删除整个单词（包括与下个单词间的空白字符）。
（2）diw：当光标位于单词的中间时删除整个单词（不包括与下个单词间的空白字符）。
（3）dG：删除当前行到文件结尾的内容。
（4）dgg：删除当前行到文件开头的内容。

3. 编辑多个文件

编辑多个文件通常分两种情况：一是正在编辑一个文件时编辑另一个文件；二是同时编辑多个文件。

（1）正在编辑一个文件时编辑另一个文件。

① :edit newfile：在当前编辑窗口编辑新文件 newfile（需要保存或放弃对原来文件的编辑）。
② :write：保存对原来文件的编辑。
③ :edit!newfile：放弃对原来文件的编辑并开始编辑新文件 newfile。

（2）同时编辑多个文件。

① vi syn.tcl syn1.tcl syn2.tcl：在启动 vi 时指定编辑多个文件（启动后只显示第一个文件）。
② :next：开始编辑下一个文件（需要保存或放弃对当前文件的编辑）。
③ :write：保存对当前文件的编辑。
④ :next!：放弃对当前文件的编辑并开始编辑下一个文件。
⑤ :wnext：保存对当前文件的编辑并开始编辑下一个文件（:write→:next）。
⑥ :args：查看同时编辑的文件名称及当前编辑的文件名称。如图 4-51 所示，该命令执行结果表示同时编辑的文件有 syn.tcl、syn1.tcl、syn2.tcl 这 3 个文件，当前正在编辑的文件由 [ ] 括起来。
⑦ :previous：回到前一个文件。
⑧ :wprevious：保存对当前文件的编辑并开始编辑前一个文件（:write→:previous）。
⑨ :last：对最后一个文件进行编辑。
⑩ :first：对第一个文件进行编辑。
⑪ :set autowrite：每当需要时由 vi 自动保存文件。

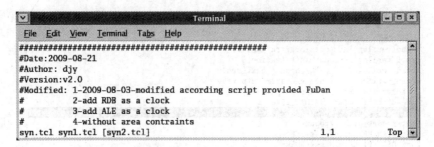

图 4-51 查看同时编辑的文件名称及当前编辑的文件名称

⑫ :set noautowrite：关闭自动保存选项。

4. 分割窗口

在文本编辑过程中有时需要同时查看一个文件的两个位置，或者同时显示两个文件，又或者同时显示多个文件，这时可以借助分割窗口功能来实现。

在正常模式下输入如下字符或字符串可完成窗口的分割。

（1）:split：上下分割当前窗口，并将当前文件分别显示到两个子窗口中，如图 4-52 所示。

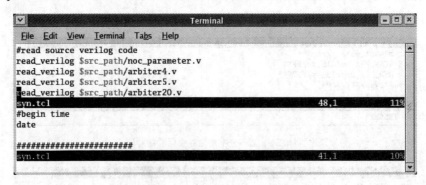

图 4-52 分割窗口分别显示当前文件

分割完成后光标停留在上面的子窗口中，每个子窗口的底部都有一个状态行显示文件的名称、光标位置等。整个窗口底部的空行用于输入编辑命令。

（2）:close：关闭当前子窗口。

（3）Ctrl + w：在不同的子窗口之间进行切换。

（4）:split syn1.tcl：上下分割当前窗口，并在新打开的子窗口中显示另一个文件（此处为 syn1.tcl），如图 4-53 所示。

（5）:new：上下分割当前窗口，并在新打开的子窗口中编辑一个空缓冲区，如图 4-54 所示。

（6）:vsplit：左右分割当前窗口，并将当前文件分别显示到两个子窗口中。

（7）:svplit syn1.tcl：左右分割当前窗口，并在新打开的子窗口中显示另一个文件。

（8）:vnew：左右分割当前窗口，并在新打开的子窗口中编辑一个空缓冲区，如图 4-55 所示。

由于可以上下、左右任意分割窗口，因此得到的窗口布局也会各式各样，有时需要在各个窗口间切换。

Ctrl + w + h：光标移动到左边子窗口。

Ctrl + w + j：光标移动到下面子窗口。

Ctrl + w + k：光标移动到上面子窗口。

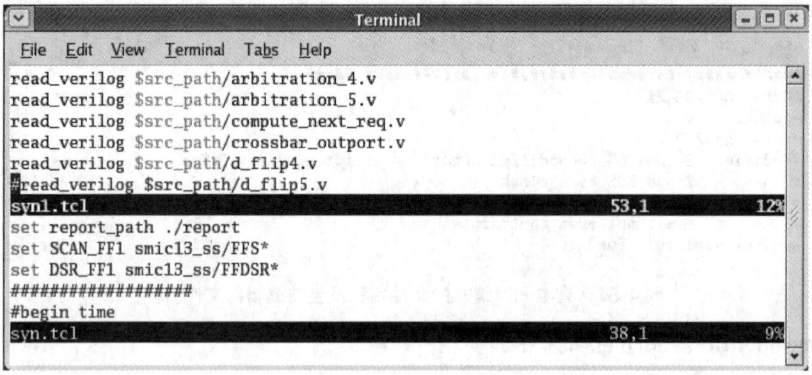

图 4-53　上下分割窗口并显示另一个文件

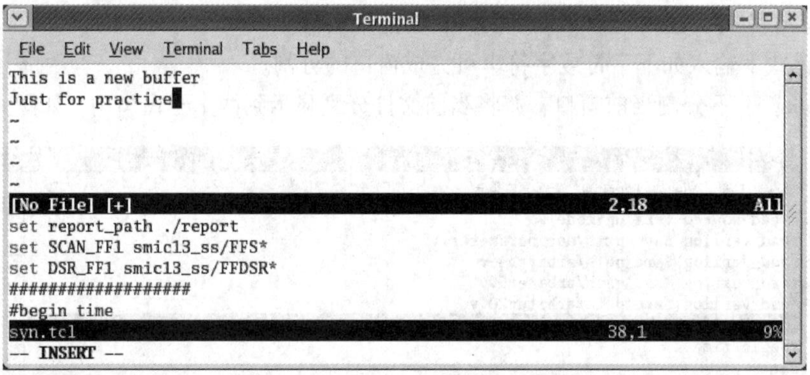

图 4-54　上下分割窗口并编辑空缓冲区

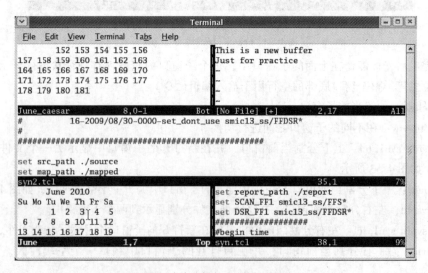

图 4-55　左右分割窗口并编辑空缓冲区

Ctrl + w + l：光标移动到右边子窗口。

Ctrl + w + t：光标移动到顶部子窗口。

Ctrl + w + b：光标移动到底部子窗口。

（9）:qall：关闭所有子窗口（需要保存或放弃对所有文件的编辑）。

(10) :wall:保存所有修改过的子窗口。
(11) :wqall:保存所有修改过的子窗口并退出。
(12) :qall!:强制退出所有子窗口(无论是否有文件被修改)。

5. 可视模式

光标移动命令可以帮助用户方便地定位文本,但如果要选定文本范围,光标移动命令就无能为力了,此时可以利用可视模式。前文曾提到:可以在正常模式下输入"v"(小写)来按字符选定,输入"V"(大写)来按行选定,或输入"Ctrl + v"来按方块选定。下面分别进行详细介绍。

(1) v:进入"按字符选定文本"模式,通过上下左右移动光标选择文本范围,如图 4-56 所示。

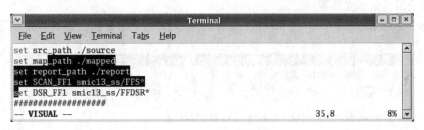

图 4-56 按字符选定文本

(2) V:进入"按行选定文本"模式,通过上下移动光标整行地选择文本范围,如图 4-57 所示。

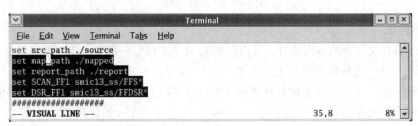

图 4-57 按行选定文本

(3) Ctrl + v:进入"按方块选定文本"模式,通过上下左右移动光标来按方块选择文本,如图 4-58 所示。

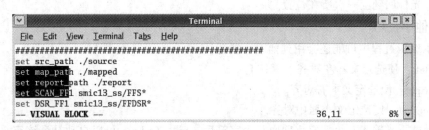

图 4-58 按方块选定文本

(4) 文本选定后,可用前述的编辑命令进行复制、删除、插入等操作,插入操作完成后可按两次 Esc 键或按一次 Esc 键然后等待一段时间完成插入操作。例如,要在第 34 ~ 36 行的行首都加上"hello//",可先用 Ctrl + v 来按方块选定区域,然后输入 I,继而输入"hello//",再按 Esc 键(两次或一次),即可完成,如图 4-59 所示。

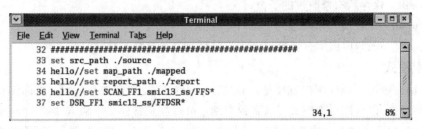

图 4-59　编辑操作

6. 使用 GUI

vim 运行在普通终端上。基于 GUI 的 Gvim 除了能做与 vim 一样的工作，还提供了菜单、工具栏、滚动条以及鼠标支持等功能。

使用命令 gvim filename/vim – g filename 即可进入 Gvim 的图形界面，如图 4-60 所示。

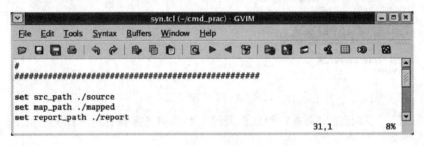

图 4-60　进入图形界面

7. 文本标记

为了便于查找文件中的特定位置，可以使用 m 命令来标记一行或一块文本。

（1）标记一行：光标移到该行上，输入 "mx"（x 是任意小写字母）即可。

（2）标记一块文本：先将光标移到该块文本的第一行上，输入 "mx"（x 是任意小写字母）；再将光标移到该块文本的最后一行上，输入 "my"（y 是不同于 x 的任意小写字母）。

（3）定位标记过的文本。

① 'x：光标回到 x 标记行。

② `x：光标回到 x 标记行的第一个非空格字符处。

③ "：光标回到上一次所在位置。

8. 其他小技巧

在文本编辑过程中可能还会用到如下小技巧。

（1）:left：使选定文本左对齐（默认）。

（2）:right：使选定文本右对齐。

（3）:center：使选定文本居中对齐。

正常模式下，输入某个字符串前面几个字符后，输入 Ctrl + p 可以自动补全该字符串（按光标前第一个匹配前缀补全）。

以上介绍了 vi/vim 的基本操作和部分使用技巧，读者还需在实践中继续探索。

习题 4

1. 如何区分 Linux 内核版本？版本 2.6.12 是稳定版还是开发版？
2. Linux 下如果文件名的第一个字符为"-"，若对其进行删除处理，应如何操作？
3. 在 Linux 下，将 Windows 系统的 D 盘挂载到/mnt/windows_d 的步骤是什么？
4. 在 Linux 下，如何指定系统 5 分钟后关机，同时向登录的用户送出警告信息？
5. vi 编辑器有哪些工作模式，如何相互切换？
6. 请列出 vi 编辑器的查找替换命令。
7. 为变量 a 赋值后，要想查看 a 的值，可以用命令"set a"或命令"puts $ a"。请问为什么 set 的参数可以直接用变量名，而 puts 的参数前要加$？
8. 编写 TCL 脚本文件实现输入年份自动生成 4 行 3 列的当年日历。

第 5 章

TCL 简介

TCL（Tool Command Language）是一种解释型的脚本语言，包含少量的语法规则和一个核心命令集合，支持变量、过程和控制结构。用 TCL 编写的程序可以在 Linux/UNIX、Windows 和 Apple Macintosh 等操作系统下运行，Linux/UNIX 默认安装了 TCL 命令解释器，可以直接使用 TCL。TCL 通常用于快速原型、脚本、图形用户界面（GUI）和测试任务等的编程。本节简单介绍 TCL 的基本命令、控制结构和编程，它们是后续编写 EDA 工具的脚本的基础。

5.1 TCL 基础

5.1.1 TCL 命令的基本语法

1. TCL 命令格式

一条 TCL 命令的基本语法为

```
command arg1 arg2 …
```

其中，命令（command）是内建命令或者是 TCL 的一个过程，命令和变元（arg）之间、变元和变元之间用空格分隔；用分号或换行来终止一条命令。一条 TCL 命令可以占一行，多条命令也可以在一行，这时命令之间用分号分隔。

例 5-1：用 TCL 命令把"Hello World"输出在显示设备上。

```
% puts "Hello World"; #在输出设备上显示 Hello World
% puts  {Hello World} ; #本条命令与上面一条结果一样
=>Hello World
```

说明如下。

（1）%是系统提示符。

（2）分号后的#引出的字符串表示注释。注意，当注释和命令在一行时，#前必须有分号，否则系统会给出错误提示。

（3）因为 TCL 语句中各命令参数（变元）是以空格来分隔的，所以字符串中如果有空格的话，一定要用双引号" "或者花括号{}将字符串括起来，否则 TCL 会认为字符串中的单词是参数而产生错误。

（4）在本书中，用 => 表示 TCL 命令执行的结果。

2. TCL 脚本文件和 source 命令

TCL 可以写成单条命令的形式来执行，也可以将完成任务的所有命令放在一个脚本文件里，用 source 命令运行。TCL 文件的扩展名是 .tcl。

语法：

```
source filename.tcl
```

例 5-2：一个简单的脚本文件。

```
#This is a simple example of .tcl file
puts " We will study basic usage of TCL";# 在显示设备上输出字符串
```

上面的命令可以存成一个简单的文件：sample.tcl。运行该文件的命令如下：

```
% source sample.tcl
```

3. 变量赋值与替换

（1）变量赋值与释放

在 TCL 中变量的类型只有字符串一种，变量使用前不需要声明，变量的赋值通过 set 命令实现。变量被赋值后，便占用了内存空间。与 set 命令作用相反，unset 命令用于取消变量定义，并释放变量所占的内存空间。

语法：

```
set Varname Value
Unset Varname
```

set 命令将一个值赋给一个变量，set 命令包含两个参数：第一个是变量名，第二个是值。变量名可以是任何长度、由任何字符组成，大小写敏感。

例 5-3：变量赋值。

```
%  set var 5
=> 5
%  set b $var
=>5
%  puts "b = $b"
=> b = 5
```

第一条命令是把 5 赋给变量 var，第二条命令用$进行了替换操作，引用 var 的值 5 赋值给 b。输出变量值时，注意要在变量前加$。

(2) 变量替换

① $替换：$可实现引用替换，用以引用参数值。TCL 的替换只进行一遍解释，不支持嵌套的$。

例 5-4：$替换。

```
% set amount 5
=> 5
% set b amount
=> amount
% set c $$b ;#只完成一次替换
=> $amount
```

② 方括号[ ]替换：替换的第二种形式是命令替换，一个嵌套命令用方括号[ ]界定，TCL 解释器提取[ ]中所有内容并计算。TCL 重写外层的命令，用嵌套命令的结果替换[ ]及其内容。TCL 支持任意层的命令嵌套。

例 5-5：方括号[ ]替换。

```
% set var foobar
% set len [string length $var] ; #变量 len 的值为 6
```

在例 5-5 中，[ ]内的 string length $var 是嵌套命令，TCL 首先进行$替换，引用 var 的值 foobar，然后 string length 计算字符串 foobar 的长度并返回。

例 5-6：嵌套命令。

```
% set x 7
% set len [expr [string length foobar] + $x];#expr 命令用于求一个数学表达式
的值,结果为 13
```

③ 反斜线\替换：通常用于引用对解释器具有特殊意义的字符。例如，用反斜线\引用$、[ ]、< >等。

例 5-7：反斜线\替换。

```
% set dollar \$foo ; #引用\后的字符串
=> $foo
% set x $dollar
=> $foo
```

当一条命令很长时，可以利用反斜线\将其写成多行。

```
% set totalLength [expr [string length $one] + \
                  [string length $two]]
```

上面的命令等价于

```
set totalLength [expr [string length $one] + [string length $two]]
```

如果没有反斜线 \，expr 命令在 + 之后会因换行而终止。在续行的时候，需要注意的是换行符一定要紧跟着 \，否则会出现错误。

例 5-8：不规范的续行。

```
% set a [list 1 2 3 4 \
5 6 7] ;#多了两个空格
=> invalid command name 5
% set a [list 1 2 3 4 \
5 6 7]
=> 1 2 3 4 5 6 7
```

4. 双引号 " " 和花括号 { }

双引号和花括号都可以界定一个字符串。两者的区别在于，双引号允许在字符串中进行$、[ ]和\替换，而花括号则阻止这些替换。花括号和双引号不允许嵌套。如果想在字符串中显示双引号和花括号，需要用\引用。

例 5-9：允许与禁止替换。

```
% set s Hello
% puts stdout "The length of $s is [string length $s]" ;#允许替换发生
=> The length of Hello is 5
% puts stdout {The length of $s is [string length $s]} ;#阻止替换发生
=> The length of $s is [string length $s]
```

在本例的第二条命令中，TCL 解释器对 puts 命令做了变量和命令的替换，而第三条命令则阻止了替换。

例 5-10：格式输出。

```
% set name book
% set value 10
% puts [format "Item: %s\t%5.3f" $name $value]
=> Item:    book    10.000
```

本例 puts 中的"Item：%s\t%5.3f" 是 format 命令的格式说明。格式通常包含一些特殊的字符，如 newline、Tab 和空格等，最简单的方法是用反斜线序列进行格式说明，例如，\n 表示 newline，\t 表示 Tab。由于必须在 format 命令调用前替换反斜线，因此应当使用双引号来形成格式说明符。这里的命令表示用 Tab 分隔 name 和 value，%s 和 %5.3f 用于说明 name 和 value 的格式。

如果命令参数仅仅由一个嵌套的命令组成，那么没有必要用双引号。

例 5-11：不必要的双引号。

```
% set x 8
% set y 9
% puts stdout "[expr $x + $y]";#双引号是多余的
=>17
% puts stdout [expr $x + $y];#与前一条命令结果相同
% puts stdout "$x + $y = [expr { $x + $y}]"
=>8 + 9 = 17
```

例 5-12：用\显示字符串中双引号。

```
% puts "\"(5-3)* 4\" is : [expr (5-3)* 4] "
=>"(5-3)* 4" is : 8
```

在本例中，为了显示双引号，""处增加了\，否则 TCL 解释器会报错。另外，expr (5 - 3) * 4 需要用[ ]替换，否则 TCL 解释器会把它当成一个字符串。

5.1.2 TCL 表达式和计算命令

1. TCL 表达式

一个 TCL 表达式由操作数、运算符和括号组成，操作数、运算符、括号之间可以用空格分隔。表达式的操作数默认是十进制数，也可以是八进制数（操作数第一个字符是0）或者十六进制数（操作数的前两个字符是0x）。操作数可以是整数也可以是浮点数。表达式的运算符包括算术与逻辑运算符，如表 5-1 所示。

表 5-1 算术与逻辑运算符

运算符	说 明
- + ~ !	一元减（取负）、一元加（取正）、位反、逻辑非
* / %	乘、除、取余（二元运算符）
+ -	加、减（二元运算符）
<< >>	左移、右移（二元运算符）
< <= > >=	布尔小于、小于或等于、大于、大于或等于
== !=	布尔等、不等
&	按位与
^	按位异或
|	按位或
&&	逻辑与
||	逻辑或
x $y:z	三元运算符：根据 x 的值（true or false）在 y 和 z 两个结果中选择

此外，TCL 还支持诸多函数，如表 5-2 所示。

表 5-2 TCL 支持的内建函数

函数	说明	函数	说明
abs(arg)	取绝对值	int(arg)	取整
acos(arg)	反余弦	log(arg)	自然对数
asin(arg)	反正弦	log10(arg)	以 10 为底的对数
atan(arg)	反正切	pow	幂运算
atan2	比值取反正切	rand()	取 0 到 1 的随机实数(无输入参数)
ceil(arg)	返回不小于 arg 值的整数		
cos(arg)	余弦	round(arg)	四舍五入取整数
cosh(arg)	双曲余弦	sin(arg)	正弦
double(arg)	转换双精度	sinh(arg)	双曲正弦
exp(arg)	exp 运算(e 的幂)	sqrt(arg)	求二次根
fmod	取余(结果为浮点数)	srand(arg)	以整数 arg 为随机数生成器的种子产生随机数
hypot(x,y)	根据直角三角形两直角边长度计算出斜边长度		

2. expr 命令

在 TCL 中可用 expr 命令分析和计算数学表达式。
语法：

```
expr arg ? arg …?
```

语法格式中两个问号?之间的参数是可以省略的。TCL 把 arg 级联在一起当成一个 TCL 表达式，计算后返回值。

例 5-13：expr 命令。

```
% set x 100
% set y 256
% set z [expr "$y + $x"]
=> 356
% set z_label "$y plus $x is :"
% puts {z_label [expr $y + $x]}
=> z_label [expr $y + $x]
% puts "{z_label [expr $y + $x]}"
=> {z_label 356}
```

例 5-14：内部数学表达式的使用。

```
% puts "pi = [expr 2* asin(1.0)]" ;# asin()是内建函数
=> 3.141592653589793
```

用 { } 将表达式括起来，不但使表达式意思更清楚，也使得 expr 命令的执行效率更高。

```
% set len [expr {[string length foobar] + $x}]
```

注意：以上代码中{}的作用是将表达式括起来，与命令 set len {[expr [string length foobar] +$x]}中的作用完全不一样。

3. incr 命令

incr 命令以指定的步长来增减变量的值。当步长为负时，变量的值减小；当步长为正时，变量的值增大。默认步长为 +1。

语法：

```
incr varName ? step?
```

例 5-15：incr 命令。

```
% set a 10
% incr a 2  ;#指定步长为2
=> a = 12
```

5.1.3 TCL 中的字符串操作

TCL 把所有的输入都当作字符串看待，提供了较强的字符串操作功能。本节介绍常用的字符串命令。

1. format 命令

按 formatstring 格式说明，使 arg1, arg2, ⋯, arg$n$ 形成一个新字符串并返回。

语法：

```
format formatstring arg1 arg2 ...argn
```

formatstring 格式说明包含位置指示、格式化旗标、字符长度、精度等部分。formatstring 由反斜线、字符和 %field 组成。%field 是字符串，以表 5-3 中的任意一个字符结束，这些字符说明了格式数据所对应的数据类型。

表 5-3　formatstring 格式说明所对应的数据类型

字　符	说　明
d	带正负号整数（signed integer）
u	无正负号整数（unsigned interger）
i	带正负号整数，表示为 hex（0x）或 octal（0）
o	无正负号的八进制数（unsigned octal）
x or X	无正负号的十六进制数（unsigned hexadecimal），x 表示输出小写字母
c	把数字表示为 ASCII 字符
s	字符串
f	浮点数，格式为 a.b
e or E	浮点数，格式为科学记数，a.bE+-c
g or G	浮点数，格式为%f 或%e，依实际长度取短的表示

由于格式说明中常会有空格,因此切记要使用双引号或花括号将格式说明括起来。

(1) 位置指示。位置指示的表示方法为 i\$,意思是直接取得第 i 个参数的值,参数的计数是从 1 开始的。

例 5-16:位置指示。

```
% format {% 2 $ s} one two three
=> two
% set str [format "% 3\$s % 1\$s % 2\$s" "are" "right" "You"]
=> you are right
```

因为在 TCL 中,$有特殊意义,上面的命令中花括号阻止了格式化字符串中$的变量替换作用,所以 i\$的功能正确。但如果上面命令中的花括号换成了"",就必须利用反斜线 \ 抑制$的变量替换:

```
% format "% 2 \$ s" one two three;
  => two
```

(2) 格式化旗标,如表 5-4 所示。

表 5-4 格式化旗标

字 符	说 明
-	左对齐
+	显示数值的正负号
0	以 0 补满
#	遇到 octal 时填入前缀 "0",遇到 hex 时填入前缀 "0x"

(3) 字符长度:说明字符串的字符数。
(4) 精度:说明一个浮点数总的位数和小数占的位数。

例 5-17:format 命令。

```
% set name Ford
% set age 15
% set msg [format "% s is % 5d years old" $ name $ age]
% puts msg
=> Ford is     15 years old
% format "% #05x" 20 ;#用十六进制表示 20,宽度 5 位,数字前填入 0x
=>0x014
```

2. string 命令

字符串是 TCL 中最重要的数据类型,所以 TCL 提供了大量的字符串操作命令。
语法:

```
string subcommand ? arg…?
```

字符串操作的第一个参数是 subcommand,由该参数确定字符串要进行的操作。
(1) 字符串子命令——长度、索引、范围。

① string length string：返回 string 包含的字符数。
② string index string charIndex：返回字符串中第 charIndex 个字符，字符的索引从 1 开始。
③ string range string first last：返回字符串中位置 first 到 last 的字符。

例 5-18：字符串子命令。

```
% string range "student" 3 6 ;#给出 student 字符串中位置 3~6 的字符
=> uden
% string length "student"
=>7
% string index "student" 5
=>e
```

(2) 字符串比较。
① 语法：

```
string compare string1 string2
```

比较 string1 和 string2，根据 string1 小于、等于或大于 string2，分别返回 -1、0 或 1。这个比较是按照字母顺序进行的。

② 语法：

```
string first string1 string2
string last string1 string2
```

这两条命令类似。前者返回 string1 第一次出现在 string2 中的位置，后者返回 string1 最后一次出现在 string2 中的位置。如果 string1 不出现在 string2 中，那么返回 -1。

③ 语法：

```
string wordend string charIndex
string wordstart string charIndex
```

这两个命令类似。wordend 是找出给定索引的字符所在单词的下一个单词的第一个字符的索引，wordstart 是找出给定索引的字符所在单词的第一个字符的索引。

④ 语法：

```
string match pattern string
```

如果模式 pattern 匹配 string，那么返回 1。默认规则是 glob，它是一种通配符技术，通配的字符如下。

*：匹配任意多字符。
?：匹配任何字符的一次出现。
[…]：匹配[]中任何字符的一次出现，用这种方式可以匹配一定范围的字符。例如，[a-z]将匹配任意的小写字母。
\x：使用 \ 来匹配 * 和 ? 字符。

例 5-19：字符串比较。

```
% string first "abc" "tabc";
=>1
% string wordend "This is a tcltk example" 12
=>15
```

"This is a tcltk example" 的第 12 个字符是 c，上面第二条命令返回字符 c 所在单词 tcltk 的下一个单词 example 第一个字符 e 的索引。

```
% string wordstart "This is a tcltk example" 13
=>10
```

"This is a tcltk example" 的第 13 个字符是 l，上面的命令返回字符 l 所在单词 tcltk 的第一个字符 t 的索引。

```
% string match f* foo
=>1
% string match f?? foo
=>1
% set pat {[ab]* x}
% string match $pat box ;# box 去匹配以 a 或 b 开始,中间是任意字符,最后字符是 x 的模式
=>1
% string match * \a "who a" ;#\a 是一个特殊的控制字符
=>0
% string match {* \a} "who a" ;#阻止替换
=>1
```

(3) 字符大小写转换。

① 语法：

string tolower string

② 语法：

string toupper string

这组命令是对 string 中的字符进行大小写转换。前者是将 string 中所有的字符变成小写，而后者是转换成大写。例如：

```
% string toupper "we are Student";
=> WE ARE STUDENT
```

(4) 字符裁剪。

① 语法：

string trim string trimchars

② 语法：

string trimleft string trimchars

③ 语法：

string trimright string trimchars

这 3 个命令实现的功能类似，都是去掉 trimchars，但是操作的位置不同。string trim 是将字符串中匹配 trimchars 的字符去掉，trimleft 只对字符串开头操作，trimright 只对字符串结尾操作。

例 5-20：字符串裁剪。

```
% string trim "we are students ? are we" "are we"
=> are students ?
% string trimleft "we are students ? are we" "we"
=> are students ? are we
% string trim "davidw" "dw"
=> avi
```

3. 正则表达式匹配命令

字符串的一个重要运算是字符串的模式匹配。模式本身是字符串，这个字符串也称为正则表达式 (regular expression)，它描述了待匹配子串的构成规则。例如，a*是一种模式，表示以 a 开始的任意长度任意字符的字符串。TCL 支持基于正则表达式的模式匹配机制，与 string match 命令相比，这种机制匹配复杂，功能强大。TCL 中有两条显示支持正则表达式的匹配命令，其他命令需包含 -regexp 以支持正则表达式。

(1) 正则表达式。

正则表达式规则如下。

^：匹配一个字符串的开始。

$：匹配一个字符串的结尾。

.：匹配任意一个单字符。

*：匹配任意多次*前的字符。

+：匹配任意多个字符，但是至少要有一次匹配+前的字符。

[…]：匹配字符集合中的任意字符。

[^…]：匹配任意不在^后所列的集合中的字符。

(…)：使字符集合形成一个组。

在正则表达式中，*符号匹配 0 个或者多个在*前的字符。例如，a*可以匹配 a、aaaa 或者空串。如果在*前的是一个字符集合（通常用[]表示字符集合），那么*将匹配这个集合中任意数量的任意字符。例如，[a-c]*可以匹配 aa、abc、aabcbc、afg 等任意字符、字符串或者空串。

+的规则与*相同，但是它要求至少有一个字符匹配。例如，[a-c]+匹配至少包含 a、b、c 一次的所有字符、字符串，不能是空串。

正则表达式提供了选择不在一个集合中的字符的方法，如果[后的第一个字符是^，那么匹配的就是不在这个集合中的字符。例如，[^0-5a-g]可以匹配不包含 0~5 或者 a~g 的任意字符、字符串，不包含空串。

例 5-21：([A-Za-z]+) +([a-z]+) +(is) 是一个正则表达式，这个表达式说明了一个字符串的构成规则。

① 第一个字符是任意一个大写字母，第二个字符是任意一个小写字母，这种规则至少出现一次。
② 空格至少出现一次。
③ a～z 的任意小写字母至少出现一次。
④ 空格至少出现一次。
⑤ 出现 is 字符串。

按照上面的规则，字符串 My classmate Li Ming is a good student 是可以匹配这个正则表达式的。

（2）regexp 命令。

语法：

> regexp switches? exp string? matchVar?? subMatch1 … subMatch$n$?

这个命令必选的两个参数是 exp 和 string，其余的参数可选。regexp 命令在 string 中搜索正则表达式 exp，判断字符串 string 是否与 exp 部分或者全部匹配，如果 string 中的子串和正则表达式匹配，则返回 1，否则返回 0。如果给出了参数 matchVar，那么将字符串中的子串复制到 matchVar 中。subMatch 自左向右依次存放了和正则表达式 exp 中圆括号语法（子模式）匹配的子串。

例 5-22：regexp 命令。

```
% set sample "Where there is a will, There is a way."
% set result [regexp {[a-z]+} $sample match]
% puts "Result: $result; match: $match"
 => Result:1; match: here
% set result [regexp {([A-Za-z]+) +([a-z]+)} $sample match sub1 sub2 ]
% puts "Result: $result Match: $match 1: $sub1 2: $sub2"
 => Result: 1 Match: Where there 1:Where 2: there
#sub1 和 sub2 中返回的是与用()括起来的规则([A-Za-z]+)和([a-z]+)相匹配的子串
regsub "way" $sample "lawsuit" sample2
puts "New: $sample2"
```

（3）regsub 命令：基于正则表达式完成字符串匹配和替换。

语法：

> regsub ? switches? exp string subSpec varName

在 string 中搜索匹配正则表达式 exp 的子串，用 subSpec 替换 string 中这些子串，并把结果复制到 varName 中。替换模式 subSpec 包含 & 和 \0 时，这些字符将被 string 中与 exp 匹配的子串替换，如果 \ 后面是数字 1～9，那么它们将被 string 中与 exp 中()内规则匹配的子串替换。

例5-23：regsub 命令。

```
% set sample "She is a student."
% regsub "student" $sample "teacher" sample2
% puts "New: $sample2"
 => She is a teacher.
```

例 5-24：subSpec 中包含 & 和 \。

```
% set sample "Where there is a will, There is a way. "
% set result [regexp {([a-z]+) ([a-z]+)} $sample match sub1 sub2]
% puts "Result: $result; Match: $match; 1: $sub1; 2: $sub2"
=> Result: 1 Match: Where there 1:Where 2: there
% regsub {([a-z]+) ([a-z]+)} $sample {"-&-lawsuit-\1--\2-"} sample2
% puts "New: $sample2"
=>New: W"-here there-lawsuit-here--there-" is a will, There is a way. "
```

在本例中，subSpec 中含有 & 和 \1 和 \2，& 用与 exp 匹配的结果 Where there 替换，而 \1 和 \2 分别用与([a-z]+)和([a-z]+)匹配的结果 here 和 there 替换。

5.2 TCL 中的数据结构

5.2.1 列表操作

列表（list）是 TCL 中的基本数据结构。列表是元素的有序结合，这里的元素泛指各类项，如字符、字符串、数字、列表等。列表在 TCL 脚本中使用的频率非常高，基本上每个脚本都会涉及列表的一些操作。TCL 中提供了很多对列表操作的命令。本小节介绍基本的列表命令，包括数据元素在列表中的插入、删除、取出以及计算列表元素的数目，替换列表中特定位置的元素等命令。

1. 创建列表

一个列表可以通过以下 3 种方式创建。

（1）把一个变量设置成一个元素的列表。

```
% set lst {{item 1} {item 2} {item 3}}
```

（2）用 split 命令创建。

```
% set lst [split "item 1.item 2.item 3" "."]   ;#元素分隔用的是"."
```

（3）用命令 list 创建。

```
%  set lst [list "item 1" "item 2" "item 3"]
```

例 5-25：创建列表。

```
% set lst [list "binary 1 " "octal 2" "decimal 3" "hexadecimal 4"]
% set lst {{binary 1} {octal 2} {decimal 3} {hexadecimal 4}}
% set lst [split "binary 1.octal 2.decimal 3.hexadecimal 4" "."]
=>{binary 1} {octal 2} {decimal 3} {hexadecimal 4}
```

本例中 3 条命令的运算结果是一样的。

2. list 命令与 split 命令

list 语法：

```
list ? arg1 arg2 …?
```

list 的所有变量都是可选的。它的作用就是使 arg1，arg2，…形成一个列表。

split 语法：

```
split string ? splitchars?
```

该命令将字符串分割成一个列表。可以指定 splitchars 作为字符串中元素之间的分隔符。默认的分隔符是空格。

例 5-26：split 命令。

```
% set list [split "a#b#c" "#"]
=> a b c
% split "1234567" "36"
=> 12 45 7
```

3. 访问列表元素

（1）索引命令 lindex。

语法：

```
lindex list index
```

该命令返回列表中第 index 个元素的内容。可以指定多个 index，以取出嵌套列表中某些项的内容。注意，列表的索引从 0 开始。

例 5-27：列表索引。

```
% set l1 [list "1" "2" "1 2 3"] ;#第三项以空格分隔其中各元素,TCL 认为该项是一个列表
% lindex $l1 2 2 ;#取出列表 l1 中第三项的第三个元素的内容
=> 3
```

（2）访问列表的所有元素

通常我们会把 list 与 foreach 结合运用，以便访问列表中的每个元素。例 5-28 中，foreach 循环 index 列出 list l1 的所有内容。

例 5-28：访问列表所有元素。

```
% set l1 [list binary octal decimal hexadecimal]
% foreach index $l1 {
        puts "$index"
}
=>binary
  octal
  decimal
  hexadecimal
```

(3) 访问列表部分元素。
语法：

```
lrange list fast last
```

该命令返回列表中索引 fast 至 last 的元素。如果 fast 的值小于 0，则按照 0 处理。如果 last 的值大于列表的表长，则按照表长处理。

例 5-29：lrange 命令。

```
% set lst [list binary octal decimal hexadecimal]
% set sublst [lrange $lst 2 3]
=> decimal hexadecimal
```

4. 列表元素的插入、修改、搜索

(1) 列表元素的插入。

① lappend 命令。
语法：

```
lappend  listVar ? arg1 arg2 … argn?
```

该命令在列表变量 listVar 之后追加元素 arg1,arg2,…,argn。注意，在这里 listVar 是一个列表变量，而不是一个列表。

例 5-30：向列表追加元素。

```
  % set lst [list binary octal decimal hexadecimal]
  % lappend lst unsigned signed ;#没有用 $lst,而是用列表变量 lst
=>binary octal decimal hexadecimal unsigned signed
```

② concat 命令。
语法：

```
concat ? arg1 arg2 … argn?
```

该命令将 arg1,…,argn 合并成一个列表。

例 5-31：合并多个列表。

```
% set list1 [list 1 maa]
% set list2 [list 2 cxlin]
% set list3 [list 3 ognoc]
% set listAll [concat $list1 $list2 $list3] ;#此处是列表,而不是列表变量
=>1 maa 2 cxlin 3 ognoc
% llength $listAll
=>6
```

③ linsert 命令。

语法：

linsert listName index arg1 ? arg2 … arg*n*?

该命令将参数 arg1（必选），arg2，…，arg*n*（可选）插入列表 listName 第 index 个元素之前。

例 5-32：列表元素的插入。

```
% set list {I love Rick}
=> I love Rick
% linsert $list 1 really
=> I really love Rick
```

(2) 列表元素的修改。
① 替换命令。
语法：

lreplace listName first last ? arg1 … arg*n*?

该命令用指定的参数 arg1，…，arg*n*（可选）替换列表 listName 中索引 first 到 last 的元素。lreplace 返回替换后的新列表。

例 5-33：列表元素的修改。

```
% set lst {i love rick}
% set list1 [lreplace $lst 1 1 feel very grateful for] ;#修改 love,同时插入元素
=> i feel very grateful for rick
% llength list1 ;#列表变长
=> 6
% set list2 [lreplace $lst 0 0] ;#删除了元素 i
% put $list2
=> love rick
% set list3 [lreplace $list1 0 3] ;#删除了 list1 中 4 个元素
=> for rick
```

② 设置命令。
语法：

lset listVar index ? index…? value

该命令使用 value 设定列表变量 listVar 中第 index 个元素的值。如果列表包含子列表，则用多个 index 进行设置。

例 5-34：修改列表元素。

```
% set l2 [list she is a student "she said it is true"]
% lset l2 4 3 isn't ;#修改列表 l2 中第 5 个元素中的第 4 项
=> she is a student "she said it isn't true"
```

(3) 列表元素的搜索。

语法：

```
lsearch ? options? list pattern
```

该命令返回与 pattern 匹配的第一个元素位置。如果没有相符的元素，返回 -1。

例 5-35：搜索命令。

```
% set list [list {Washington 1789} {Adams 1797} {Jefferson 1801} \
           {Madison 1809} {Monroe 1817} {Adams 1825} ]
% set x [lsearch $list Washington* ];
% set y [lsearch $list Madison* ];
% incr x; incr y -1;;# Set range to be not-inclusive
% set subsetlist [lrange $list $x $y]
% puts "The following presidents served between Washington and Madison"
% foreach item $subsetlist {
    puts "Starting in [lindex $item 1]: President [lindex $item 0] "
  }
=>Starting in 1797: President Adams
Starting in 1801: President Jefferson
```

5. 列表的排序

语法：

```
lsort ? option? list
```

列表排序，并返回排序后的列表，默认按照字母顺序升序排列。

5.2.2 数组操作

数组在 TCL 中举足轻重，许多数据结构都是以数组为基础设计而成的。TCL 数组元素以字符串作为索引。数组内部使用散列表（hash）来存储，其存取速度比列表快。

1. 创建数组

数组索引是由圆括号（）来指定的，每个数组元素的格式是"数组名（索引值）"。可以用多种形式创建数组并对数组中的元素赋值，下面介绍两种。

(1) 用 set 命令创建数组。

语法：

```
set arrName(index) value
```

例 5-36：用 set 命令创建数组。

```
% set price(apple) 10    ;#创建数组 price 第 1 个元素,索引为 apple,值为 10
% set price(orange) 12 ;#创建数组 price 第 2 个元素,索引为 orange,值为 12
% parray price ;#显示数组
=>price(apple) 10
  price(orange) 12
```

(2) 用 array 命令创建数组。

语法：

array set arrName { index1 value1 index2 value2 …}

这个命令在定义数组的同时可以定义其元素和元素值。需要注意元素索引 index$n$ 与元素值 value$n$ 要成对输入，否则会出错。用命令 array set arrName " " 可以定义一个空数组。

例 5-37：用 array 命令创建数组。

```
% array set array3 [list {1}   {LiPin   92}\
{2}   {HeKuan   89}\
{3}   {Jiayuan 85}\
{4}   {WuJun    82}]
% parray array1 ;#显示 array1 数组
=>array1(1)={LiPin   92}
  array1(2)={HeKuan   89}
  array1(3)={Jiayuan 85}
  array1(4)={WuJun    82}
```

2. 数组操作命令

(1) 输出数组内容。

语法：

parray arr

该命令输出 arr 的所有元素变量名和元素值。

(2) 输出数组大小。

语法：

array size arrayName

该命令返回数组 arrayName 中元素的个数。

(3) 判断数组是否存在。

语法：

array exist arrayName

该命令判断 arrayName 是否为一个数组，如果是，返回 1，否则返回 0。

(4) 获取数组元素索引。

语法：

array names arrayName

该命令返回 arrayName 中所有元素索引与模式 pattern 匹配的元素索引列表。模式 pattern 和模式 string match 的格式相同。如果 pattern 没有指定，则返回所有数组元素索引列表。

(5) 数组与列表转换。

语法：

```
array get arrayName
array set arrayName dataList
```

array get 命令提取元素索引、元素值对并将它们组织成一个列表。而 array set 命令则将一个列表（数据要成对）转换成一个数组。

例 5-38：数组命令。

```
% array set array1 [list {123} {Abigail Aardvark} \
             {234} {Bob Baboon} \
                {345} {Cathy Coyote} \
             {456} {Daniel Dog} ]
% puts "Array1 has [array size array1] entries \n"
=> Array1 has 4 entries
% puts "Array1 has the following entries: \n [array names array1] "
=> Array1 has the following entries :
123 234 345 456
%  puts "ID Number 123 belongs to $array1(123) \n"
=> ID Number 123 belongs to Abigail Aardvark
% array set a [list "123,BUPT" "BUPT" "234,NJU" "NJU" "456,NJUA" "NJUA"]
% array names a "*2*,*"
=>123,BUPT 234,NJU
```

（6）删除数组元素。
语法：

```
array unset arr ? pattern?
```

该命令删除符合 pattern 的数组元素，需指定 pattern。如果没有指定，则会删除整个数组。

例 5-39：删除数组。

```
%  array unset a "*2*,*"    ;#删除索引中包含2的所有元素
%  parray a
=> a(456,NJUA) = NJUA
```

3. 遍历整个数组

我们通常用 foreach 来遍历整个数组，下面通过例子说明。

例 5-40：遍历数组。

```
% set price(apple) 10
% set price(orange) 12
% array get price
% foreach {key value} [array get price] {
       puts "price($key) = $value" }
=>price(orange) =12
=>price(apple) =10
```

改为如下命令，执行结果不变。

```
% foreach key [array names price] {
        puts "price($key) = $price($key) "
}
```

5.3　TCL 中的控制结构

TCL 的控制命令与 C 语言类似，如 if、if…else、if…elseif、foreach、for、while 和 switch 等，它们根据不同的条件和参数选择不同的执行路径，极大地增强了程序的处理能力。

5.3.1　if 命令

语法：

```
if test1 body1 ? elseif test2 body2 elseif…? else bodyn?
```

TCL 把 test1 当作一个表达式求值，如果值为真，则把 body1 当作一个脚本执行并返回所得值，否则把 test2 当作一个表达式求值，如果值为真，则把 body2 当作一个脚本执行并返回所得值……注意，elseif 和 else 是可选项。

例 5-41：if 命令。

```
% set x 9
% if {$x > 0} {
        puts "x is greater than zero! "
    } else {
        puts "x is less than zero! "
    }
=> x is greater than zero
```

if 命令的使用需要注意以下几点。

（1）语法中用以界定脚本 body 的左花括号 { 一定要和 if、elseif、else 在同一行上。对 TCL 来讲，换行符就是命令结束符，如果在 if 表达式后直接换行，写成

```
if { test1 }
{
...
}
```

则这个 if 命令就会出错。TCL 解释器遇到换行符就认为命令结束，因此返回错误信息。但是在一个花括号内或者一个双引号内换行的时候，解释器不认为命令结束。所以例 5-41 中，只将执行脚本的第一个花括号（左括号）留在了 if 命令行和 else 命令行，然后另起一行书写执行脚本的

过程语句，右括号也被单独放到了一行上。

（2）可选项 elseif 或者 else 必须和 if 执行脚本后的 } 在同一行上。

（3）if、elseif、else 和 {或} 之间必须要有空格，否则程序会报错。

5.3.2 switch 命令

语法：

switch flags value pattern1 body1 pattern2 body2 …? default defaultBody?

switch 命令将一个给定的模式（pattern1）和其他模式（pattern2…）比较，执行符合匹配模式的脚本。只有第一个模式匹配的脚本被执行，其他被忽略。switch 命令中的 default 表示如果没有任何一个模式匹配，就执行 default 后的脚本。

switch 命令中的 flags 用于指定模式匹配方法。

-exact：使用精确模式匹配，只有两个模式完全相同，匹配才成功。

-glob：使用 glob 模式匹配（见 string match 的说明）。glob 模式是 switch 命令的默认值。

-regexp：使用正则表达式模式匹配。（参见 5.1.3 小节中 regexp 命令。）

-- ：代表 switch 命令的 flags 设定已结束，下一个字符串是 value 字符串。通常我们会在 value 字符串前加上这个符号。

例 5-42：在 switch 命令中用 {} 抑制替换。

```
% set x 5
% set y 5
% switch -glob -- $x {
    $y { puts "x = y" }
    [0-9] { puts "x = 5" }
    default { puts "x > 10" }
}
=> x = 5
```

在本例中，需要注意的是选项中 glob 与 -- 之间需要一个空格。

例 5-43：switch 命令。

```
% set x 5
% set y 5
% switch -glob -- $x \
    $y { puts "x = y" } \
    {[0-9]} { puts "x = 5" } \
    default { puts "x > 10" }
=> x = y
```

例 5-42 和例 5-43 的执行结果出现差别的原因是，前者在 value 后面加了一个花括号，而后者没有。花括号会抑制 TCL 对其中的内容进行替换处理，因此花括号中的内容不会被替换。所以，在例 5-42 的 switch 命令中，第一个模式$y 不会被替换，只有在 x 的值为$y 时，才会匹配成功。也因为没有替换处理，所以可以使用方括号直接写 [0-9] 作为模式。由于 x 的值为 5，符合 [0-9] 的模式，所以输出结果 x=5。

例 5-43 中，switch 命令没有使用花括号，TCL 对可能的替换进行替换（包括变量替换和命令替换），因此 $y 会被替换成 5。另外，在这种方式中，TCL 将方括号 [ ] 中的内容当作一条命令，因此，必须用花括号{ }将 [0-9] 括起来以抑制替换。由于 switch 命令在比对 x 的值时，发现与 y 变量替换后的值相同，因此输出结果 x=y。

如果相邻的两个或者多个 pattern-x 的执行脚本是一样的，则可以只写出最后的一个脚本，前面的脚本可以省略，并用 - 来替代，注意 - 和模式之间要有空格。

例 5-44：脚本省略。

```
% set char m
% switch -glob -- $char {
        [a-z] -
        [0-9] -
        [+] -
        [_] { puts "It can be appeared in a file name!"}
  }
```

5.3.3 循环命令

1. for 命令

语法：

```
for initial test expr final body
```

TCL 的 for 命令和 C 语言的 for 语句相似，需要 4 个参数：第一个参数 initial 设定循环的起始条件；第二个参数 test 进行条件测试；第三个参数 expr final 是每一次循环结束后需要执行的命令；第四个参数 body 是循环中的脚本。

例 5-45：for 命令。

```
% set y 0
% for {set x 1} {$x <=10} {incr x 1} {
    set y [expr $y + $x] }
    % puts $y
=>55
```

本例实现 1+2+…+10 的功能。

2. foreach 命令

语法：

```
foreach listVar list body
```

第一个参数 listVar 是一个变量，第二个参数 list 是一个表（有序集合），第三个参数 body 是脚本。每次取得 list 中的一个元素赋值给 listVar，并执行一次脚本。

例 5-46：foreach 命令实现 $1 + 2 + \cdots + 10$。

```
% set total 0
% set numList [list 1 2 3 4 5 6 7 8 9 10]
% foreach num $numList {
    set total [expr $total + $num]
}
puts stdout "total = $total"
 => total = 55
```

foreach 命令也可针对一个列表，设定多个 listVar 进行变量处理。

例 5-47：foreach 处理列表。

```
% set x {}
% foreach {i j} {a b c d e f} {
        lappend x $j $i }   ;#每次从列表中取出两个元素并追加到列表 x 中
% puts $x
  => b a d c f e
```

3. while 命令

语法：

```
while test body
```

while 命令有两个参数，test 是条件测试，body 是脚本。在条件测试的结果为真时，执行脚本。

例 5-48：while 循环。

```
% set a [list a b c d e f g h i j k]
% set b " " ;#设置一个空列表
% set i [expr [llength $a] -1] ;#取列表长度
% while { $i >=0 } {
  lappend b [lindex $a $i] ;#将列表 a 中索引为 i 的元素追加到列表 b 中
  set i [expr $i -1]
  }
 % puts $b
 => k j i h g f e d c b a
```

4. break 与 continue

语法：

```
break
continue
```

break 和 continue 用于循环结构中，break 用来中断循环，而 continue 使循环进行下一次重复（iteration）。

例 5-49：break 和 continue。

```
% for { set i 0 } { $i <10 } { incr i 2 } {
if { $i ==4} {
continue }
 puts "i = $i"
 if { $i > =6} {
  break }
}
=> i = 0
i = 2
i = 6
```

5.4 过程命令

1. 过程命令

语法：

```
proc procName argList body
```

TCL 中的过程与 C 语言中的子程序一样，是模块化的主要手段。当调用一个过程时，它就会变成一个 TCL 命令。proc 命令的第一个参数是过程的名称；第二个参数是过程的参数；第三个参数是过程中的脚本。除非用 return 命令表明过程有返回值，否则 TCL 会将程序最后一行命令的执行结果作为过程的返回值。

例 5-50：定义一个计算圆面积的过程。

```
% set PI [expr 2 * asin(1.0)]
% proc c_area {rad} {
     global PI
     return [expr $PI * $rad * $rad]
}
% c_area 3
=> 28.2743338823
```

上述代码中定义了一个全域变量 PI，使用 expr 及 TCL 内建的数学函数 asin() 计算圆周率 PI，过程 c_area 接收一个参数 rad 作为半径，并使用 PI 计算圆面积。

在过程中可以设置默认参数。在调用的时候，如果不显式给出参数的值，则使用默认参数；如果显式地给出了参数值，则用该参数值覆盖原有的参数。

例 5-51：过程默认参数。

```
% proc test { a {b 7} {str "Hello world"} } {
puts "$str"
return [expr $a * $b]
}
% test 10
=> Hello world
   70
% test {20} {8} {She is my classmate}
=> She is my classmate
   160
```

本例一共包含 3 个参数，其中参数 b 的默认值为 7，参数 str 的默认值为 Hello world，参数 a 没有默认值。

如果过程中参数列表的最后一个参数是 args，则过程可以接收可变数目的输入参数。当调用过程时，除了指定参数，其他参数都被 args 接收。如果参数列表中只有 args 一项，则 args 接收所有输入参数。

当使用 args 参数时，过程通常可以在内部将输入参数"名+值"的列表转换成数组，每个参数名就成了数组元素，对应的参数值成了对应数组元素的值，使得参数名和参数值一一对应。

例 5-52：过程中可变参数数目。

```
% proc test2 {args} {
array set inpara $args ;#定义一个数组,数组中的元素索引和值通过 args 输入
parray inpara
return [expr $inpara(0) * $inpara(1) ] ;#计算索引为 0 和索引为 1 的数组元素的乘积
}
% test2 0 8 1 2 3 9
=> inpara(0) = 8
   inpara(1) = 2
   inpara(2) = 9
   16
```

2. error 命令

error 命令报告错误信息并终止脚本执行。

语法：

```
error message_string ? info? error_code?
```

message_string 是错误信息字符串。info 变元用于初始化全局变量 errorInfo，如果没有提供 info，则 error 自身初始化 errorInfo。变元 code 指定了一个机器可读的错误信息，会被存储在全局变量 errorCode 中，默认为 NONE。

例 5-53：error 命令。

```
% proc Sys_Error {Var} {
  if ($Var==5) {
  error "This is configuration error" "Error Information…" 20
  puts $errofInfo    ;#系统退出过程,终止程序运行,本命令并不执行
  } else {
  puts "Error would happen in running" }
  }
% Sys_Error 5
=> This is configuration error
  % put $errorInfo
=> Error Information…
  Invoked from within
  "if ($Var==5) {
  error "This is configuration error" " Error Information…" 20
  puts $errofInfo    ;#系统退出过程,终止程序运行,本命令并不执行
  } else {
  puts "Error would happen in running" }
  }"
```

errorInfo 是一个全局变量，当执行 error 命令时，它将第二个参数的值写入 errorInfo，同时会将哪里出错的信息记录到 errorInfo 中。

```
% puts $errorCode    ;#显示错误代码
```

3. return 命令与 exit 命令

（1）return 命令

在一个过程中，可以使用 return 来返回调用。return 的位置可以根据各种条件和需要进行安排，而且一个过程可以包含多条 return 命令，但当遇到第一个可执行的 return 命令时就返回。

return 命令通常不带参数，或者仅仅返回一个参数。

语法：

```
return ? -code cd? ? -errorinfo info? ? -errorcode errc? str
```

str 是要显示的信息。-code 选项的值有 ok、error、return、break、continue，也可以是一个整数，默认为 ok。-errorcode 选项使 return 命令功能和 error 命令非常相似。此时 -errorcode 选项设置全局变量 errorCode，而 -errorinfo 选项为 errorInfo 提供辅助信息。

例 5-54：实现一个 n!，0<=n<=9。

```
% proc factorial {n} {
% if { $n<0 || $n>9} {
       return -code error -errorInfo"Re-input" -errorCode 30"Input error integer"
  } elseif { $n==0} {    ;#输入等于0,返回值为0
    return 0
  } else {
  % set y 1
  % for {set x 1} { $x <= $n} {incr x 1} {
     set y [expr $y * $x ] }
     return $y
  } }
% factorial 0
=>1
% factorial 10
=> Input error integer
% factorial 10
=>40320
```

(2) exit 命令

exit 命令用来终止脚本的执行并退出整个运行脚本的进程（退出 TCL Shell）。

语法：

```
exit ? returnCode?
```

returnCode 为退出时的状态，如果没有指定 returnCode 则返回 0。

习题 5

1. 写出下面程序执行的结果。

```
set fullpath "/usr/home/clif/TCL_STUFF/TCLTutor/Lsn.17"
set relativepath "CVS/Entries"
set directorypath "/usr/bin/"
set paths [list $fullpath $relativepath $directorypath]
foreach path $paths  {
  set first [string first "/" $path];
  set last [string last "/" $path];
  ;#报告路径是独立的还是相关的
  if { $first ! =0} {
    puts "$path is a relative path"
```

```
    } else {
      puts "$path is an absolute path"
    }
;#如果/不是$path的最后一个字符,报告最后一个词
;#否则删掉最后一个/,找到最接近的一个/
;#报告最后一个词
incr last;
if {$last != [string length $path]} {
    set name [string range $path $last end];
    puts "The file referenced in $path is $name"
    } else {
    incr last -2;
    set tmp [string range $path 0 $last];
    set last [string last "/" $tmp];
    incr last;
    set name [string range $tmp $last end]
    puts "The final directory in $path is $name"
    }
;#CVS是一个由CVS源代码控制系统产生的目录
if {[string match "*CVS*" $path]} {
    puts "$path is part of the source code control tree"
    }
;#和a比较,来决定第一个字母是大写还是小写
set comparison [string compare $name "a"]
if {$comparison >= 0} {
    puts "$name starts with a lowercase letter\n"
    } else {
    puts "$name starts with an uppercase letter\n"
    }
}
```

2. 用TCL实现一个万年历,可以任意输入年份,输出形式如下。

2023 年

		一月								二月								三月				
日	一	二	三	四	五	六		日	一	二	三	四	五	六		日	一	二	三	四	五	六
1	2	3	4	5	6	7					1	2	3	4					1	2	3	4
8	9	10	11	12	13	14		5	6	7	8	9	10	11		5	6	7	8	9	10	11
15	16	17	18	19	20	21		12	13	14	15	16	17	18		12	13	14	15	16	17	18
22	23	24	25	26	27	28		19	20	21	22	23	24	25		19	20	21	22	23	24	25
29	30	31						26	27	28						26	27	28	29	30	31	

		四月							五月						六月				
日	一	二	三	四	五	六	日	一	二	三	四	五	六	日	一	二	三	四	五	六
						1		1	2	3	4	5	6						1	2
2	3	4	5	6	7	8	7	8	9	10	11	12	13	3	4	5	6	7	8	9
9	10	11	12	13	14	15	14	15	16	17	18	19	20	10	11	12	13	14	15	16
16	17	18	19	20	21	22	21	22	23	24	25	26	27	17	18	19	20	21	22	23
23	24	25	26	27	28	29	28	29	30	31				24	25	26	27	28	29	30
30																				

		七月							八月						九月				
日	一	二	三	四	五	六	日	一	二	三	四	五	六	日	一	二	三	四	五	六
						1			1	2	3	4	5						1	2
2	3	4	5	6	7	8	6	7	8	9	10	11	12	3	4	5	6	7	8	9
9	10	11	12	13	14	15	13	14	15	16	17	18	19	10	11	12	13	14	15	16
16	17	18	19	20	21	22	20	21	22	23	24	25	26	17	18	19	20	21	22	23
23	24	25	26	27	28	29	27	28	29	30	31			24	25	26	27	28	29	30
30	31																			

		十月							十一月						十二月				
日	一	二	三	四	五	六	日	一	二	三	四	五	六	日	一	二	三	四	五	六
1	2	3	4	5	6	7				1	2	3	4						1	2
8	9	10	11	12	13	14	5	6	7	8	9	10	11	3	4	5	6	7	8	9
15	16	17	18	19	20	21	12	13	14	15	16	17	18	10	11	12	13	14	15	16
22	23	24	25	26	27	28	19	20	21	22	23	24	25	17	18	19	20	21	22	23
29	30	31					26	27	28	29	30			24	25	26	27	28	29	30
														31						

第6章

逻辑综合

本章介绍 Synopsys 公司的逻辑综合工具 Design Compiler 的基本使用方法以及结果分析,并基于该工具讨论与综合相关的基本概念、综合流程和逻辑推断。

6.1 逻辑综合简介

正如可以在多个层次上描述数字系统,综合也分为多个层次,通常分为 3 个层次:高层次综合、逻辑综合、版图综合。高层次综合是指从算法级的行为描述到寄存器传输级的结构描述的转化;逻辑综合是指将寄存器传输级的结构描述转化为逻辑级的结构描述,以及将逻辑级的结构描述转化为电路级的结构描述;版图综合则指将电路级的结构描述转化为版图级的物理描述。本章重点介绍逻辑综合相关内容。

逻辑综合上承 RTL 的电路设计,下启后端布局布线的物理设计,目标是基于某个特定的工艺库,将在 RTL 描述的电路转换成门级网表描述的电路。逻辑综合依靠 EDA 工具实现一种约束驱动、路径驱动和模板驱动的转换过程。约束驱动指 EDA 工具根据设计人员对电路提出的时序和面积等目标来综合电路,以保证综合后电路能满足目标要求;路径驱动指 EDA 工具采用静态时序分析方法计算设计中各条路径的时序;模板驱动指设计人员编写的 Verilog HDL/VHDL 代码能被 EDA 工具理解和接受。

6.1.1 DC 简介

Synopsys 公司出品的 DC(Design Compiler)是 ASIC 业界常用的综合工具,本小节将从几方面对 DC 进行介绍。

1. 用户界面

DC 的用户界面分为两类:图形用户界面(GUI)和命令行界面(CLI)。其中 GUI 又包括 Design Analyzer 和 Design Vision,分别通过命令 design_analyzer 和 design_vision 来启动;CLI 包括 DCSH 和 DC-TCL,其中 DCSH 是基于 Synopsys 自身语言的命令行界面,通过 dc_shell 命令来启动,而 DC-TCL 基于标准 TCL,通过 dc_shell-t 来启动。DC 的用户界面启动命令如图 6-1 所示。

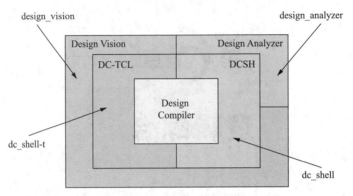

图 6-1 DC 的用户界面启动命令

初学者往往从 GUI 开始获取对综合工具的感性认识，继而慢慢掌握综合命令，逐渐习惯采用命令行界面，进而编写综合脚本以批处理方式提高工作效率。由于设计人员初始接触到的 GUI 可能是 Design Analyzer，也可能是 Design Vision，故本章对两种 GUI 都做介绍，并简单比较两者的区别；而对于命令行界面，鉴于 TCL 的通用性，本书只介绍 DC-TCL。

2. DC 对应的逻辑综合

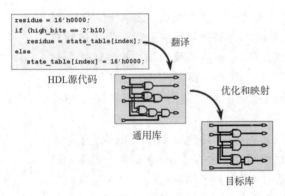

图 6-2 基于 DC 的逻辑综合

DC 提出的逻辑综合概念是，逻辑综合 = 翻译 + 优化 + 映射，如图 6-2 所示。翻译是指把 RTL 的电路描述转换成通用（Generic Technology，GTECH）库上的布尔逻辑；优化是指根据设计目标对电路进行结构优化、逻辑优化和门级优化，一般分为两个阶段；映射是指在目标库中选择合适的逻辑单元（包括组合逻辑和时序逻辑）产生符合设计目标的门级电路。优化和映射是同时进行的，没有执行步骤上的先后，因此综合是一个迭代过程。

3. 配置文件

DC 启动时需要一个配置文件来初始化工具的运行环境。该配置文件是隐藏文件，文件名为 ".synopsys_dc.setup"。该文件采用 TCL 格式，包含逻辑综合过程中需要的各种环境变量的配置信息。配置文件主要内容如图 6-3 所示。

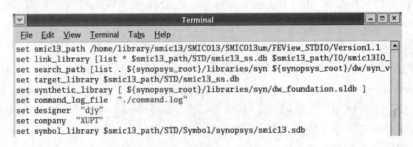

图 6-3 配置文件主要内容

其中重要的环境变量有 target_library、synthetic_library、link_library、symbol_library 和 search_path 等，简单说明如下。

① target_library：目标库，指设计人员希望 DC 推断出并最终映射到其上的逻辑单元对应的工艺库。目标库由 Foundry 厂商提供。

② synthetic_library：综合库，它包含一些经验证的、可综合的、独立于工艺的 IP 核，也称为 DesignWare。dw_foundation.sldb 是 Synopsys 提供的 DesignWare，它包含基本的算术运算逻辑、控制逻辑、可综合存储器等 IP 核，在综合时调用这些 IP 核有助于提高电路性能和减少运行时间。

③ link_library：链接库，用于说明网表的叶单元和子设计的参考，每个单元和设计应能在链接库中找到其参考以保证设计的完整性。一般情况下链接库包含目标库、PAD 工艺库、ROM/RAM 等宏单元库，以及 DC 读入内存的设计文件，同时该库还可以包含旧的工艺库以完成不同工艺之间的再映射。

④ symbol_library：符号库，即工艺库元件的符号表示，用于图形化显示综合的门级网表。若只使用命令行界面，该库可以不指定。

⑤ search_path：指定综合工具的搜索路径。

随着工具的启动，配置文件被自动加载，工具按照以下顺序搜索并装载配置文件：DC 安装目录（$DC_PATH/admin/setup）；用户主目录；工具启动目录。

对于同名的环境变量，后装载的配置文件将覆盖先装载的配置文件。由于用户不同，设计采用的工艺可能不同，建议在工作目录下保存配置文件。

(1) DC 的输入与输出

DC 读取设计的 RTL 代码，基于用户施加的各种约束，完成 RTL 电路到目标工艺库上门级网表的转换，其输入和输出如图 6-4 所示。

为了便于管理输入、输出文件，通常在工作目录下根据文件的内容建立图 6-5 所示的文件目录结构，对应存放相关文件。

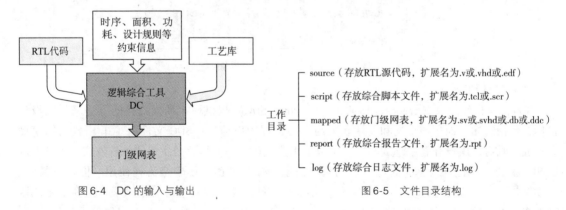

图 6-4 DC 的输入与输出　　　　　图 6-5 文件目录结构

(2) 设计对象

DC 中设计对象被分成以下 8 个类型。

① 设计（design）：指能完成一定逻辑功能的电路，可以是独立的，也可以包含其他子设计。

② 单元（cell）：设计中包含的子设计的实例，也称为 instance。

③ 参考（reference）：实例化单元对应的原始设计，也称为引用。单元是参考的实例。

④ 端口（port）：设计的基本输入、输出或双向的输入、输出。

⑤ 引脚（pin）：设计中单元的输入、输出，与端口不同。

⑥ 连线（net）：指连接端口与引脚、引脚与引脚的导线。

⑦ 时钟（clock）：作为时钟信号源的引脚或端口。

⑧ 库（library）：指直接与工艺相关的一组单元的集合，是生成门级网表的基本单元或设计中被实例化的单元。

图 6-6 和图 6-7 分别从电路和网表的角度描述了设计对象的分类。

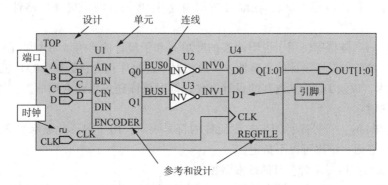

图 6-6　设计对象的分类（电路角度）

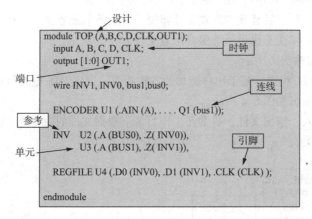

图 6-7　设计对象的分类（网表角度）

(3) 设计约束

Synopsys 设计约束（Synopsys Design Constraint，SDC）提供简单而又直接的方法来设定设计目标，包括时序、面积、功耗和设计规则约束等全部约束信息。SDC 文件由 TCL 格式的约束命令组成，既可以由设计者手动编写，也可以由工具生成，一般后者是主要的生成方式。工具生成的 SDC 文件详细记录了设计的每一条约束，信息完整、准确，便于全流程使用，但信息量大、可读性较差。一般通过 write_sdc 命令来导出 SDC 文件，使用 read_sdc 命令或 source 命令来读取 SDC 文件。常用 SDC 命令如表 6-1 所示，从表中可以看出 SDC 并不包括装载或链接设计的命令，因此施加约束前应先完成设计相关内容的读入。

表 6-1　常用 SDC 命令

约束类型	相关命令
工作条件	set_operating_conditions
线负载模型	set_wire_load_model
	set_wire_load_mode

续表

约束类型	相关命令
系统接口的驱动和扇出能力	set_drive
	set_driving_cell
	set_fanout_load
	set_input_transition
	set_load
	set_port_fanout_number
设计规则约束	set_max_capacitance
	set_max_fanout
	set_max_transition
	set_min_capacitance
时序约束	create_clock
	create_generated_clock
	set_clock_gating_check
	set_clock_latency
	set_clock_transition
	set_clock_uncertainty
	set_data_check
	set_disable_timing
	set_input_delay
	set_max_time_borrow
	set_output_delay
	set_propagated_clock
	set_resistance
	set_timing_derate
时序例外	set_false_path
	set_max_delay
	set_min_delay
	set_multicycle_path
面积约束	set_max_area
功耗约束	set_max_dynamic_power
	set_max_leakage_power

6.1.2 时序分析相关概念

某种程度上讲时序收敛是逻辑综合最重要的目标，施加时序相关约束是综合过程的重要步骤。DC 具有内嵌的静态时序分析引擎，称为 DesignTime，可基于时序约束完成设计的优化和映射。为了后续时序约束的设置更符合实际，这里首先介绍一些与时序约束相关的概念。

（1）建立时间：指寄存器的时钟信号有效沿到来之前数据必须稳定的最小时间，即图 6-8 中的 t_s（此处有效沿为上升沿）。

图 6-8　寄存器的建立时间和保持时间

（2）保持时间：指寄存器的时钟信号有效沿到来之后数据必须稳定的最小时间，即图 6-8 中的 t_h（此处有效沿为下降沿）。

（3）时钟到输出的时间：指从时钟触发开始到寄存器输出端获得有效稳定数据所经历的时间，也称为寄存器的传播延时（或污染延时），即图 6-9 中的 t_{co}。

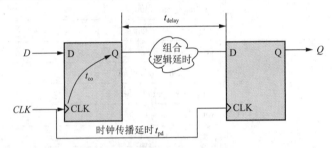

图 6-9　电路的时序分析（示意）

结合图 6-8 和图 6-9，对上面三个概念进行简单分析，假定时钟周期为 T，则 $T = t_s + t_h$；再假定寄存器固有的建立时间为 t_s，寄存器固有的保持时间为 t_h，现在根据是否考虑时钟传播延时 t_{pd} 分以下两种情况讨论。

① 如果 t_{pd} 为 0，那么留给第二级寄存器的建立时间为 $T - t_{co} - t_{delay}$，只要 $T - t_{co} - t_{delay,max} > t_s$，则满足建立时间要求；留给第二级寄存器的保持时间为 $T - (T - t_{co} - t_{delay})$，即 $t_{co} + t_{delay}$，只要 $t_{co} + t_{delay,min} > t_h$，则满足保持时间要求。

② 如果 t_{pd} 大于 0，那么留给第二级寄存器的建立时间就变为 $T - t_{co} - t_{delay} + t_{pd}$，这时如果 $T - t_{co} - t_{delay,max} + t_{pd} > t_s$，则满足建立时间要求；留给第二级寄存器的保持时间则变为 $T - (T - t_{co} - t_{delay} + t_{pd})$，即 $t_{co} + t_{delay} - t_{pd}$，只要 $t_{co} + t_{delay,min} - t_{pd} > t_h$，则满足保持时间要求。

DC 在综合过程中以最大化建立时间为重点，如果建立时间不满足要求，只能重新迭代，以违规路径为优化目标重新综合；如果保持时间不满足要求，多倾向于推迟到布图后再进行修正。DC 针对最坏情况下的关键时序路径进行优化。采用所谓最小最大算法，即对于数据路径取最大延时而时钟路径取最小延时，不违反建立时间约束；对于数据路径取最小延时而时钟路径取最大延时，不违反保持时间约束。这也是上面分析中下标 max、min 设置的依据，同时也是 DC 的一种综合策略。

关于时序约束的施加方法、时间违规的修正方法，稍后讨论。

（4）时序路径（timing path）：指信号传播经过的逻辑通路。前面也提到 DC 的时序分析是基于路径的。DC 的时序分析引擎 DesignTime 将设计划分成一系列的信号通路。路径的起点有两类，即基本输入端和寄存器的时钟端；终点也有两类，即基本输出端和寄存器的数据端。这样搭配起来就有 4 种时序路径，如图 6-10 所示，分别为：

PATH1 从输入端到寄存器（IN→register1）；

PATH2 从输入端到输出端（IN→OUT）；
PATH3 从寄存器到寄存器（register1→register2）；
PATH4 从寄存器到输出端（register2→OUT）。

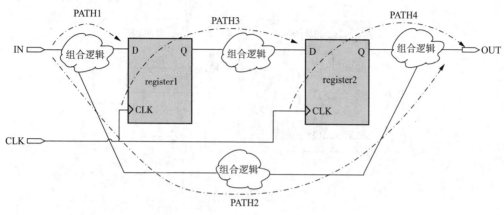

图 6-10　DC 中的时序路径

（5）时序弧（timing arc）：指路径延时的最小组成部分。时序弧分为组合逻辑时序弧和时序逻辑时序弧两种类型：组合逻辑时序弧，用于计算时序传播的物理延迟；时序逻辑时序弧，用于进行基于规则的设计优化。DesignTime 将每条时序路径划分成一条条被称为时序弧（有些资料也称之为延时段）的连线，通过计算连线延时或单元延时来获得总的路径延时，如图 6-11 所示。

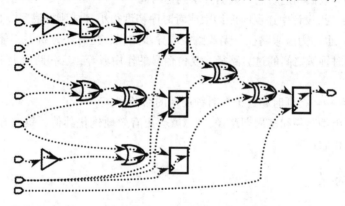

图 6-11　时序路径中的时序弧

（6）输入延时：用于定义从外部寄存器到待综合模块输入端的时序约束，指信号相对于时钟有效沿晚到的时间，即输入信号在时钟有效沿之后多长时间才保持稳定或者说数据有效。图 6-12 中，输入延时即 $T_{\text{CLK-Q}} + T_{\text{M}}$。

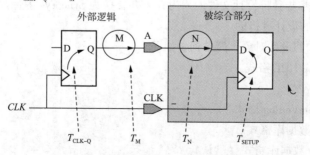

图 6-12　输入延时

（7）输出延时：用于定义从输出端到外部寄存器的时序约束，指信号相对于时钟有效沿早到的时间，即输出信号在时钟有效沿之前多长时间开始保持稳定或者说数据有效。图 6-13 中，输出延时即 $T_\mathrm{T} + T_\mathrm{SETUP}$。

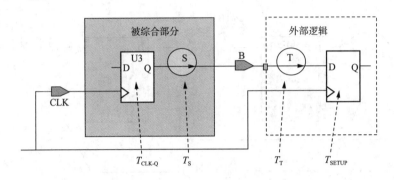

图 6-13 输出延时

（8）时序裕度：指基于设计目标的路径时序要求与实际路径延时之间的差值。该值的正负反映了时序的收敛与否：为正表示时序收敛；为负表示时序违规。需要注意的是，对于建立时间和保持时间的时序检查，时序裕度的计算方式是不同的：

建立时序裕度 = 数据要求到达时间 − 数据到达时间；

保持时序裕度 = 数据到达时间 − 数据要求到达时间。

（9）关键路径：指设计中违反时序约束或者时序裕度很小（或刚好满足）的路径。

（10）伪路径：也称为虚假路径、无效路径或异步路径，指时序分析器不能对其进行正确分析的路径，如不同时钟域之间的过渡路径、复位信号的作用域等，这些路径上出现的时序违规实际上是假违规。

（11）多周期路径：指延时超过 1 个时钟周期的路径。

综合时明确指出伪路径和多周期路径，DC 就会更有效地优化其他关键路径，而不是花费大量时间和性能去优化假违规。

6.1.3 综合流程

图 6-14 所示是逻辑综合的基本流程，图中仅给出了逻辑综合的基本步骤。下面对综合过程进行简要描述，相关细节在本章后续各节进行说明。

（1）启动工具。本步骤主要完成工具运行所需要的各种环境变量配置，然后即可调用相应的 GUI 或 CLI 的启动命令。

（2）读入设计。本步骤将设计文件读入内存，并转换为 Synopsys 内部数据库格式。DC 的综合优化都是对内存中的设计进行的。

DC 支持多种格式的设计对象，简单列举如下。

① verilog：Verilog HDL 格式。

② vhdl：VHDL 格式。

③ sverilog：SystemVerilog 格式。

④ db：Synopsys 数据库格式。

⑤ ddc：Synopsys 数据库格式（默认）。

⑥ equation：Synopsys 等式格式。
⑦ st：Synopsys 状态表格式。
⑧ pla：Berkeley PLA 格式。
⑨ edif：电子设计交换格式（Electronic Design Interchange Format，EDIF）。
⑩ xnf：Xilinx 网表格式（Xilinx Netlist Format，XNF）。

（3）初始检查。本步骤由命令 check_design 完成，用于发现设计中的小问题，如未连接、多重连接、多次实例化等。

（4）设置设计环境。本步骤完成设计环境的配置，包括工作条件、I/O 端口属性、线负载模型。

（5）设置目标约束。本步骤完成设计目标的约束，包括时序约束、面积约束等。时序约束可比实际需要适度过紧，大约过紧 10%，从而减少布图过程的迭代次数。

（6）编译优化。本步骤由工具根据设计目标完成 RTL 代码到门级网表的优化映射，可以通过采用编译技巧、修改 HDL 代码，甚至调整电路结构等策略来保证最终结果满足要求。

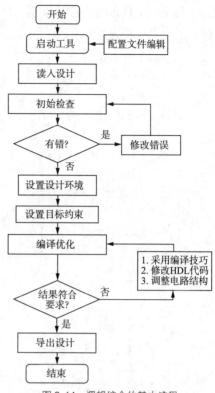

图 6-14 逻辑综合的基本流程

（7）导出设计。本步骤完成综合后设计相关文件的导出，包括设计的门级网表（Verilog HDL 格式/DB 格式等）、标准延时文件（用于门级仿真）、时序/面积等综合报告、设计约束文件等。

6.2 逻辑推断

逻辑综合是在 EDA 工具辅助下完成电路从 RTL 代码到门级网表的转换。那么什么样的 RTL 代码能让工具推断出符合设计者意图的门级电路？推断过程又受哪些因素影响？本节简要介绍与之相关的工艺库、层次划分与编码风格、编译指令等。

专用集成电路（Application Specific Integrated Circuit，ASIC）由于开发周期短、成本低、可靠性高等优点，得到了很快的发展。性能优良的单元库是连接 ASIC 用户和工艺线的桥梁，没有良好的单元库就不可能进行高水平 ASIC 的设计。Synopsys 工艺库格式已经成了事实上的库标准，这是因为几乎所有的布局布线工具都提供了 Synopsys 库的直接转换，绝大部分 Synopsys 库的时序模型和布局布线的时序模型之间存在着一对一的映射关系。对库格式以及延时计算方法的基本理解是成功综合的关键。设计者并不关心工艺库的全部细节，通常只需知道库中包含的各种单元以及单元的多种驱动强度即可。不过为了成功地优化设计，设计者有必要了解 DC 采用的延时计算方法、线负载模型及单元描述等。因此，这里从应用的角度对 Synopsys 工艺库进行简单介绍。

Synopsys 工艺库包括逻辑库和物理库，这里仅讨论与综合相关的逻辑库。逻辑库是扩展名为 .lib 的文本文件，通过 Synopsys 的 Library Compiler 可以生成扩展名为 .db 的二进制文件，其内容包括单元面积、引脚时序、引脚类型、功耗、负载大小、驱动能力等与 DC 工作相关的各类信

息。下面是一个具体的工艺库实例:

```
library ( smic13_ss ) {      //(1)工艺库声明
    delay_model                : table_lookup ;
    in_place_swap_mode         : match_footprint ;
    time_unit                  : "1ns" ;
    voltage_unit               : "1V" ;
    current_unit               : "1uA" ;
    pulling_resistance_unit    : "1kohm" ;
    leakage_power_unit         : "1nW" ;
    capacitive_load_unit       (1,pf) ;
......
    output_threshold_pct_rise  : 50.00 ;
    output_threshold_pct_fall  : 50.00 ;
    nom_process                : 1 ;
    nom_voltage                : 1.08 ;
    nom_temperature            : 125 ;
    k_temp_hold_fall           : -0.000117 ;   //(2)K系数定义
    k_temp_hold_rise           : 0.000224 ;
......
    k_volt_cell_fall           : -1.134170 ;
    k_volt_cell_rise           : -1.508669 ;
    k_temp_fall_propagation    : -0.000117 ;
    k_temp_rise_propagation    : 0.000224 ;
......
    output_voltage ( cmos ) {
        vol   : 0.3 * VDD ;
        voh   : 0.7 * VDD ;
        vomin : -0.5 ;
        vomax : VDD + 0.5 ;
    }
......
    }
    input_voltage ( cmos ) {
        vil   : 0.3 * VDD ;
        vih   : 0.7 * VDD ;
        vimin : -0.5 ;
        vimax : VDD + 0.5 ;
    }
    wire_load ( "area_zero" ) {   //(3)线负载模型定义
        resistance   : 0.00034 ;
        capacitance  : 0.00022 ;
```

```
            area            : 0.00000 ;
            slope           : 19.0476 ;
            fanout_length ( 1,0 ) ;
            fanout_length ( 2,0.0 ) ;
            ……
            fanout_length ( 20,0.0 ) ;
    }
    wire_load ( "reference_area_20000" ) {
        resistance      : 0.00034 ;
        capacitance     : 0.00022 ;
        area            : 0.00000 ;
        slope           : 19.0476 ;
        fanout_length ( 1,16.6667 ) ;
        ……
        fanout_length ( 20,570.476 ) ;
    }
    wire_load ( "reference_area_100000" ) {
            ……
    }
……
    wire_load_selection ( progressive ) {
        wire_load_from_area ( 0,20000,"reference_area_20000" ) ;
        wire_load_from_area ( 20000,100000,"reference_area_100000" ) ;
        ……
    }
    operating_conditions ( WORST ) {   //(4)工作条件定义
        process        : 1 ;
        voltage        : 1.08 ;
        temperature    : 125 ;
    }
    lu_table_template ( delay_template_6x6 ) {   //(5)查找表延迟模型
        variable_1 : total_output_net_capacitance ;
        variable_2 : input_net_transition ;
        index_1     ( "1000.0, 1001.0, 1002.0, 1003.0, 1004.0, 1005.0" ) ;
        index_2     ( "1000.0, 1001.0, 1002.0, 1003.0, 1004.0, 1005.0" ) ;
    }
    ……
    power_lut_template ( energy_template_6x6 ) {
        variable_1 : total_output_net_capacitance ;
```

```
            variable_2 : input_transition_time ;
            index_1      ( "1000.0, 1001.0, 1002.0, 1003.0, 1004.0, 1005.0" ) ;
            index_2      ( "1000.0, 1001.0, 1002.0, 1003.0, 1004.0, 1005.0" ) ;
    }
    ……
    default_wire_load_mode        : segmented ;
default_operating_conditions  : WORST ;
……
cell ( NAND2HD2X ) {   //(6)单元定义
        area                    : 10.590 ;
        cell_leakage_power      : 4.07263 ;
        cell_footprint          : nand2 ;
        pin ( A ) {
            direction           : input ;
            capacitance         : 0.00864147 ;
        }
        pin ( B ) {
            direction           : input ;
            capacitance         : 0.00821451 ;
        }
        pin ( Z ) {
            direction           : output ;
            capacitance         : 0 ;
            max_capacitance     : 0.498878 ;
            function            : "(! (A B))" ;
            timing ( ) {
                related_pin     : "A" ;
                timing_sense    : negative_unate ;
                cell_rise ( delay_template_6x6 ) {
                    index_1 ( "0.0001, 0.04, 0.2, 0.4, 0.6, 1.2" ) ;
                    index_2 ( "0.04634, 0.134151, 0.603868, 1.2314, 1.7856, 3.59083" ) ;
                    values ( \
                        "0.04072, 0.057897, 0.114467, 0.160381, 0.218387, 0.321337", \
                        "0.126319, 0.150358, 0.289694, 0.377043, 0.461794, 0.637676", \
                        "0.453736, 0.476514, 0.653916, 0.838211, 0.986689, 1.33867", \
                        "0.860502, 0.884955, 1.05689, 1.27569, 1.46438, 1.93768", \
                        "1.26561, 1.28964, 1.46306, 1.68531, 1.88884, 2.43973", \
                        "2.48638, 2.51068, 2.68196, 2.90276, 3.11688, 3.75677") ;
                }
    ……
```

```
        default_wire_load                  : area_zero ;
        default_wire_load_selection        : progressive ;
}
```

1. 工艺库声明

库声明部分中关键字 library 后（）内指定了工艺库的名称，本书采用的工艺库为 smic13_ss，之后的 {} 内是工艺库的详细定义。{} 内的第一部分定义了库的基本属性，如延迟模型、在位替换模式、时间/电压/电流/电容/漏电功耗/上拉电阻等的单位，以及版本、日期等信息。

2. K 系数定义

K 系数以 "k_" 开头，也称缩放因子，提供了基于 PVT（Process Voltage Temperature，工艺、电压、温度）的偏差计算延时的修正方法。考虑了 K 系数，总延时表达式中的各参数 P 就表示为

$$P_{\text{scaled}} = P(1 + \Delta_{\text{process}} \times K_{\text{process}})(1 + \Delta_{\text{temp}} \times K_{\text{temp}})(1 + \Delta_{\text{voltage}} \times K_{\text{voltage}})$$

其中，$\Delta_{\text{process}} = \text{process} - \text{nom\_process}$；$\Delta_{\text{temp}} = \text{temperature} - \text{nom\_temperature}$；$\Delta_{\text{voltage}} = \text{voltage} - \text{nom\_voltage}$。

3. 线负载模型定义

线负载模型 wire_load 用于在设计的布图前阶段估计连线延时，包含连线长度和扇出对连线电阻、电容和面积的影响等信息。库实例中的 resistance、capacitance、area 分别代表了单位长度连线的电阻、电容和面积；fanout_length 指定了与扇出数目相关的连线长度；对于超出 fanout_length 指定的连线，则根据斜率 slope 通过对已有的 fanout_length 进行插值确定其长度。

如库实例所示，工艺库中通常有针对不同设计规模的线负载模型，即线负载模型依估计的晶粒的大小确定，如 area_zero、reference_area_20000、reference_area_100000 等，默认情况下 DC 会根据设计规模选择稍微"悲观"的线负载模型，以为布图后阶段提供额外的时序裕度。

由于分层设计中可能使用不同的线负载模型，对于跨越层次的连线，DC 支持 3 种线负载模型的选择模式：top、enclosed、segmented。线负载模型的工作模式如图 6-15 所示。

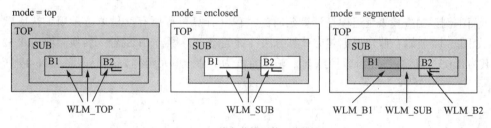

图 6-15 线负载模型的工作模式

top（顶层模式）：所有层次子模块的 wire_load 和 top-level 相同。
enclosed（包含模式）：子模块间连线的 wire_load 和包含它的最小模块相同。
segmented（分段模式）：子模块间连线的 wire_load 和包含该连线的模块相同。

4. 工作条件定义

对大多数工艺而言，PVT 的变化都会对电路的性能产生影响，因此为保证电路工作可靠，在综合阶段应该尽可能模拟电路的各种实际工作条件。工作条件（operating conditions）通常描述为 WORST、TYPICAL、BEST 这 3 种情况，通过改变工作条件，可以覆盖工艺偏差的整个范围。WORST 工作条件用于最大化建立时间，BEST 工作条件用于分析保持时间。由于 WORST 和 BEST

情况包括 TYPICAL 情况，所以通常情况下在综合阶段可忽略 TYPICAL 情况。前面的工艺库实例中显示的是 WORST 工作情况，BEST 和 TYPICAL 工作情况如下：

```
operating_conditions ( BEST ) {
        process       : 1 ;
        voltage       : 1.32 ;
        temperature   : 0 ;
    }
operating_conditions ( TYPICAL ) {
        process       : 1 ;
        voltage       : 1.28 ;
        temperature   : 25 ;
    }
```

5. 查找表延迟模型

DC 使用工艺库中提供的时序参数和环境属性进行延时计算，而时序参数和环境属性与计算延时时采用的延迟模型有关。常见的延迟模型有 CMOS 通用延迟模型、CMOS 非线性延迟模型、可扩展多项式延迟模型、CMOS 分段线性延迟模型、延时计算模块（Delay Calculation Module，DCM）延迟模型。目前 ASIC 业界采用的主流延迟模型为 CMOS 非线性延迟模型，即查找表延迟模型。上述工艺库采用的就是查找表延迟模型，库声明的第一句"delay_model: table_lookup;"表明了这一点。

查找表延迟模型采用查找表和插值方法计算延时，对深亚微米设计可以提供足够精度的延时信息。延迟分析包括计算一个逻辑级，即从一个逻辑门的输入到下一个相邻逻辑门的输入的延时，通常划分为单元延时和连线延时，即 $D_{total} = D_{cell} + D_C$。单元延时通常定义为从输入引脚电平的 50% 到输出引脚电平的 50% 的延时，通常是输出负载和输入转换时间的函数；连线延时指从驱动单元输出引脚电平转换到下一级逻辑门输入引脚电平所经历的时间，也称为 time-of-flight delay。

下面举例说明查找表延迟模型计算延时的过程（计算过程所有度量单位采用工艺库默认单位）。如图 6-16 所示，假定根据相应计算方法（此处略去）得出 U1 的输入转换时间为 0.32，输出负载为 0.05。以输入转换时间为 x 轴、输出负载为 y 轴、单元延时为 z 轴，建立图 6-17 所示坐标系。

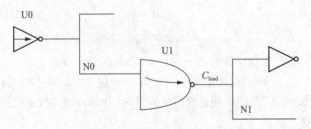

图 6-16　用于延时计算的电路示意图

图 6-17 中，U1 的输入转换时间 0.32 落在 x 索引值 0.098 和 0.587 之间，输出负载 0.05 落在 y 索引值 0.03 和 0.06 之间；U1 的单元延时与其在坐标系中落点周围的 4 个查找表索引值的坐标 (x, y, z) 有关，相邻 4 个索引值的坐标信息见图 6-17。

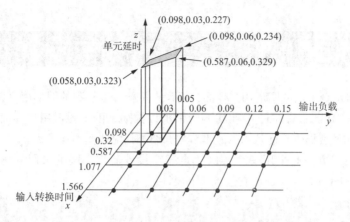

图 6-17 查找表延迟模型示意图

根据 $z = A + Bx + Cy + Dxy$,可以计算得出 4 个系数 A、B、C、D,继而可以求出 U1 的延时。

$0.227 = A + B \times 0.098 + C \times 0.03 + D \times 0.098 \times 0.03$

$0.234 = A + B \times 0.098 + C \times 0.06 + D \times 0.098 \times 0.06$

$0.323 = A + B \times 0.587 + C \times 0.03 + D \times 0.587 \times 0.03$

$0.329 = A + B \times 0.587 + C \times 0.06 + D \times 0.587 \times 0.06$

计算可得 $A = 0.2006$,$B = 0.1983$,$C = 0.2399$,$D = 0.0677$,因此 U1 的单元延时为

$$0.2006 + 0.1983 \times 0.32 + 0.2399 \times 0.05 + 0.0677 \times 0.32 \times 0.05 \approx 0.277$$

6. 单元定义

工艺库中的标准单元通常包括基本单元,如门电路、触发器、选择器等;I/O 单元,如输入端口、输出端口、双向端口、各种配置的电源(内核、I/O 或振荡器等用);宏单元,如不同规模的 SRAM、ROM、振荡器等。

库单元的定义包括单元的功能、时序特性和面积、引脚等属性。单元属性因单元不同而有差别。前面的工艺库实例中定义了单元的面积属性 area,若单元为 PAD,则其面积属性为 0.0,这是因为 PAD 不作为内部逻辑门使用;定义了单元的 cell_footprint,具有相同几何拓扑结构的单元其 cell_footprint 属性相同,若 in_place_swap_mode 属性为 match_footprint,那么单元只能有一个 footprint,如果一个单元没有 cell_footprint 属性,那么在位优化时不能被替换;定义了引脚的数据流向、驱动能力以及时序信息等。

库单元的定义还包括一些设计规则检查(Design Rule Check,DRC)属性,如 max_transition、max_capacitance 等。DRC 属性定义了库单元安全工作的条件,违反这些条件将对单元的正常工作产生严重影响,可导致芯片失效。max_transition 属性通常用于输入引脚,用来指定任何转换时间大于负载引脚 max_transition 的连线不能连接到该引脚;max_capacitance 属性通常用于输出引脚,用来指定驱动单元的输出引脚不能和总电容大于或等于该值的连线相连。若发生 DRC 违规,则需替换相应单元。这里需要注意的是,引脚的 capacitance 属性和 max_capacitance 属性是不同的,capacitance 属性只用于进行延时计算,而 max_capacitance 属性则用于设计规则检查。

6.3 图形用户界面

本节介绍逻辑综合工具的图形用户界面,设计人员初始接触到的图形用户界面可能是 Design Analyzer,也可能是 Design Vision,这里对两者都加以描述。由于图形用户界面(后文简称图形界面)主要是给初学者提供感性认识,故本节只介绍如何完成基本操作。

学习工具的最好方法是采用一个实例"走通"设计流程。这里采用的例子是基于 Verilog HDL 实现的微型 RISC CPU: xsoc。它包含如下设计:

```
xsoc.v
memctrl.v
vga.v
xr16.v
ctrl_0723.v
datapath_0723.v
ram16s.v
ram16x1s.v
regfile.v
xram16.v
```

该设计的顶层为 xsoc,要求在 0.13μm 工艺、WORST 工作条件下工作频率达到时序要求的 200MHz;与时钟相关的输入信号建立时间为 3ns,保持时间为 0ns;输出信号相对时钟的延迟为 2ns。

6.3.1 Design Analyzer

1. 启动工具

在 Linux 终端首先执行 DC 的 license 启动和环境变量配置命令(该步骤因管理员的配置不同而不尽相同,也可能或有或无),然后执行 Design Analyzer 的启动命令 design_analyzer&(若在 Shell 配置文件中定义了别名,则也可以通过别名启动)。启动以后的图形界面如图 6-18 所示。

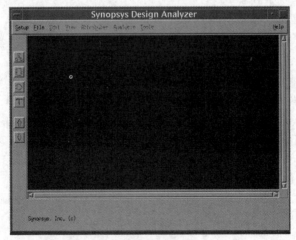

图 6-18 Design Analyzer 图形界面

若要在图形界面中执行 DCSH 命令，可以通过菜单 Setup→Command Window 打开命令行功能。命令行窗口如图 6-19 所示。由于本书对命令行的介绍着重在 DC-TCL，故此处略去 DCSH 相关命令。

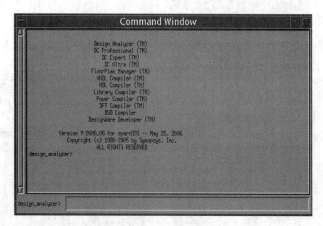

图 6-19　命令行窗口

配置文件中设置的各环境变量在工具启动时就已自动加载，若要检查是否设置正确，可以通过菜单 Setup→Defaults 查看。环境变量信息如图 6-20 所示。

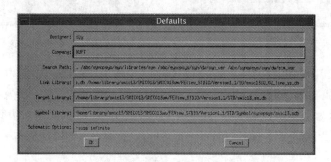

图 6-20　环境变量信息

2. 读入设计

DC 提供了两种读入设计的方法：read 和 analyze + elaborate。Synopsys 最初引进的是 read 命令，随后有了 analyze + elaborate 命令。与 read 命令相比，在设计输入时 analyze + elaborate 更为快速、功能更强大，因此在读入 RTL 设计时推荐采用这种方法。两种方法的具体区别随后讨论。

为了保证对所有模块的调用可以被正确解析，首先把设计文件按自底向上的顺序读入 lib_djy 库（默认为 work 库，可以自己重新定义也可以选择默认情况）中。在图形界面中，单击 File→Analyze，弹出 Analyze File 对话框，通过鼠标左键在 File Name 域中选择输入源文件名，这里依次是 ctrl_0723.v、datapath_0723.v、ram16s.v、ram16x1s.v、regfile.v、xram16.v、xr16.v、memctrl.v、vga.v、xsoc.v（若要同时输入多个文件，可按住 Shift 键再单击鼠标，或者用鼠标中键选择）；在 Library 域中填入 lib_djy，选中 Create New Library if it Doesn't Exist 复选框，单击 OK 按钮即可，如图 6-21 所示。

然后对读入的设计执行 elaborate 命令，产生通用库上的结构描述，为后续的工艺映射做准备。在图形界面中，单击 File→Elaborate，弹出 Elaborate Design 对话框，通过鼠标左键在 Library

域中选择输入库名 LIB_DJY；在 Design 域中选择输入 xsoc（verilog）；elaborate 命令支持参数传递，若有参数可在 Parameters 域中输入，然后单击 OK 按钮，如图 6-22 所示。

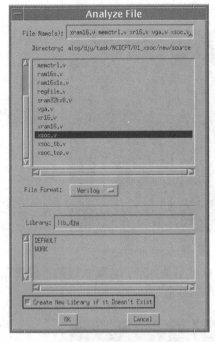
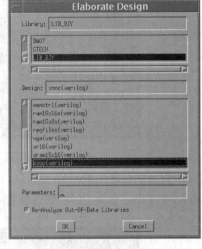

图 6-21　Analyze 源文件　　　　　　图 6-22　elaborate 命令执行窗口

完成以上步骤后，即可看到所有成功读入的设计模块。在图形界面中，可以看到设计的 Design View、Symbol View、Schematic View、Hierarchy View。图 6-23 所示为所有设计的 Design View；图 6-24 所示为顶层设计 xsoc 的 Symbol View；图 6-25 所示为顶层设计 xsoc 的 Schematic View；图 6-26 所示为顶层设计 xsoc 的 Hierarchy View。图形界面的底部显示了鼠标左、中、右三键的作用。

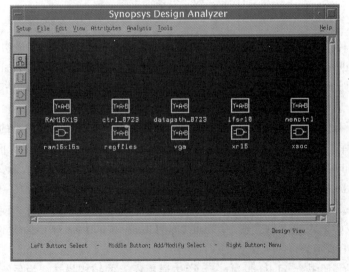

图 6-23　所有设计的 Design View

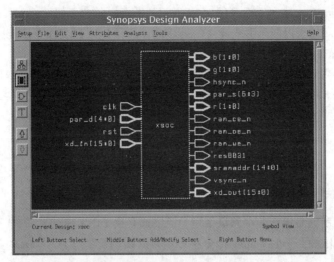

图 6-24 顶层设计 xsoc 的 Symbol View

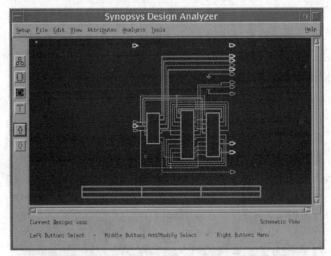

图 6-25 顶层设计 xsoc 的 Schematic View

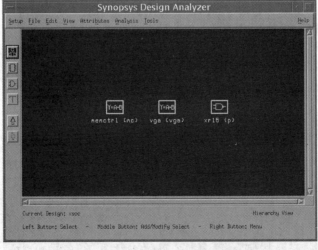

图 6-26 顶层设计 xsoc 的 Hierarchy View

在设计的 Design View 中可以看到图 6-27 所示的图标，其含义如下。

（1）图标 Netlist 代表以网表形式读入的设计或者是经 DC 优化后的门级设计。

（2）图标 Equation 代表以硬件描述语言描述的设计。

（3）图标 PLA 代表以可编程逻辑阵列（Programmable Logic Array，PLA）形式表示的设计。

（4）图标 State Table 代表以状态表描述的设计。

后两种图标本例中没有涉及。映射完成后，所有图标都变成 Netlist 形式。

图 6-27　设计图标

在图 6-25 中显示的是设计的电路级描述，该描述是由 DC 生成的 GTECH 库上的与工艺无关的中间结果，之后用户可通过 compile 命令将该结果映射到配置文件中 target_library 指定的工艺库上。

3. 链接

在进一步工作之前，需要将设计中调用的子模块与链接库中定义的模块建立对应关系，这一过程称为链接。这一过程可以利用 link 命令显式地完成，也可以在综合时利用 compile 命令隐式地进行。推荐每次读入设计以后都用 link 命令执行一次链接。

注意：由于 link 命令以及以后提到的大部分命令均对当前设计（current_design）进行操作，因此在执行该命令前应正确设置 current_design 变量。

在图形界面中，单击选中 xsoc 设计，再单击 Analysis→Link Design 即可看到 Link Design 对话框。对话框中的 Search Path 和 Link Library 就是用户在配置文件中定义的值。选中 Search Memory First 复选框将指示 DC 首先搜索内存来匹配相应的模块。设计链接菜单和对话框如图 6-28 所示。

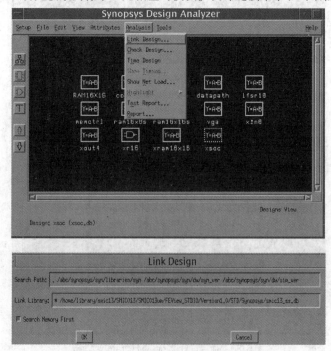

图 6-28　在 Design Analyzer 中进行设计链接

在链接过程中如果出错,一般可从两方面查找原因:

(1) 设计中所调用子模块的源文件尚未读入;

(2) 设计中引用了工艺库中的单元,但对应工艺库没有加入链接库(link_library)或搜索路径(search_path)设置有误而导致 DC 无法正确定位链接库。

4. 实例唯一化

当设计中的某个子模块被多次调用时,就要对设计进行实例唯一化(uniquify)。实例唯一化就是将同一个子模块的多个实例生成为多个不同的子设计的过程。在图形界面中,选中 xsoc 设计,再单击 Edit→Uniquify→Hierarchy 即可完成实例唯一化,如图 6-29 所示。即便设计中不存在多次调用的子模块,仍推荐进行实例唯一化。

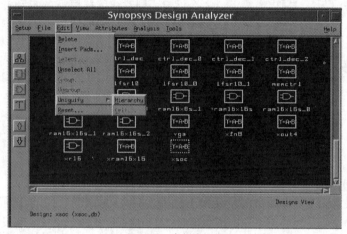

图 6-29 实例唯一化

5. 工作环境设置

在读入设计后,需要指定设计的工作环境,包括电路的工作条件、线负载、输出负载、输入驱动等情况。

(1) 设置工作条件

在图形界面中选中 xsoc 设计,并单击 Attributes→Operating Environment→Operating Conditions,在弹出的 Operating Conditions 对话框中列出了目标库中的运行条件以及目标库的名字。本例中选择最坏工作条件 WORST,如图 6-30 所示。

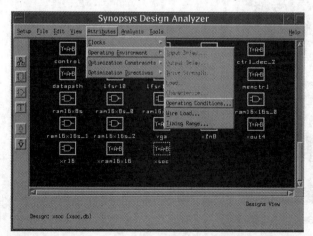
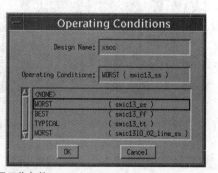

图 6-30 在 Design Analyzer 中设置工作条件

(2) 设置线负载

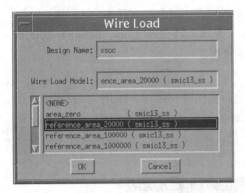

图 6-31 设置线负载

线负载（wire load）模型一般由估计的设计规模来表征。DC 中设定线负载包括两部分：线负载模型和线负载工作模式。

在图形界面中选中 xsoc 设计，单击 Attributes→Operating Environment→Wire Load，在弹出的 Wire Load 对话框中可选择所需的线负载模型，本例中选择 reference_area_20000，如图 6-31 所示。

线负载工作模式无法在图形界面设定，需要通过命令设定；同时线负载模型的自动选择也无法通过图形界面实现。但目标库为线负载模型的选择和工作模式提供了默认值。本例设置为

```
……
default_wire_load_mode: segmented ;
……
default_wire_load: area_zero ;
default_wire_load_selection: progressive ;
```

(3) 设置输出负载

负载能力用来对某个输出端口的负载大小建模。端口的负载能力可以设置为与库单元的负载值相同。在不确定所需要的库单元的负载值时，可用 load_of 命令来决定和设置一个负载值。

在图形界面中，进入 xsoc 设计的 Symbol View，选中一组输出端口，再单击 Attributes→Operating Environment→Load。在弹出的 Load 对话框的 Capacitive load 域中可以填入特定的负载值（以 pF 为单位），也可以使用 load_of 命令来完成输出负载的设置（若只选定一个信号，则 Name 域显示信号名称；若选择多个信号，则 Name 域为空）。本例中假设输出端口可以驱动 5 个反相器，在 Capacitive load 中填上 load_of（smic13_ss/ INVHD1X/A）＊ 5（注意：在星号 ＊ 前、后都要留个空格），单击 Apply 按钮完成设置，如图 6-32 所示。

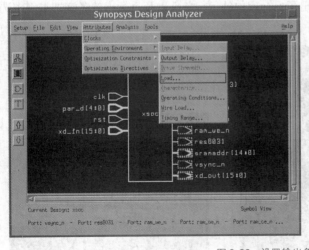
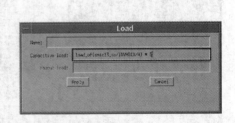

图 6-32 设置输出负载

这里另外需要注意：设置输出负载时用的引脚 A 是反相器 IVAHD1X 的输入端口，这是因为输入是作为上一级逻辑的负载的；后面要设置的输入驱动则需用库单元的输出引脚表示，这是因为输出引脚是用来驱动下一级的。

(4) 设置输入驱动

设置驱动能力时通常把时钟和复位引脚作为一组，其他信号作为一组。这是由于通常情况下时钟和复位的扇出较大，应设置的驱动能力也大，在综合阶段通常设为无穷大，即阻值为 0；其他信号的驱动则用库单元输出引脚的驱动能力表示。

在图形界面中，进入 xsoc 设计的 Symbol View，分两组依次选择时钟与复位信号、其他信号，单击 Attributes→Operating Environment→Drive Strength 。在弹出的 Drive Strength 对话框中选中复选框 Same Rise and Fall，针对时钟与复位信号将 Rise Strength 和 Fall Strength 设为 0；针对其他信号将这两项设为 drive_of（smic13_ss/INVHD1X/Z），如图 6-33 所示。

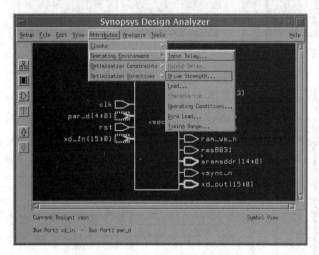
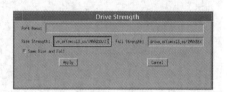

图 6-33 设置输入驱动

6. 设计约束

设计约束描述了设计的目标，主要包括时序目标和面积目标两部分，相应地需要设置时序约束和面积约束。

(1) 设置时序约束

时序电路的时序约束主要包括时钟主频、输入延时、输出延时等内容。

首先为时钟端口 clk 指定相应属性，根据电路工作频率要求（200MHz）为 clk 指定时钟周期为 5ns。由于时钟的负载通常很大，DC 会使用缓冲器来增强其驱动能力，但该工作一般放在后端完成，因此要为 clk 指定 dont_touch 属性。

在图形界面中，进入 xsoc 的 Symbol View，选中其时钟端口 clk，再单击 Attributes→Clocks→Specify。在弹出的 Specify Clock 对话框的 Period 域中填入指定的周期值，并选中 Dont Touch Network 复选框，单击 Apply 按钮，如图 6-34 所示。完成后在时钟端口旁边会出现一个波形符号。

其次要设置输入延时，由于目标要求与时钟相关的输入信号的建立时间为 3ns，故输入延时为 2ns。

在图形界面中选中输入端口，再单击 Attributes→Operating Environment→Input Delay，在弹出的 Input Delay 对话框中将关联时钟选为 clk，在 Max 域（包括 Max Rise 和 Max Fall）中填入 2，在 Min 域（包括 Min Rise 和 Min Fall）中填入 0，并选中 Same Rise and Fall 复选框，单击 Apply

按钮,如图 6-35 所示。

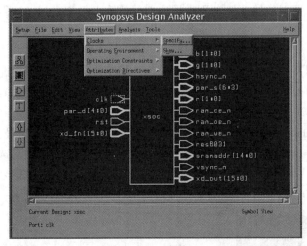
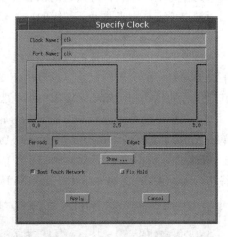

图 6-34 创建时钟

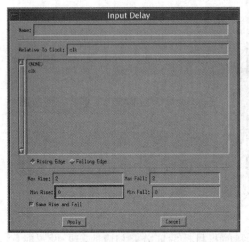

图 6-35 设置输入延时

然后设置输出延时,目标要求设定输出延时为 2ns。在图形界面中选中输出端口,再单击 Attributes→Operating Environment→Output Delay,在弹出的 Output Delay 对话框中将关联时钟选为 clk,在 Max 域中填入 2,在 Min 域中填入 0,并选中 Same Rise and Fall 复选框,单击 Apply 按钮完成该操作。

(2) 设置面积约束

对于时序优先的设计,通常设置其最大面积为 0,意指在时序收敛的前提下尽可能地优化面积。

在图形界面中选中 xsoc 设计,再单击 Attributes→Optimization Constraints→Design Constraints,在弹出的 Design Constraints 对话框的 Max Area 域中填入 0,并选中 Timing Critical 复选框,单击 Apply 按钮完成设置,如图 6-36 所示。

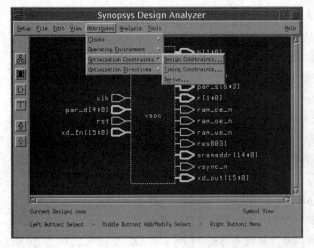

图 6-36 设置面积约束

7. 设计综合

（1）检查设计

在设置完约束条件进行编译设计前，应先检查设计的内部表达是否正确。

在图形界面中单击 Analysis→Check Design，弹出的 Check Design 对话框中默认选择了 Detailed Warnings 和 Check All Levels，这样可以提供鲜明的警告和错误信息，并检查设计中的所有子模块，如图 6-37 所示。

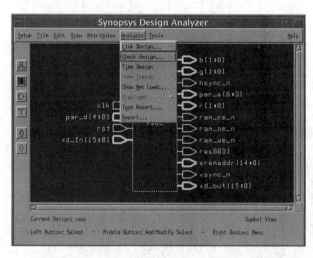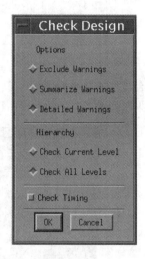

图 6-37　检查设计

（2）编译设计

编译是综合过程中把库单元中符合设计功能、面积和速度要求的单元组合起来的过程。DC 在编译的过程中自动对设计进行修改和优化，直到满足所有的约束条件或者无法继续优化。有时，这一过程要求重新编译某个关键路径上的子模块。当性能指标都满足条件，而且结果无法再改进时，编译过程就会停止。

在图形界面中，选中 xsoc 设计，再单击 Tools→Design Optimization，在弹出的对话框中做如下操作：Map Effort 选择 Medium；Verify Design 选择 Low 用以检查逻辑综合后的设计是否和原设计的功能相等；选中复选框 Allow Boundary Optimization 以允许逻辑优化跨越边界。单击 OK 按钮开始编译，如图 6-38 所示。

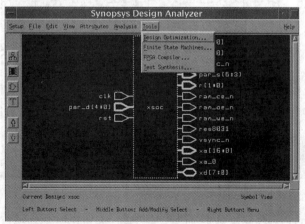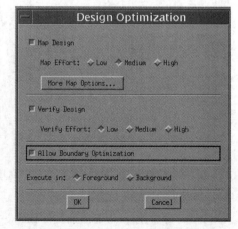

图 6-38　编译设计

另外，关于跨边界优化，假定子设计 Block2 的某个输入恒为逻辑"0"，则边界优化的结果如图 6-39 所示。

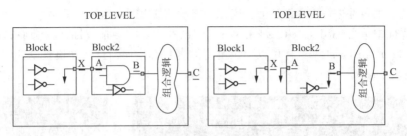

图 6-39 边界优化示意图

综合过程如图 6-40 所示，其中第一列为编译时间，第二列为电路面积，第三列为负的时序裕度，第四列为所有负的时序裕度的总和（TNS），第五列反映了设计规则的违反程度。

图 6-40 综合过程

8. 综合报告的查看与导出

在图形界面中选中 xsoc 设计，单击 Analysis→Report，在弹出的 Report 对话框中可以选择 Attribute Reports 选项和 Analysis Reports 选项，可以通过 Send Output To 选项来控制报告输出到屏幕或文件。例如，把面积报告输出到屏幕，则选择如图 6-41 所示，并单击 Apply 按钮。

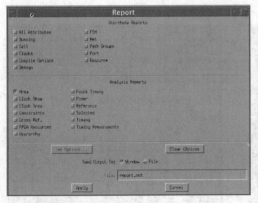
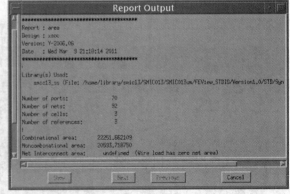

图 6-41 把面积报告输出到屏幕

再如，把时序报告输出到文件 timing.rpt，选择如图 6-42 所示，并单击 Set Options 按钮进行输出配置，完成相应时序信息的查看。

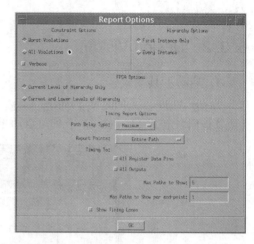

图 6-42　把特定时序报告输出到文件

9. 设计文件与标准延迟文件的导出

（1）设计文件的导出

在图形界面中选中 xsoc 设计，单击 File→Save As，在弹出的 Save File 对话框中定位到相应的目录，在 File Name 域中填入 xsoc.db，设置 File Format 为"DB"，选中 Save All Designs in Hierarchy 复选框，单击 OK 按钮完成保存，如图 6-43 所示。为进行门级仿真，还需导出 Verilog HDL 格式的门级网表，方法相同，只把 File Format 改为"Verilog"，重新输入文件名保存即可。

（2）标准延迟文件和设计约束文件的导出

在图形界面中选中 xsoc 设计，单击 File→Save Info→Design Timing，在弹出的 Save Timing Information 对话框中填入文件名，将 Format 选为 SDF V2.1，单击 OK 按钮完成 SDF 文件的保存，如图 6-44 所示。

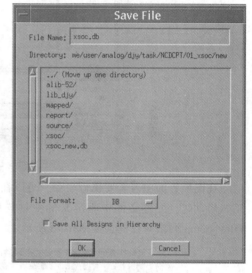

图 6-43　保存设计文件

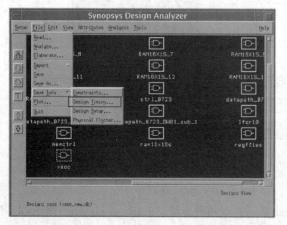

图 6-44　保存 SDF 文件

在图 6-44 中，单击 File→Save Info→Constraints，可以保存用于布局布线的设计约束文件（SDC 文件）。

6.3.2 Design Vision

1. 启动工具

Design Vision 工具的配置与 Design Analyzer 相同；在 Linux 的命令行界面输入命令 design_vision&（或其他同名定义，如 dv& 等），即可启动相应的图形界面，如图 6-45 所示。

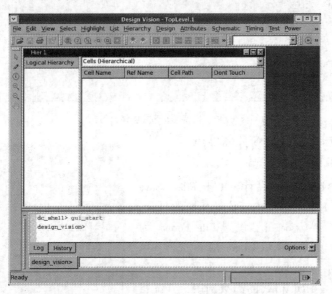

图 6-45 Design Vision 图形界面

在图形界面中若需要执行命令，可以在界面底部的 design_vision（命令行）处输入命令。在工具启动时，配置文件中所定义的变量均已加载，若希望修改特定变量的值，可以通过菜单 File→Setup 调出对话框，如图 6-46 所示。

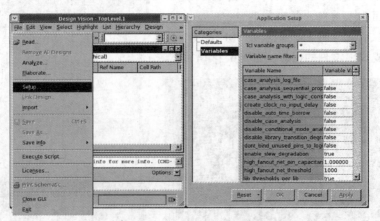

图 6-46 Design Vision 中修改特定变量的值

2. 读入设计

Design Vision 读入设计与 Design Analyzer 相同，有两种方法：analyze + elaborate 和 read。这里

选用 analyze + elaborate。

analyze 命令用以分析、翻译 RTL 代码，并将中间结果存入指定的库。在图形界面中，单击 File→Analyze，在弹出的 Analyze Designs 对话框中选择源文件（顺序及方法与 Design Analyzer 相同），单击 Add 按钮可分析相应设计文件，在 Work library 域中选择 WORK，如果定义新库则选中 Create new library if it does not exist 复选框，单击 OK 按钮即可，如图 6-47 所示。

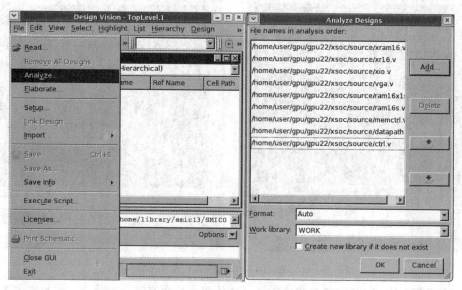

图 6-47　采用 analyze 命令在 Design Vision 中读入设计文件

elaborate 命令用于为设计建立一个与工艺无关的结构级描述，为下一步的工艺映射做好准备。在图形界面中，单击 File→Elaborate，在弹出的 Elaborate Designs 对话框的 Library 域中填入 WORK，在 Design 域中选择 xsoc_top（verilog），如果需要则填入相应的参数值并选中 Reanalyze out-of-date libraries 复选框，单击 OK 按钮，如图 6-48 所示。

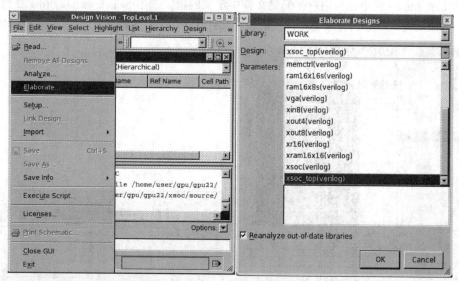

图 6-48　采用 elaborate 命令在 Design Vision 中读入设计文件

完成以上步骤后，即可看到所有成功读入的设计文件，如前所述，可以利用命令行更改当前设计。如图6-49所示,在图形界面顶部工具栏中单击芯片标志按钮即可看到该设计的Symbol View;单击界面顶部工具栏中的与门标志按钮即可看到Schematic View,该描述是由Design Vision生成的与工艺无关的中间结果,最终通过compile命令映射到相应的目标工艺库。

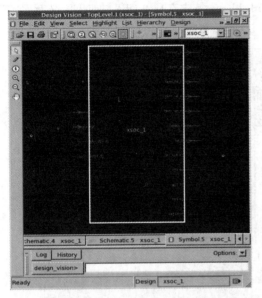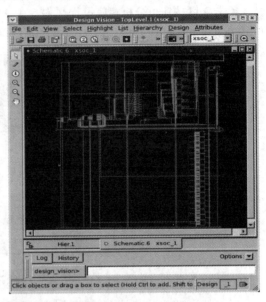

图6-49 xsoc设计的Symbol View和Schematic View

可以在界面左侧工具栏中单击相应工具(或使用鼠标中间键)来放大、缩小原理图。通过鼠标单击,可以很清楚地看到电路的连线情况,单击的连线呈现高亮状态。单击界面左侧工具栏中的查询工具,再单击连线可以获取连线的更多信息。

3. 链接

在图形界面中,选中顶层设计,然后单击File→Link Design,Link Design对话框的Search path域和Link library域中显示用户在配置文件中定义的值。选中Search memory first复选框将指示Design Vision首先搜索内存来链接读入的设计文件,单击OK按钮完成链接,如图6-50所示。

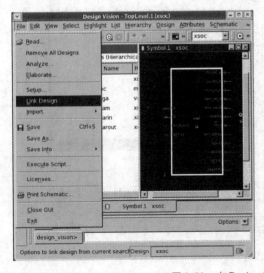

图6-50 在Design Vision中进行设计链接

4. 实例唯一化

在图形界面中，选中 xsoc 设计，再单击 Hierarchy→Uniquify→Hierarchy 即可完成，如图 6-51 所示。

图 6-51　在 Design Vision 中进行实例唯一化

5. 工作环境设置

在读入设计后，需要指定设计的环境变量，包括电路的工作条件、线负载、输出负载、输入驱动等情况。

（1）设置工作条件

在图形界面中选中 xsoc 设计，并单击 Attributes → Operating Environment → Operating Conditions，在弹出的 Operating Conditions 对话框中列出了目标库中的运行条件以及目标库的名字，这里选择最坏工作条件 WORST，如图 6-52 所示。

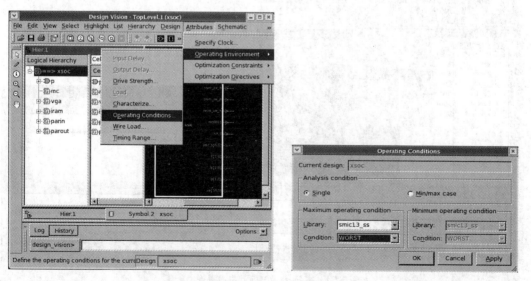

图 6-52　在 Design Vision 中设置工作条件

(2) 设置线负载

线负载模型一般由估计的设计规模来表征。DC 中设定线负载包括两部分：线负载模型和线负载工作模式。在图形界面中选中 xsoc 设计，单击 Attributes→Operating Environment→Wire Load，在弹出的 Wire Load 对话框中可选择所需的线负载模型，如图 6-53 所示。线负载模型的工作模式设定一般需要通过命令完成，但目标库为线负载模型的选择和工作模式提供了默认值。

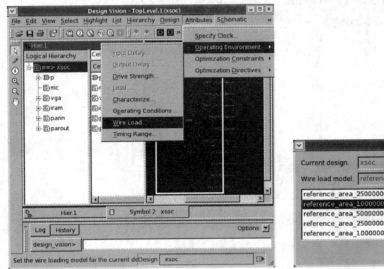
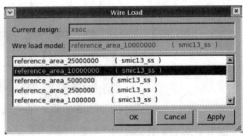

图 6-53　在 Design Vision 中设置线负载

(3) 设置输出负载

负载能力用来对某个输出端口的负载大小建模。在图形界面中，进入 xsoc 设计的 Symbol View，选中一组输出端口，再单击 Attributes→Operating Environment→Load。在弹出的 Load 对话框的 Capacitive load 域中可以填入特定的负载值（以 pF 为单位），如图 6-54 所示。

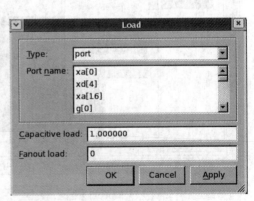

图 6-54　在 Design Vision 中设置输出负载

(4) 设置输入驱动

为了精确计算电路的延时，Design Vision 还需知道设计输入端的驱动能力情况。在图形界面中，如图 6-55 所示，进入 xsoc 设计的 Symbol View，单击 Attributes→Operating Environment→Drive Strength。弹出 Drive Strength 对话框后，选中 Use library cell options 单选按钮，根据设计选择所需要的库单元，再单击 OK 按钮即可。

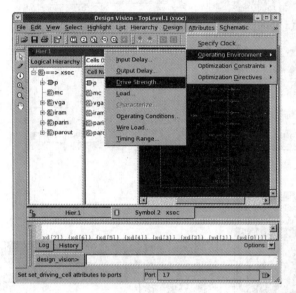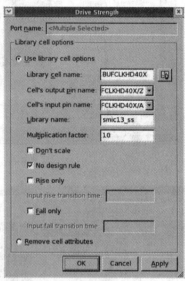

图 6-55 在 Design Vision 中设置输入驱动

6. 设计约束

设计约束描述了设计的目标，主要包括时序目标和面积目标两部分，相应地需要设置时序约束和面积约束。

(1) 设置时序约束

时序电路的时序约束主要包括时钟主频、输入延时、输出延时等内容。

首先为时钟端口 clk 指定相应属性，假设电路工作频率为 200MHz，即 clk 指定时钟周期为 5ns。由于时钟的负载通常很大，DC 会使用缓冲器来增强其驱动能力，但该工作一般放在后端完成，因此要为 clk 指定 dont_touch 属性。

在图形界面中，进入 xsoc 的 Symbol View，选中其时钟端口 clk，再单击 Attributes→Specify Clock。在弹出的 Specify Clock 对话框的 Period 域中填入指定的周期值，并设置占空比，选中 Don't touch network 复选框，单击 Apply 按钮，如图 6-56 所示。

其次要设置输入延时，假设目标要求与时钟相关的输入信号的建立时间为 3ns，则输入延时为 2ns。

在图形界面中选中输入端口，再单击 Attributes→Operating Environment→Input Delay，在弹出的 Input Delay 对话框中将关联时钟选为 clk，在 Max rise 域中填入 2，在 Min rise 域中填入 0，并选中 Same rise and fall 复选框，单击 Apply 按钮，如图 6-57 所示。

然后设置输出延时，目标要求设定输出延时为 2ns。在图形界面中选中输出端口，再单击 Attributes→Operating Environment→Output Delay，在弹出的 Output Delay 对话框中将关联时钟选为 clk，在 Max rise 域中填入 2，在 Min rise 域中填入 0，并选中 Same rise and fall 复选框，单击 Apply 按钮完成该操作。

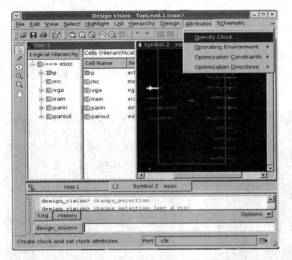 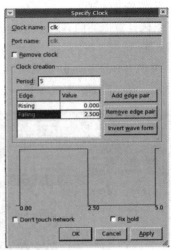

图 6-56　在 Design Vision 中创建时钟

图 6-57　在 Design Vision 中设置输入延时

(2) 设置面积约束

对于时序优先的设计，通常设置其最大面积为 0，意指在时序收敛的前提下尽可能地优化面积。

在图形界面中选中 xsoc 设计，再单击 Attributes→Optimization Constraints→Design Constraints，在弹出的 Design Constraints 对话框的 Max area 域中填入 0，单击 Apply 按钮完成设置，如图 6-58 所示。

7. 设计综合

在图形界面中，选中 xsoc 设计，单击 Design→Compile Design。首次编译时在弹出的对话框中 Mapping options 选项保持默认，在 Compile options 下单击选中复选框 Allow boundary conditions 以允许逻辑优化跨越边界，单击 OK 按钮开始编译，如图 6-59 所示。若初次编译没有达到要求，可进一步将 Area effort 选为 "high"，并选中 Incremental mapping 复选框以进行增量编译。

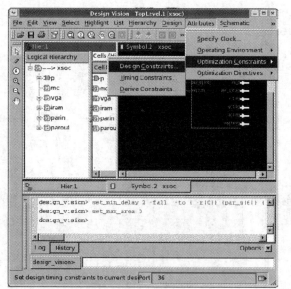 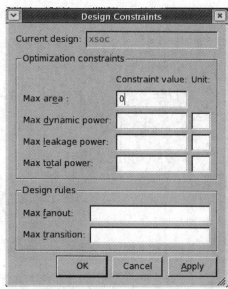

图 6-58 在 Design Vision 中设置面积约束

 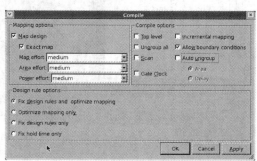

图 6-59 在 Design Vision 中进行设计综合

8. 综合报告的查看与导出

在图形界面中选中 xsoc 设计，单击 Design，再单击 Report Design、Report Area、Report Ports、Report Cells、Report Nets 等选项来生成对应的综合报告。例如，查看面积报告，可以单击 Design→Report Area，在弹出的 Report Area 对话框中，可以通过设置 Output options 来控制输出到屏幕或文件，单击 OK 按钮就可以生成综合面积报告，如图 6-60 所示。

查看时序信息，可在图形界面中选中 xsoc 设计，选择 Timing→Report Timing Path，在弹出的 Report Timing Paths 对话框中设置 Worst paths per endpoint 为 1，Max paths per group 为 1，Path type 为 full，Delay type 为 max；Output options 选项用来控制输出到屏幕或文件，单击 OK 按钮就可以生成综合时序报告，如图 6-61 所示。

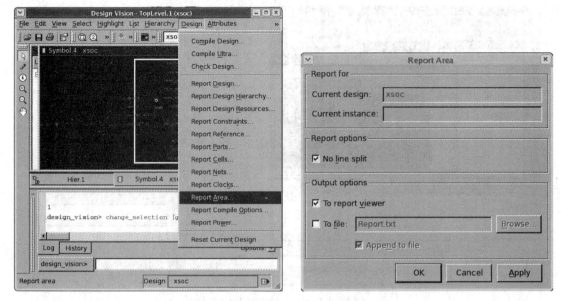

图 6-60　在 Design Vision 中查看与导出综合面积报告

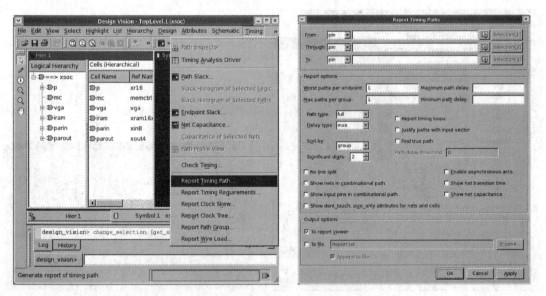

图 6-61　在 Design Vision 中查看与导出综合时序报告

9. 设计文件与标准延迟文件的导出

（1）设计文件的导出

在图形界面中选中 xsoc 设计，单击 File→Save As，在弹出的 Save Design As 对话框中定位到相应的目录，指定文件名和格式，选中 Save all designs in hierarchy 复选框，单击 Save 按钮完成保存，如图 6-62 所示。

（2）标准延迟文件和设计约束文件的导出

在 Design Vision 中导出 SDF 文件需借助命令行输入命令 write_sdf 完成；导出用于布局布线的设计约束文件（SDC 文件）可通过命令 write_sdc 完成。

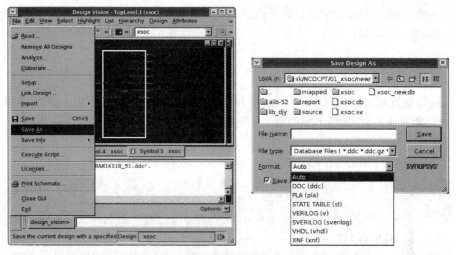

图 6-62 在 Design Vision 中保存设计

6.4 基于 TCL 的命令行界面

本节讨论 DC 的命令行界面（CLI），DC 有两种模式的命令行界面：DCSH 模式和 TCL 模式，其中 TCL 模式使用的范围更广，故本节讨论 TCL 模式下各命令的基本含义和使用较多的选项，并解释命令执行结果。每条命令的详细参数及用法读者可以通过 DC 使用手册或者使用命令行界面的 man（或 help/info）命令等进行查询。图 6-63 所示为综合基本流程及涉及的主要命令。

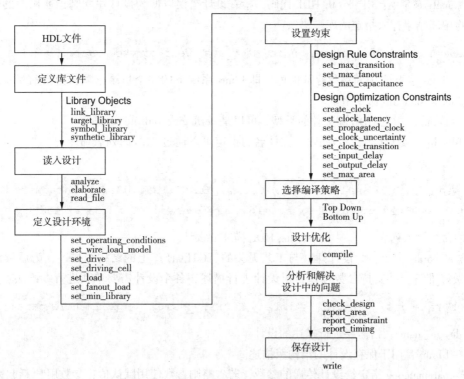

图 6-63 综合基本流程及涉及的主要命令

注意：在终端输入 TCL 命令时，有些机器上可能不支持退格键（Backspace），那么可以尝试 Ctrl + h 组合键和 Delete 键。

6.4.1 工具启动

在 Linux 终端首先执行 DC 的 license 启动和环境变量配置命令（该步骤因管理员的配置而不尽相同，也可能有或无），使用下面的命令分别启动 DCSH 模式和 TCL 模式，注意命令中的下画线和短连线。

（1）启动 dc_shell 的 DCSH 模式

```
% dc_shell
dc_shell >
```

（2）启动 dc_shell 的 TCL 模式

```
% dc_shell -t
dc_shell -t >
```

在后续命令的执行过程中，命令成功执行会反馈一个数字"1"；否则返回"0"。

6.4.2 设计读入与链接

DC 提供了两种读入设计的方法：analyze + elaborate、read。现将两种方法分别说明如下。

1. analyze + elaborate

（1）analyze 命令：用于分析 HDL 代码，检查设计错误以便为设计建立基于通用库的逻辑结构，并将中间结果存入指定的库。语法：

```
analyze [-library library_name] [-format verilog|vhdl|sverilog] file_list
```

- -library：指定中间结果存放的库，即 Linux 系统下的一个目录，默认为当前目录，也可以用 define_design_lib 命令指定。
- -format：指定 HDL 源文件的类型，可以是 verilog 或 vhdl 或 sverilog。
- file_list：源代码文件名列表，文件名的指定可以通过 TCL 的列表命令 {}、""、[list file_name] 之一完成。

```
dc_shell -t > analyze -f verilog [list ctrl_0723.v datapath_0723.v ram16s.v ram16x1s.v regfile.v xram16.v xr16.v memctrl.v vga.v xsoc.v]
```

上述命令读入列表 [ ] 中的 Verilog HDL 描述的设计。

（2）elaborate 命令：为设计建立与工艺无关的、GTECH 库上的结构级描述，为后续的优化和映射做好准备，并支持参数传递；对设计进行描述，各个设计需要单独进行。语法：

```
elaborate design_name [-library library_name] [-parameters param_list]
```

- design_name：指需要进行描述的设计。
- -library：用于保存设计的结构级描述。
- -parameters：指定给设计传递的参数，若省略则参数使用默认值；参数用""括起来。
- dc_shell -t > elaborate xsoc：本设计不需传递参数。

描述过程产生图 6-64 所示的综合结果。

```
Inferred memory devices in process
    in routine regfiles line 112 in file
           './regfile.v'.
============================================================================
|   Register Name   |   Type    | Width | Bus | MB | AR | AS | SR | SS | ST |
============================================================================
|      areg_reg     | Flip-flop |  16   |  Y  | N  | Y  | N  | N  | N  | N  |
|      breg_reg     | Flip-flop |  16   |  Y  | N  | Y  | N  | N  | N  | N  |
============================================================================
```

图 6-64 DC 综合结果

DC 可以综合出多种类型的触发器和锁存器，其中触发器类型如下。
- DFF：普通寄存器，没有复位 reset、置位 set、使能 enable 等。
- DFF w/Async：带有一个异步控制端 set 或 reset 的 D 触发器。
- DFF w/Dual Async：带有两个异步控制端 set 和 reset 的 D 触发器。
- DFF w/Sync cntl：带有同步控制端的 D 触发器。

锁存器类型如下。
- Latch：普通锁存器，没有复位 reset、置位 set、使能 enable 等。
- Latch w/Async：带有一个异步控制端 set 或 reset 的锁存器。
- Latch w/Dual Async：带有两个异步控制端 set 和 reset 的锁存器。
- Latch w/Sync clr：带有同步 clear 端的锁存器。

DC 综合工具会给出它综合 D 触发器的报告（见图 6-64），其中第二列表示综合出 D 触发器的类型（Type），第三列是宽度（Width），第四列是总线信息（Bus），第五列表示多位宽（MultiBit，MB），第六列是异步复位信息（Asynchronous Reset，AR），第七列是异步置位信息（Asynchronous Set，AS），第八列是同步复位信息（Synchronous Reset，SR），第九列是同步置位信息（Synchronous Set，SS），第十列是同步触发信息（Synchronous Toggle，ST）。xsoc 中的 areg 和 breg 是两个寄存器堆文件，宽度是 16 位，异步复位。

在描述设计时若需要传递参数，比如向设计中的 parameter N 和 M 传递参数 8 和 3，命令如下：

```
dc_shell-t>elaborate design_name -parameters "N=8, M=3"  //引自 man 命令
```

DC 采用 GTECH 组件表示组合逻辑，采用 SEQGEN 表示时序逻辑。

2. read

read 命令可以一步完成 analyze + elaborate 的工作，也可以用来读取 DB、EDIF 等格式的设计（analyze + elaborate 仅读取 VHDL HDL 和 Verilog 设计文件）。但是，read 命令不支持参数传递以及 VHDL 中的构造体选择等功能。语法：

```
read_file [-format format_name] file_list
```

- -format：指定设计读入的格式，可以是 ddc、db、verilog、vhdl、sverilog、edif、equation、pla、st 等，对应不同格式命令可以替换为 read_db、read_edif、read_verilog、read_vhdl、read_sverilog 等。
- file_list：源代码文件名列表，文件名的指定可以通过 TCL 的列表命令 {}、""、[list file_name] 之一完成。

```
dc_shell-t>read_verilog {ctrl_0723.v,datapath_0723.v,ram16s.v,
ram16x1s.v,regfile.v,xram16.v,xr16.v,memctrl.v,vga.v,xsoc.v}
```

设计读入之后、工作环境设置之前通常要进行链接和实例唯一化，相应命令为

```
dc_shell-t>current_design xsoc      //设置顶层设计为当前设计
dc_shell-t>link                     //链接
dc_shell-t>uniquify                 //实例唯一化
```

采用 uniquify 命令进行实例唯一化前后设计的差别如图 6-65 所示。对于被多次实例化的同一子设计，由于其实例化后的工作环境各不相同，因此，需要用 uniquify 命令为每个实例在内存中创建一份副本，以便区分每个实例。DC 可以根据不同的应用环境进行合适的优化。

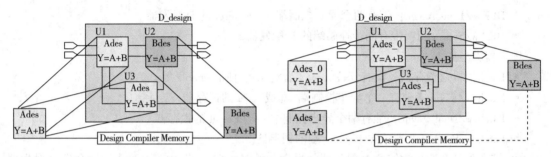

图 6-65 采用 uniquify 命令进行实例唯一化

这里需要注意的是，若设计中有 PAD 模块，应在 uniquify 之前对 PAD 模块设置 dont_touch 属性。

```
dc_shell-t>set_dont_touch [get_designs PAD_INS] //PAD_INS 为 PAD 模块名称
```

对于多次实例化的子设计，处理方法还有两种：dont_touch 和 ungroup。

dont_touch 方法的工作步骤：首先对子设计的上层设计施加约束，用最坏情况对子设计进行 characterize（characterize 命令在讨论编译策略时介绍）；然后优化该子设计，并对优化后的子设计设置 dont_touch 属性；最后优化上层设计。对应命令为

```
dc_shell-t>current_design D_design
dc_shell-t>characterize U1           //U1 是设计名称也是实例化名称
dc_shell-t>current_design Ades       //Ades 和 U1 之间的关系
dc_shell-t>compile
dc_shell-t>current_design D_design
dc_shell-t>set_dont_touch [list U1 U3]
dc_shell-t>compile
```

ungroup 方法会去掉层次并产生一个设计，其中所有的 cell 和 reference 都只有唯一的名称。但由于该方法改变了设计的层次关系，通常使用较少。

6.4.3 工作环境设置

在读入设计后，需要指定设计的工作环境，包括电路的工作条件、线负载模型以及 I/O 端口属性如输入驱动、输出负载等。

1. 设置工作条件

在设置工作条件前可通过 list_libs 命令查看可用的工艺库。

```
dc_shell-t>list_libs
```

工艺库通常是关于 PVT 的建模，单元延时和连线延时会因工作条件的变化而在标称值左右波动，延时与 PVT 的定性关系如图 6-66 所示。

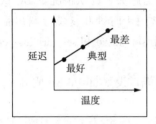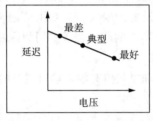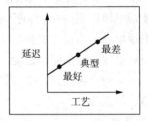

图 6-66 延时与 PVT 的定性关系

由于在逻辑综合阶段以最大化建立时间为目标，所以工作条件通常设为最坏情况。对应命令为

```
dc_shell-t>set_operating_conditions WORST
```

若同时指定最好情况和最坏情况，对修正保持时间违规比较有用，但目前一般不推荐使用。

```
dc_shell-t>set_operating_conditions -max WORST -min BEST
```

2. 设置线负载模型

线负载模型用于估算电路中连线的长度和扇出对电阻、电容和面积等的影响，DC 采用线负载模型中指定的数字计算连线延时和电路的工作速度。线负载模型可以显式指定也可以由工具自动选择。

显式指定通过命令 set_wire_load_model 完成，其语法格式为

```
set_wire_load_model -name model_name [-library lib]
```

- -name：线负载模型的名称。
- -library：包含所指定线负载模型的库名称，若当前读入的目标库唯一，则该选项可省略。

假定选择的线负载模型的名称为 reference_area_20000，则对应的命令为

```
dc_shell-t> set_wire_load_model -name reference_area_20000
```

若由工具自动选择线负载模型，则需设置变量 auto_wire_load_selection 为 true，其命令为

```
dc_shell-t> set auto_wire_load_selection true
```

3. 设置线负载工作模式

线负载工作模式有 3 种：top、enclosed、segmented，目前多使用 segmented。对应的命令为

```
dc_shell-t> set_wire_load_mode segmented
```

实际应用中线负载模型及其工作模式的选择可能因 Foundry 厂商而异，建议设计者使用前先行咨询目标厂商。

由于待综合设计的外部环境不确定，即驱动该设计的外部逻辑和接收来自该设计的信号的逻辑不确定，因此需要设计者依据规范制定系统接口的相关属性，主要包括输入驱动强度、输出负载能力、连线或引脚的电容负载以及设计规则约束等。

4. 设置输入驱动

在 DC 中，驱动强度用电阻值表示，阻值越小表示驱动能力越大。默认情况下 DC 认为输入端口的驱动电阻阻值为 0，即驱动强度无限大。但 0 阻值通常用于时钟和复位等扇出很大的端口。对其他端口，为避免这种不切实际的驱动强度，可以采用 set_drive 和 set_driving_cell 两条命令来设置输入端口的驱动强度。

set_drive 命令通过直接指定驱动电阻值对输入端口或双向端口设置 fall_drive 或 rise_drive 属性。其语法格式为

```
set_drive resistance [-rise] [-fall] port_list
```

- resistance：非负的驱动电阻值，该值越小表示驱动强度越大。
- -rise/-fall：指定是 rise_drive 属性还是 fall_drive 属性，如果都不指定，则 rise_drive = fall_drive = resistance。
- port_list：驱动强度设置为 resistance 的输入端口或双向端口列表。

```
dc_shell-t> set_drive 0 [list clk rst]   //时钟和复位端口的驱动强度设为无穷大
```

set_drive 命令可以和 drive_of 命令结合使用，比如采用 smic13_ss 库中单元 INVHD1X 的引脚 Z 的驱动能力表示 clk 和 rst 的驱动能力，其命令为

```
dc_shell-t> set_drive [drive_of smic13_ss/INVHD1X/Z] [list clk rst]
```

若用 smic13_ss 库中单元 INVHD1X 的引脚 Z 的驱动强度的 8 倍表示 clk 的驱动强度，则命令为

```
dc_shell-t> set_drive [expr [drive_of smic13_ss/INVHD1X/Z]*8] [get_ports clk]
```

set_driving_cell 命令对输入端口或双向端口的驱动电阻进行建模，将驱动单元（只有一个输出）或驱动单元特定引脚的驱动强度表示为端口的驱动强度，同时也把驱动单元的设计规则约束应用于待指定驱动强度的端口。其语法格式为

```
set_driving_cell [-lib_cell lib_cell_name] [-library lib] [-pin pin_name] [-no_design_rule] port_list
```

- -lib_cell：用于驱动设计输入端口的库单元名称。
- -library：lib_cell 所在库的名称，若当前仅读入唯一的目标库且驱动单元就在该库中，则该选项可省略。

- -pin：用于驱动设计输入端口的单元引脚名称，若单元只有一个输出，则该项可略去；若有多个输出但不指定，则 DC 采用第一个找到的引脚。
- -no_design_rule：该选项要求 DC 忽略驱动单元引脚上的设计规则。
- port_list：设置驱动强度的输入端口或双向端口列表。

例如，用 smic13IO_02_line_ss 库中单元 PLBI8N 的驱动强度表示所有输入端口的驱动强度，其命令为

```
dc_shell-t> set_driving_cell -library smic13IO_02_line_ss -lib_cell PLBI8N [all_inputs]
```

设置时需注意以下事项。

（1）如果设计包含 PAD 模块，那么在指定时钟、复位等高扇出端口的驱动能力时，应使用 set_ideal_network 命令，且其强度应该施加在 PAD 单元的输出线上。例如，时钟信号经 PAD 单元 PAD_INS 送入，PAD_INS 的输出引脚连接到连线 PAD_CLK_O 上，则其设置命令为

```
dc_shell-t> set_ideal_network -no_propagate [get_nets PAD_INS/PAD_CLK_O]
```

（2）set_drive 命令只对线性延时模型是准确的，而对非线性延时模型不适用；set_driving_cell 命令对各种延时模型都适用，故对时钟、复位外的其他端口设置驱动强度时建议使用 set_driving_cell 命令。

5. 设置输出负载

默认情况下 DC 认为所有端口的负载为 0，为了让 DC 精确计算输出电路的延时，需要指定输出端口所驱动的容性负载大小（单位由工艺库指定，通常为 pF）。set_load 命令用于为特定端口或连线设定特定的容性负载值，即为其指定 load 属性。其语法格式为

```
set_load value objects
```

- value：设定的容性负载值（非负实数）。
- objects：当前设计中设定容性负载的对象列表，包括端口、连线等。

```
dc_shell-t> set_load 3 [all_outptus]        //设置所有输出端口的容性负载为3pF
```

set_load 命令可以和 load_of 命令结合使用，比如采用 smic13_ss 库中单元 NAND2HD2X 的引脚 A 上的电容的 10 倍表示所有输出端口的负载，其命令为

```
dc_shell-t> set LOAD_OF_A [load_of smic13_ss/NAND2HD2X/A]
dc_shell-t> set_load [expr $LOAD_OF_A* 10] [all_outputs]
```

该例中首先把 smic13_ss 库中单元 NAND2HD2X 的引脚 A 上的电容值赋给一个变量 LOAD_OF_A，然后再以表达式形式赋给所有输出端口。

6. 设计规则约束

设计规则约束指为保证最终电路可以正常工作，而由工艺库定义的必须遵守的规则，也称隐含约束。其一般用于限制在电容、翻转时间、扇出等因素的影响下，一个单元可以和多少个其他单元相连。这些规则是必须遵守的，且比其他规则具有更高的优先级。设计规则约束由 set_max_transition、set_max_fanout 和 set_max_capacitance 组成。

翻转时间是指驱动连线的引脚或端口的电平翻转所需要的时间。工艺库中一般都会给出该

值，如果要为特定的端口、设计或时钟组指定特定的翻转时间，可以采用 set_max_transition 命令，其语法格式为

```
set_max_transition transition_value object_list
```

- transition_value：设定的最大翻转时间。
- object_list：设定其翻转时间为 transition_value 的对象列表。

```
dc_shell-t> set_max_transition 1.0 [all_designs]
```

以上命令设定所有设计的最大翻转时间为 1.0ns。

扇出负载指的是连线可以驱动的扇出数目，与容性负载不同。扇出负载没有量纲，在计算时 DC 把一个驱动引脚所连接的所有输入引脚的扇出负载相加，得出该驱动引脚的扇出负载值，并把该值与设定的 max_fanout 相比较。工艺库中设定了扇出负载的默认值，通过 set_max_fanout 可以进行修改。如果两者不同，综合时会以数值较小即更严格的值为准。

```
set_max_fanout fanout_value object_list
```

- fanout_value：设定的 max_fanout 属性值。
- object_list：设定 max_fanout 属性值为 fanout_value 的端口或设计等对象列表。

```
dc_shell-t> set_max_fanout 8 [get_designs mem_ctrl]
```

以上命令设定设计 mem_ctrl 的 max_fanout 为 8，则该设计中所有的连线都被约束。

注意：load（容性负载）、fanout_load（扇出负载）、fanout（扇出），这 3 个概念是不同的。

(1) load 指连线上各种容性负载的总和，单位是电容的单位。

(2) fanout_load 指连线所能驱动的输入引脚的容性负载换算成扇出得到的一个相对值，没有量纲；而且 1 个输入引脚的容性负载换算成扇出得到的 fanout_load 不一定为 1。

(3) fanout 指连线所能驱动的输入引脚的数目。

命令 set_max_fanout 中设定的 fanout_value 指的是 fanout_load。

设计规则约束还包含 max_capacitance 属性，由命令 set_max_capacitance 设定。该命令与 set_max_transition 是相互独立的。

```
set_max_capacitance capacitance_value object_list
```

- capacitance_value：设定的 max_capacitance 属性值。
- object_list：设定 max_capacitance 属性值为 capacitance_value 的端口或设计等对象列表。

```
dc_shell-t> set LOAD_OF_A [load_of smic13_ss/NAND2HD2X/A]
dc_shell-t> set_max_capacitance [expr $LOAD_OF_A* 10] [all_designs]
```

以上命令设定所有设计的 max_capacitance 为 smic13_ss/NAND2HD2X/A 电容的 10 倍，即 0.0838869，则该设计中所有的连线都被约束。本例中的值可在 DC-TCL 命令行中直接得到。

```
dc_shell-t>expr  [load_of smic13_ss/NAND2HD2X/A]* 10
0.0838869
```

6.4.4 设计约束

设计约束描述了设计的目标,主要包括时序目标和面积目标两部分。设计者相应地需要设置时序约束和面积约束,以便 DC 按照设计约束综合电路。

1. 设置时序约束

时序约束通常包含 4 类。

时钟定义:涉及的常用命令有 create_clock、create_generated_clock、set_clock_latency、set_propagated_clock、set_clock_uncertainty、set_dont_touch_network、set_clock_transition。

I/O 端口时序:涉及的常用命令有 set_input_delay、set_output_delay。

组合逻辑路径延时:涉及的常用命令有 set_max_delay、set_min_delay。

时序例外:涉及的常用命令有 set_false_path、set_multicycle_path。实际约束组合逻辑路径延时的命令也属于时序例外。

(1) 时钟定义

create_clock 命令:用于在当前设计中创建一个具有指定周期和波形的时钟对象。语法格式为

```
create_clock [-name clock_name] [source_objects] [-period period_value]
[-waveform edge_list]
```

- -name:为创建的时间指定一个名称。如果省略该项,时钟名称为 source_objects 中第一个对象的名称;如果后续 source_objects 省略,则该项必须指定,这种情况下创建的是虚拟时钟,用于约束组合逻辑的相对延时条件。
- source_objects:用于创建时钟的引脚或端口名称。
- -period:创建时钟的周期,单位由工艺库决定,一般为 ns。
- -waveform:指定时钟上升沿和下降沿的时刻,从而决定时钟信号的占空比;如果略去该项,默认时钟占空比为 50%,上升沿的时刻为 0。

例如,在输入端 CLK 创建一个周期为 10ns、名称为 clk 的时钟,命令为

```
dc_shell-t>create_clock -name clk -period 10 [get_ports CLK]
```

该时钟的占空比为 50%。若要时钟占空比为 40%,命令可改为

```
dc_shell-t>create_clock -name clk -period 10 -waveform [0 4] [get_ports CLK]
```

create_clock 命令创建的时钟是理想时钟,没有延时。可以通过指定 latency、uncertainty 等约束条件来模拟真实时钟,相应的命令为 set_clock_latency、set_clock_uncertainty。

set_clock_latency 命令用于定义时钟网络的延时,包括 source_latency 和 network_latency。source_latency 是从时钟源到时钟定义位置的延迟,network_latency 是从时钟定义位置到触发器时钟输入端的延迟。时钟 latency 含义如图 6-67 所示。该命令的语法格式为

```
set_clock_latency [-source] delay object_list
```

- -source:指定 latency 为 source_latency,若没有该选项,则为 network_latency。
- delay:时钟延时的值。
- object_list:指定 latency 所在的时钟、端口、引脚的对象列表。

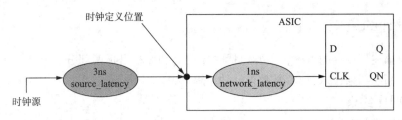

图 6-67　时钟 latency 含义

针对图 6-67，延时的设置命令为

```
dc_shell-t>set_clock_latency-source 3 [get_clocks CLK]
dc_shell-t>set_clock_latency 1 [get_clocks CLK]
```

latency 指定了时钟的延时，后端版图设计的结果可能会引起时钟网络的时序在一定范围内变化，因此可以使用 uncertainty 来为 DC 的综合与优化提供一定的时序裕度。uncertainty 分为 plus uncertainty（保持时间检查时用）和 minus uncertainty（建立时间检查时用）。设置 uncertainty 的命令语法格式为

```
set_clock_uncertainty [-setup] uncertainty
```

● -setup：指定仅用于建立时间检查的 uncertainty，默认情况下 uncertainty 同时用于建立时间和保持时间检查。

● uncertainty：时钟不确定性的值。

实际应用中在一些复杂设计上可能会用到分频或倍频时钟，DC 不能为这些时钟自动创建时钟对象，这就要用到 create_generated_clock 命令。其语法格式为

```
create_generated_clock [-name clock_name] -source master_pin [-divide_by divide_factor |-multiply_by multiply_factor] source_objects
```

● -name：指定生成时钟的名称。
● -source：指定主时钟。
● -divide：指定分频系数。
● -multiply：指定倍频系数。
● source_objects：指定生成时钟所在的端口或引脚列表。

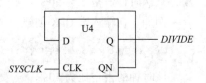

图 6-68　生成时钟示意图

例如，在图 6-68 中，时钟信号 *DIVIDE* 是主时钟 *SYSCLK* 的 2 分频，则其命令为

```
dc_shell-t>create_generated_clock-name DIVIDE-source SYSCLK divide_by 2 [get_pins U4/Q]
```

前面介绍的时钟定义需要手动为其设置延时、不确定性等约束条件，而对于布图后的时钟信号，只需指定其为传播时钟，DC 就会将时钟树上的延时属性自动加载到所指定的设计对象上，其命令为

```
set_propagated_clock
```

因为本书侧重数字 IC 前端设计，故此处不详细讲解。但时钟不确定性在布图前或布图后都应指定，以减少芯片受制造工艺偏差的影响。

由于时钟的负载通常很大，DC 会使用缓冲器来增加其驱动能力，该工作一般放在后端完成，因此要为时钟指定 dont_touch 属性，其命令为

```
set_dont_touch_network
```

DC 在综合的时候不对 dont_touch 的对象进行优化。

同样，由于时钟的负载很大，时钟的翻转时间往往也很大，这不符合实际情况，因此需要为时钟信号指定一个固定的翻转时间，命令为

```
set_clock_transition
```

综合前面几条命令，现要设计创建一个时钟，周期 10ns，network_latency 为 1ns，source_latency 为 3ns，时钟翻转时间为 0.3ns，建立时间检查的不确定性为 0.5ns，完整的脚本命令为

```
create_clock -period 10 [get_ports CLK]
set_clock_latency 1 [get_clocks CLK]
set_clock_latency -source 3 [get_clocks CLK]
set_clock_uncertainty -setup 0.5 [get_clocks CLK]
set_clock_transition 0.3 [get_clocks CLK]
set_dont_touch_network [get_clocks CLK]
```

注意：内核逻辑加上 PAD 后，时钟应定义在"时钟 PAD"的输出端（假定为 D），同时为其设置 dont_touch 属性，并将输出线（假定为 pad_clk_o）设为 ideal_network。具体脚本命令为

```
set T 10
create_clock -period $T -waveform [list 0 $T/2] -name clk [get_pins PAD_INS/CLK_PAD/D]
……
set_dont_touch_network [get_clocks CLK]
set_ideal_network [get_nets PAD_INS/pad_clk_o]
```

(2) I/O 端口时序

定义完时钟相当于定义了寄存器与寄存器之间的时序约束，而输入输出端口与时钟间的时序关系还没有约束，这就需要用到 set_input_delay 和 set_output_delay。

set_input_delay 命令用来对当前设计设置输入延时。其语法格式为

```
set_input_delay delay_value  [-clock clock_name] [-max] [-min] port_pin_list
```

- delay_value：设定的输入延时的大小，单位由工艺库决定，一般为 ns。
- -clock：输入延时所参考关联的时钟。
- -max：指定最长路径的输入延时。
- -min：指定最短路径的输入延时。
- port_pin_list：当前设计中设定输入延时的输入端口或内部引脚的列表。

例如，在图 6-69 中时钟频率为 50MHz，外部逻辑延时最坏情况下为 7.4ns，则设定输入端口 A 的输入延时的命令为

```
set_input_delay -max 7.4 -clock [get_clocks Clk] [get_ports A]
```

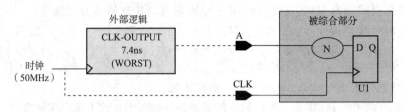

图 6-69 输入延时设定示意图

在图 6-69 中,如果 U1 的建立时间为 1ns,则组合逻辑 N 的最大延时为 20 - 1 - 7.4 = 11.6ns。

注意:实际应用中对异步复位信号一般由主时钟打两拍(延时 2 个时钟周期),同时由于异步复位信号与时钟之间没有直接的时序关系,故通常不对异步复位信号设置输入延时。

set_output_delay 命令用来对当前设计设置输出延时。其语法格式为

```
set_output_delay delay_value [-clock clock_name] [-max] [-min] port_pin_list
```

- delay_value:设定的输出延时的大小,单位由工艺库决定,一般为 ns。
- -clock:输出延时所参考关联的时钟。
- -max:指定最长路径的输出延时。
- -min:指定最短路径的输出延时。
- port_pin_list:当前设计中设定输出延时的输出端口或内部引脚的列表。

例如,在图 6-70 中时钟频率为 50MHz,外部逻辑建立时间要求为 7.0ns,则设定输出端口 B 的输出延时的命令为

```
set_output_delay -max 7.0 -clock [get_clocks Clk] [get_ports A]
```

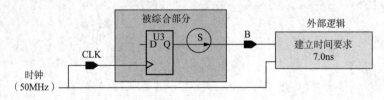

图 6-70 输出延时设定示意图

在图 6-70 中,如果 U3 的 T_{CLK-Q} 为 1ns,则组合逻辑 S 的最大延时为 20 - 1 - 7.0 = 12.0ns。

(3) 组合逻辑路径延时

对于纯组合逻辑,一般使用 set_max_delay 和 set_min_delay 进行约束,当然也可以使用虚拟时钟,虚拟时钟的创建见前面理想时钟的讨论。

set_max_delay 用于在当前设计中指定从任意起点到任意终点的最大延时。其语法格式为

```
set_max_delay delay_value [-from from_list] [-through through_list] [-to to_list] [-group_path group_name]
```

- delay_value:指定最大延时的值,单位由工艺库决定,一般为 ns。
- -from:延时约束的起点列表。
- -through:延时路径经过的节点列表。
- -to:延时约束的终点列表。
- -group_path:建立一个时序关键路径的组,用于重点优化。该选项对编译时间有较大影响,而且该组优化的优先级高,可能会导致其他的时序违例,因此该选项(或单独使用 group_

path 命令）通常作为综合优化的最后手段使用。

例如，设定从 U0 的 CP（Clock Pulse，时钟脉冲）端经单元 U1 和 U2 的 Z 端到达 U3 的 A 端的最大延时为 5.0ns，则命令为

```
set_max_delay 5.0 -from [get_pins U0/CP] -through [list U1/Z U2/Z] -to [get_pins U3/A]
```

set_min_delay 用于在当前设计中指定路径的最小延时，与 set_max_delay 相对，该命令与 set_fix_hold 命令配合使用可修正电路的保持时间，如果发生 min_delay 违规，在不增大 max_delay 的情况下综合工具会自动添加合适的延时单元来修复违规。其语法格式为

```
set_min_delay delay_value [-from from_list] [-through through_list] [-to to_list]
```

- delay_value：指定最小延时的值，单位由工艺库决定，一般为 ns。
- -from：延时约束的起点列表。
- -through：延时路径经过的节点列表。
- -to：延时约束的终点列表。

例如，设定从 U0 的 CP 端经单元 U1 和 U2 的 Z 端到达 U3 的 A 端的最小延时为 3.0ns，则命令为

```
set_min_delay 3.0 -from [get_pins U0/CP] -through [list U1/Z U2/Z] -to [get_pins U3/A]
```

注意：set_max_delay 和 set_min_delay 命令优先于 DC 计算出的时序要求。例如，有一条寄存器到寄存器的时序路径，起始时刻为 20ns，下一个时钟有效沿时刻为 35ns，那么 DC 计算出的该路径最大延时为

(35 - 20) - （终点寄存器的工艺库指定的建立时间）

然而，如果用 set_max_delay 10 约束了该条路径，那么 DC 计算出的该路径最大延时为

10 - （终点寄存器的工艺库指定的建立时间）

(4) 时序例外

由于每条路径都有时序约束，因此才能进行时序分析，但在某些情况下，有些路径的时序分析没有意义。要想忽略这些路径的分析，就要设定时序例外（timing exception）。

除了前面讲的 set_max_delay 和 set_min_delay 指定的时序例外，另有两类时序例外：伪路径和多周期路径，分别由 set_false_path 和 set_multicycle_path 命令来指定。其他的时序例外放在第 7 章讲解。

伪路径也称为虚假路径，指时序分析时不需要关心的路径。DC 不能自动识别伪路径，故需要显式指定。set_false_path 命令用于去掉特定路径上的时序约束，对异步逻辑和逻辑上的虚假路径非常有用。其语法格式为

```
set_false_path [-from from_list] [-through through_list] [-to to_list]
```

- -from：伪路径的起点列表。
- -through：伪路径经过的节点列表。
- -to：伪路径的终点列表。

例如，设定从 ff1 的 CP 端经单元 U1 和 U2 的 Z 端到达 ff2 的 D 端的路径为伪路径，则命令为

```
dc_shell-t>set_false_path-from [get_pins ff1/CP]-through [list U1/Z
U2/Z]-to [get_pins ff2/D]
```

如果设计中有多个时钟,那么由一个时钟域到另一个时钟域的路径为伪路径,需要一一标识,这时可以重复调用 set_false_path 命令,也可以采用如下脚本命令:

```
foreach_in_collection clk1 [all_clocks] {
  foreach_in_collection clk2 [remove_from_collection [all_clocks] [get_clocks $clk1]] {
    set_false_path-from [get_clocks $clk1]-to [get_clocks $clk2]
    }
}
```

多周期路径指两级相邻寄存器之间的组合逻辑延时较大,不能在1个时钟周期内完成,因此需要设定为多周期路径,由 set_multicycle_path 命令完成。其语法格式为

```
set_multicycle_path path_multiplier [-setup] [-hold] [-from from_list]
[-through through_list] [-to to_list]
```

- path_multiplier:指定路径的时钟周期数。
- -setup:指定该路径针对建立时间检查。
- -hold:指定该路径针对保持时间检查。
- -from:多周期路径的起点列表。
- -through:多周期路径经过的节点列表。
- -to:多周期路径的终点列表。

例如,在图6-71所示的设计中,时钟周期为10ns,而其中一级加法器的延时近60ns,那么约束方法为

```
dc_shell-t>create_clock-period 10 [get_clocks clk]
dc_shell-t>set_multicycle_path 6-setup-to [get_pins c_reg[* ]/D]
```

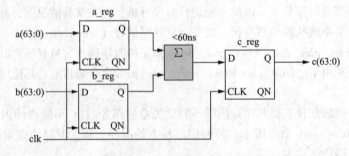

图6-71 多周期路径约束示意图

多周期路径的另一个应用是,对于电平敏感的设计,设计者希望时钟周期为0,可通过该命令实现。

2. 设置面积约束

面积是主要的成本因素,设计者总希望得到的电路面积尽可能小、速度尽可能高。面积的描述方式由工艺库决定,包括 NAND2 的数目、晶体管数目、以 mm^2 为单位的几何面积等。面积约

束的命令为 set_max_area。其语法格式为

```
set_max_area area_value
```

- area_value：指定的面积值，单位与工艺库一致。

对于时序优先的设计，通常设置其最大面积为 0，意指在时序收敛的前提下尽可能地优化面积。其命令为

```
dc_shell-t > set_max_area 0.0
```

前面介绍的各种约束，实际上是对设计对象设置了相应的属性。设计对象的属性按照 cell、clock、design、library cell、net、pin、port、read-only、reference 等进行划分，通常用到较多的属性包括 area、dont_touch、load、rise_drive、fall_drive、max_rise_drive、max_fall_drive、rise_delay、fall_delay、plus_uncertainty、minus_uncertainty、propagated_clock、pin_direction、port_direction。

查看特定设计对象的特定属性时，可以使用命令 get_attribute。例如，查看时钟端 CLK 的上升沿驱动能力：

```
dc_shell-t > get_attribute [get_ports CLK] rise_drive
3.283230
```

又如，查看工艺库 smic13_ss 中单元 NAND2B1HD1X 的面积：

```
dc_shell-t > get_attribute [get_lib_cells smic13_ss/NAND2B1HD1X] area
7.564000
```

基于前面讨论的设计约束命令，这里分析一个相对复杂的时序约束的例子，如图 6-72 所示。在该设计中，4 个时钟的时钟周期分别为 clk1=30ns，clk2=20ns，clk3=10ns，clk4=15ns。clk1 和 clk2 的 network_latency 分别为 0.5ns 和 0.6ns，翻转时间都是 1.0ns。clk3 和 clk4 与顶层设计异步。其他信息表示在图中。对这个设计进行时序约束的命令如下。

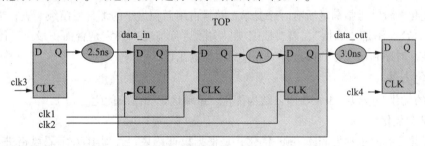

图 6-72　多时钟时序约束

```
#创建时钟
create_clock-period 30 [get_ports clk1]
create_clock-period 20 [get_ports clk2]
#生成 clk3 和 clk4 的虚拟时钟
create_clock-period 10-name clk3
create_clock-period 15-name clk4
#约束不确定性、转换、延时
```

```
set_clock_uncertainty 0.35 [get_clocks clk1]
set_clock_uncertainty 0.40 [get_clocks clk2]
set_clock_transition 1.0 [get_clocks "clk1 clk2"]
set_clock_latency 0.5 [get_clocks clk1]
set_clock_latency 0.6 [get_clocks clk2]
#约束输入延时和输出延时
set_input_delay 2.5 -clock clk3 [get_ports data_in]
set_output_delay 3.0 -clock clk4 [get_clocks data_out]
#时序例外
set_false_path -from "clk3 clk4" -to "clk1 clk2"
set_false_path -from "clk1 clk2" -to "clk3 clk4"
```

6.4.5 设计优化

设定完各项综合约束后就可以进行编译，即设计优化了，但通常情况下，设定完约束后并不马上进行综合优化，因为对一个较大的设计而言，综合一次消耗的时间一般都较长，可能是数小时甚至几天，因此综合前确认综合约束命令是否正确添加到设计中是很有必要的，这可以降低由于约束不正确而重新综合的风险，减少迭代次数。检查综合约束的常用命令有

```
report_design
report_port -verbose
report_clock
report_constraints
report_timing_requirement
```

完全优化的设计是指满足所有时序要求，并且占用面积最小的综合后门级网表。当然，面积最小是"约指"，不是"确指"，需要根据项目实际运行情况来判定是否面积最小。优化是基于设计的功能、时序和面积等约束进行的，目标即是满足设计约束。

1. 优化方法

DC 中的优化一般包括 3 个步骤：结构优化、逻辑优化和门级优化。

（1）结构优化

结构优化，有时也称为 high-level 优化，是根据设计约束、针对 RTL 编码风格进行的优化。该步骤执行的操作如下。

① 选择 DesignWare 实现（DesignWare implementation selection）。

② 共享公共的子表达式（sharing common subexpressions）。

③ 共享资源（resource sharing）。

④ 运算符重排序（reordering operators）。

以上操作中，除选择 DesignWare 实现外，都是针对未映射的设计进行的。该优化步骤得到一个以 GTECH 库中的元件表示的设计。

下面对选择 DesignWare 实现做简单说明。例如，有段代码：

```
if(enable)
    y <= A + B;
else
    y <= C + D;
```

那么加法电路如何实现，最终电路中应该有几个加法器？在配置文件中指定的 synthetic_library 可以提供 DC 根据速度、面积等折中考虑而选择的电路结构，如图 6-73 所示。

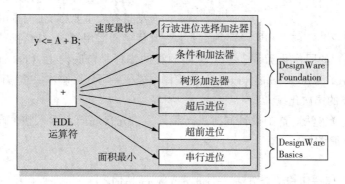

图 6-73　选择 DesignWare 实现

（2）逻辑优化

逻辑优化针对结构优化得到的 GTECH 网表进行，也可以看作是对布尔方程的控制，一般包括两个过程：展平和构造。

① 展平（flattening）：展平是把组合逻辑变成一种两级积之和（Sum-Of-Products，SOP）的形式。展平是独立于约束的，在展平过程中，DC 把设计中的所有中间变量去掉，可以提高速度但会增加面积。但需要注意两点：一是展平受工艺库的影响，也许不能保证把设计映射成 SOP 形式；二是展平操作并不影响设计的层次结构，其命令是 set_flatten，与消除层次的命令 ungroup 不同。虽然 flatten 通常意味着去掉层次结构，但在 DC 中，flatten 有其特殊的含义，仅仅指展平一个逻辑表达式而不是展平设计。

② 构造（structuring）：构造是基于约束的，通过给设计添加中间变量和逻辑结构，使得逻辑共享，可以减小设计的面积。构造过程中，DC 在设计中寻找最有可能减少逻辑的子设计，将其设为中间变量，并从设计表达式中提取出来。其命令为 set_structure。

图 6-74 所示为展平和构造的对比。

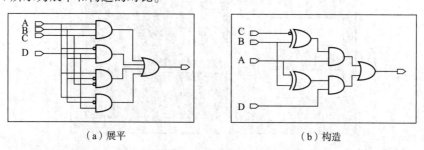

图 6-74　展平和构造的对比

（3）门级优化

门级优化产生目标库上的最终网表。门级优化一般包括映射、延时优化、设计规则修正和面

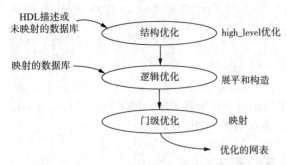

图 6-75 结构优化、逻辑优化和门级优化

积优化。逻辑优化和门级优化都通过命令 compile 完成，但满足所有约束，或用户中断，或 DC 无法满足约束且无法进一步优化时，编译就会停止。

优化的 3 个步骤如图 6-75 所示。

2. 编译策略

层次化设计中，选择不同的编译策略对综合结果有着重要影响，不同的编译策略也各有其优劣和适用情况。DC 推荐的编译策略有自顶向下（top-down）的层次化编译、基于时间预算的编译、自底向上（bottom-up）的 CCWSR（Compile-Characterize-Write-Script-Recompile，编译—表征—写入—脚本—重编译）。

（1）自顶向下的层次化编译

自顶向下的编译方法对整个设计同时进行编译，首先自底向上读入整个设计，并在顶层施加约束，然后执行编译。

优点：

- 方法简单，属按钮式综合方法（push-button approach）；
- 只在顶层施加约束，脚本少，易理解、易编写、易维护、易移植；
- DC 工具自动考虑内部模块间的约束，并精确计算延时、负载、扇出等，结果较好。

缺点：

- 编译时间长，对内存和 CPU 要求高；
- 任一子设计的改变都需要整体设计的重新综合；
- 若设计包含多个时钟或生成时钟，由于缺乏对子设计的恰当约束会导致结果较差。

自顶向下的编译流程和脚本模板如图 6-76 所示。

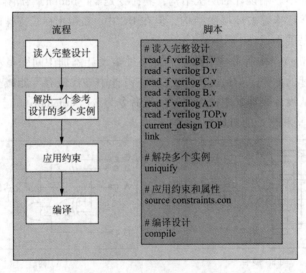

图 6-76 自顶向下的编译流程和脚本模板

（2）基于时间预算的编译

基于时间预算的编译要求设计者根据设计规范为每一个子设计编写综合脚本，然后从底层

开始综合每一个子设计，直到完成顶层设计的综合，最后再分析综合结果是否满足要求。

优点：
- 子设计的脚本易于编写维护，且对子设计的综合结果较好；
- 易于处理多个时钟和生成时钟；
- 某一子设计的改变不需要整体设计的重新综合。

缺点：
- 需要编写和维护的子设计脚本多；
- 要求设计者为每个子设计指定时序约束，而这往往是比较困难的；
- 顶层的关键路径对子设计而言可能并不是关键路径。

（3）自底向上的 CCWSR

自底向上的 CCWSR 编译方法对不具有明确的模块间规范的设计比较有用，而且不受机器内存的限制。该方法在设计的顶层施加约束，并且对每个子设计进行预编译，然后使用 characterize 命令和 write_script 命令为子设计保存综合脚本，继而重新读入设计并对顶层进行编译。

characterize 命令根据子设计的工作环境计算实际的属性和约束；write_script 命令输出执行了 characterize 命令的模块的约束脚本。characterize 命令的使用如图 6-77 所示，对应的脚本如下：

```
current_design TOP
characterize - constraints [get_cells U2]
current_design B
compile - incremental_mapping - map_effort high
```

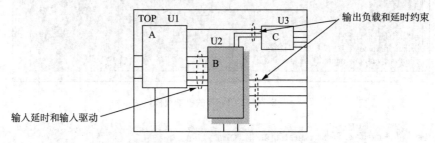

图 6-77　characterize 命令的使用

优点：
- 占用机器内存少；
- 对子模块的约束合理，优化结果较好。

缺点：
- write_script 生成的脚本可读性较差；
- 可能需要多次迭代才能使各模块时序收敛，即所谓"乒乓效应"；
- characterize 命令只有在所有设计都映射到门级之后才能执行；
- characterize 命令一次只对一个模块进行操作，且会消除模块属性上的各种裕度。

CCWSR 的脚本模板如图 6-78 所示。

3. 设计编译

在选择了编译策略，检查了所设定的约束后就可以开始编译了。编译完成 HDL 代码到目标库上逻辑门的映射，通过命令 compile 实现，其语法格式为

```
set all_blocks {E,D,C,B,A}                      # 保存特征信息
# 各个子模块单独编译                              foreach (block, all_blocks) {
foreach (block, all_blocks) {                    current_design block
                                                 set char_block_script block +".wscr"
# 读取到模块                                      write_script > char_block_script
set block_source block + ".v"                   }
read_file -format verilog block_source
current_design block                             # 重新编译每个模块
link                                             foreach (block, all_blocks){
uniquify
                                                 # 清理内存
# 应用全局属性和约束                              remove_design -all
source constraints.con
                                                 # 读取已特征化的子模块
# 应用模块属性和约束                              set block_source block + ".v"
set block_script block +".con"                   read -format verilog block_source
source block_script
                                                 # 重新编译子模块
# 编译模块                                        current_design block
compile                                          link
}                                                uniquify

# 读取整体编译的设计                              # 应用全局特征和约束
read_file -format verilog TOP.v                  source defaults.con
current_design TOP
link                                             # 应用特征约束
write -hierarchy -output first_pass.db           ser char_block_script block + ".wscr"
                                                 include char_block_script
# 应用顶层约束
source constraints.con                           # 应用模块属性和约束
source top_level.con                             set block_script block + ".con"
                                                 source block_script
# 检查违例
report_constraint                                # 重新编译模块
                                                 compile
# 指定所有设计实例                                }
set all_instances {U1,U2,U2/U3,U2/U4,U2/U5}
characterize -constraint all_instances
```

图 6-78 CCWSR 的脚本模板

```
compile  [-map_effort medium |high]
[-area_effort none |low |medium |high]
[-incremental_mapping]
[-ungroup_all]
[-auto_ungroup area |delay]
[-no_design_rule |-only_design_rule |-only_hold_time]
```

• -map_effort：综合工具映射的努力程度，有 medium、high 两个选项，默认为 medium，对多数设计可以得到理想结果；无法满足约束时再使用 high 选项，这将增加编译时间。

• -area_effort：综合工具面积优化的努力程度，有 low、medium、high 三个选项，默认为 medium。

• -incremental_mapping：增量编译，指示综合工具在前一次综合结果的基础上进行进一步优化，只用在门级，通常用于改善时序和修正 DRC 违规。进行增量编译时，DC 会进行各种映射优化以改善时序。若只对设计修正 DRC，可以加上 -only_design_rule 选项。

- – ungroup_all：对设计中除具有 dont_touch 属性的设计外全部去除层次。
- – auto_ungroup：对设计中的层次结构根据需要自动去除层次。

例如，在初次编译时采用 medium 的映射努力，增量编译时采用 high 的映射努力，相应命令为

```
#第一次编译
compile -map_effort medium
#第二次编译
current_design xsoc
compile -incremental -map_effort high
```

编译时，DC 提供了 compile_ultra 命令，包括许多高级的综合优化算法，可以使关键路径的分析和优化在最短时间内完成。

4. 优化技巧

除了编译选项的选择，设计者还可以根据优化目标的不同进行不同设置。

（1）消除层次

综合在默认情况下是保持设计的层次结构的，尽管可以让 DC 跨越边界优化，但为了去掉不必要的层次，也可以采用 ungroup "打平" 设计，这与前面讨论的展平不同。例如，要彻底消除某设计 xsoc 内部的层次关系，可以采用如下命令：

```
dc_shell -t> current_design xsoc
dc_shell -t> ungroup -flatten -all
```

（2）限制使用某些单元

有些情况下，不希望综合结果采用目标库中的特定单元，可以采用 set_dont_use 命令。例如，限制使用带 scan 的触发器，可以采用如下命令进行设置：

```
dc_shell -t> set SCAN_FF1 smic13_ss/FFS*
dc_shell -t> set_dont_use $SCAN_FF1
```

（3）设置关键路径范围

关键路径指违反设计约束最严重的路径，也是 DC 优化的重点，但对于违反设计约束不那么严重的路径，DC 通常不进行优化。因此可以设置一个关键路径范围，指示 DC 对处于该范围内的路径都进行优化，但这会增加编译时间，通常和 group_path 一样作为优化最后阶段采用的方法。例如，设置关键路径范围为 2ns，则所有处于关键路径 2ns 范围内的路径都将被优化，而对其他路径 DC 将不进行优化。

```
dc_shell -t> set_critical_range 2 [current_design]
```

（4）时序优先

如果设计是时序优先的，可以尝试如下方法。

① 使用 ungroup 去除不必要的层次。

② 使用 group_path 命令创建路径组，并为该组内的路径设置 DC 优化的优先级。

③ 调用 DC Ultra，即使用 compile_ultra 命令。

（5）面积优先

如果设计对面积比较敏感，可以尝试如下方法。

① 获取设计的最小面积。对设计最小面积的预估可以通过调用 simple compile mode 编译完成，该编译模式没有任何时序约束。对应的命令为

```
dc_shell-t > set simple_compile_mode true
dc_shell-t > compile
```

② 对小的设计模块通过 ungroup 命令消除层次，以实现单元共享；该操作也可以通过 compile - auto_ungroup area 命令自动完成。

③ 可通过命令 set_max_area area_constraint [-ignore_tns] 明确指示工具。其中 -ignore_tns 选项用以指示面积的优先级高于总的时间违规。

④ 使用 compile - area_effort high 可以减少单元数目。

⑤ 设置变量 compile_sequential_area_recovery 为 true。

⑥ 启动构造以减小面积，set compile_new_boolean_structure true。

6.4.6 导出报告

各类报告信息是分析设计的关键，DC 提供了多个命令用于保存综合的报告。

1. 违规报告

命令 report_constraint 用于报告设计中违反约束的信息，包括设计规则、建立时间、保持时间和面积。违规分为 big 和 small，一般把小于或等于设计约束 10% 的违规归类为 small，其他归为 big。对于 big 类违规，要从确认约束符合实际、划分是否合理、是否 ungroup 不必要子模块、构造展平、high 映射努力、修改 HDL 代码等角度尝试修正；对于 small 类违规，则需从增量编译、high 映射努力、设置关键路径范围等角度尝试修正。其语法格式为

```
report_constraint [-all_violators] [-verbose]
```

- -all_violators：给出设计中关于优化和设计规则的违规信息。
- -verbose：给出违规的详细计算信息。

例如，要把所有违规报告保存到报告目录（report_path）下的文件 con_violators.rpt 中，可用如下命令：

```
dc_shell-t > report_constraint -all_violators > $report_path/con_violators.rpt
```

2. 检查设计

当设计中存在多次实例化或未连接的引脚时，check_design 就会返回 warning；当设计中有未被约束的引脚、门控时钟时，check_timing 就会返回 warning。

3. 时序报告

对于多数设计，时序报告可以说是最重要的一类报告，由命令 report_timing 完成。report_timing 给出设计的时序信息，其语法格式为

```
report_timing [-to to_list]
[-from from_list]
[-through through_list]
```

```
[-path full]
[-delay min|max]
[-nworst paths_per_endpoint]
[-max_paths max_path_count]
[-nets] [-capacitance] [-nosplit]
```

- -from、-through、-to：时序路径的起点、经过节点、终点列表。
- -path：给出完整的时序路径信息。
- -delay：指定路径的延时类型，min 代表保持时间检查，max 代表建立时间检查。
- -nworst：指定为每个终点报告的路径数，默认为1。
- -max_paths：指定为每个路径组报告的路径数，默认为1。
- -nets：指定在报告中显示每个单元的扇出。
- -capacitance：指定在报告中显示连线上的集总电容。
- -nosplit：指定报告中的内容超过固定的列数时仍显示在同一行上。

例如，产生到 z1 的最差两条路径的建立时间报告，可用命令

```
dc_shell-t>report_timing-to z1 -nworst 2
```

4. 面积报告

面积报告由命令 report_area 完成，其语法格式为

```
report_area [-nosplit]
```

- -nosplit：指定报告中的内容超过固定的列数时仍显示在同一行上。

例如，要把所有面积报告保存到报告目录（report_path）下的文件 area.rpt 中，可用如下命令：

```
dc_shell-t>report_area > $report_path/area.rpt
```

5. 时钟报告

时钟报告由命令 report_clock 完成，其语法格式为

```
report_clock [-attributes] [-skew] [-nosplit]
```

- -attributes：报告时钟信息，如源类型、上升时间、下降时间和属性等，默认情况下该选项有效。
- -skew：报告时钟的歪斜信息，如上升延时、下降延时、不确定性等。
- -nosplit：指定报告中的内容超过固定的列数时仍显示在同一行上。

例如，要把所有时钟属性信息保存到报告目录（report_path）下的文件 clock.rpt 中，可用如下命令：

```
dc_shell-t>report_clock > $report_path/clock.rpt
```

6. 线负载报告

线负载报告由命令 report_wire_load 完成，其语法格式为

```
report_wire_load [-design design_name] [-name model_name] -nosplit
```

- – design：指定为哪个设计报告线负载信息。
- – name：报告线负载模型名称，默认报告所有模型。
- – nosplit：指定报告中的内容超过固定的列数时仍显示在同一行上。

例如，要把当前设计中的线负载模型信息保存到报告目录（report_path）下的文件 wlm.rpt 中，可用如下命令：

```
dc_shell-t > report_wire_load > $report_path/wlm.rpt
```

6.4.7 保存设计

综合后的设计可以通过 write 命令保存输出。其语法格式为

```
write-format db |verilog |vhdl-hierarchy-output filename
```

- – format：指定输出数据格式，可以是 db、edif、equation、lsi、pla、st、tdl、verilog、vhdl、xnf。Verilog HDL 和 VHDL 格式可读，但不保存约束信息；DB 格式不可读但可以保存约束信息。
- – hierarchy：该选项指示 DC 保存设计的所有层次。
- – output：该选项指定输出文件的名称。

例如，编译完成后，通常保存两个格式的设计文件，一个 DB 格式，另一个 Verilog HDL/VHDL 格式，可用如下命令：

```
dc_shell-t > write-format verilog-hierachy-output $map_path/xsoc_top.sv
dc_shell-t > write-format db-hierarchy-output $map_path/xsoc_top.db
```

另外，由于综合过程中 DC 对设计对象的命名可能导致分析不便，因此通常在保存设计前会调用如下命令以保证命名规范：

```
dc_shell-t > change_names-rule verilog-h
```

6.5 综合报告分析

本节讨论如何阅读综合报告，主要包括面积报告、时序报告等。

6.5.1 面积报告

以下是一个面积报告的例子：

```
****************************************
Report : area
Design : top_design
Version: ……
Date   : Tue Sep 1 10:39:26 2022
****************************************
Library(s) Used: smic13_ss (File: $STD_path/smic13_ss.db)
                 smic13IO_02_line_ss (File: $IO_path/smic13IO_02_line_ss.db)
```

```
Number of ports:              46
Number of nets:               170019
Number of cells:              165997
Number of references:         290


Combinational area:           2162066.000000
Noncombinational area:        957428.937500
Net Interconnect area:        undefined     (Wire load has zero net area)

Total cell area:              3120141.750000
Total area:                   undefined
```

该报告给出了设计的名字和所用的工艺库，以及设计中端口、连线、单元和参考的数目。Combinational area 表示组合逻辑的面积，Noncombinational area 表示时序逻辑的面积。由于综合阶段线负载模型是预估的，故其面积未定义，因此报告的 Total cell area 即 Combinational area 与 Noncombinational area 的和。

面积值的单位一般由工艺库指定。通常该值可以是晶体管数目、2 输入与非门数目，或单位为 μm^2。

6.5.2 时序报告

要充分理解时序报告提供的信息，首先应了解 DC 中如何计算路径延时。时序报告路径延时计算分为两部分：一部分是数据到达时间（data arrival time）的计算，另一部分是数据要求到达时间（data required time）的计算。两者的差称为时序裕度（slack），若裕度为负，则表示违规。

裕度的计算对建立时间检查和保持时间检查而言是不同的，其公式为

$$\text{setup slack} = \text{data required time} - \text{data arrival time}$$
$$\text{hold slack} = \text{data arrival time} - \text{data required time}$$

关于数据到达时间和数据要求到达时间的计算，需要考虑时序路径的具体情况。在时序分析中共有 4 类时序路径，按路径类型的不同，数据到达时间和数据要求到达时间也有对应的计算方法。

1. 从基本输入到寄存器的时序路径

对于从基本输入到寄存器的时序路径，其数据到达时间以及针对建立时间检查和保持时间检查的数据要求到达时间的计算公式为

$$\text{data arrival time} = \text{clock\_latency} + \text{input\_delay} + \text{cell/net\_delay} \tag{6-1}$$
$$\text{data setup required time} = \text{clock\_period} + \text{clock\_latency} - \text{clock\_uncertainty} - \text{cell\_setup\_time} \tag{6-2}$$
$$\text{data hold required time} = \text{clock\_latency} + \text{clock\_uncertainty} + \text{cell\_hold\_time} \tag{6-3}$$

下面简单分析一个具体的建立时间检查报告。

（1）报告基本信息

报告的基本信息主要描述了产生报告的命令和其参数、设计的名称、生成报告的时间等。4 类时序路径的报告基本信息相似，故后面关于其他时序路径的分析略去该部分。

```
Report : timing
        -path full
        -delay max
        -input_pins
        -nets
        -max_paths 100
        -transition_time
Design : top_design
Version: ……
Date    : Tue Sep 1 10:37:16 2010
****************************************

Operating Conditions: WORST    Library: smic13_ss
```

(2) 工作条件信息

该部分内容描述了设计的工作条件、目标工艺库和线负载模型的工作模式。4 类时序路径的工作条件信息相似,故后面关于其他时序路径的分析也略去该部分。

```
Wire Load Model Mode: segmented

Startpoint: D[4] (input port clocked by wr_clk)
```

(3) 时序路径

首先看时序路径的起点和终点信息,这里起点是基本输入端 D,终点是由时钟 wr_clk 上升沿触发的寄存器 reg_4_。Path Group 部分表示该路径所属的路径组为 INPUTS(路径组由脚本命令 group_path – name INPUTS – from [all_inputs] 创建),Path Type 部分表示路径类型为 max,即进行建立时间检查。Wire Load Model 部分描述了内核逻辑 top_chip 和 PAD 模块 top_pad 所用的线负载模型。

```
Endpoint: reg_4_ (rising edge - triggered flip - flop clocked by wr_clk)
Path Group: INPUTS
Path Type: max
Des/Clust/Port        Wire Load Model            Library
------------------------------------------------------------------
top_chip              reference_area_2500000     smic13_ss
top_pad               reference_area_1000000     smic13_ss


Point                          Fanout    Trans      Incr       Path
------------------------------------------------------------------
clock wr_clk (rise edge)                            0.00       0.00
clock network delay (ideal)                         2.20       2.20
input external delay                                3.00       5.20 r
```

D[4] (inout)		0.77	0.34	5.54 r
D[4] (net)	1		0.00	5.54 r
pad_inst/pad_data[4] (top_pad)			0.00	5.54 r
pad_inst/pad_data[4] (net)			0.00	5.54 r
pad_inst/pad_data4_inst/P (PLBI8N)		0.77	0.02	5.56 r
pad_inst/pad_data4_inst/D (PLBI8N)		0.09	3.59	9.15 r
pad_inst/pad_data_in_o[4] (net)	4		0.00	9.15 r
pad_inst/pad_data_in_o[4] (top_pad)			0.00	9.15 r
cpu_data_in[4] (net)			0.00	9.15 r
U216403/A (BUFHD1X)		0.09	0.00	9.15 r
U216403/Z (BUFHD1X)		0.17	0.16	9.31 r
n414197 (net)	1		0.00	9.31 r
U224439/A (INVHD3X)		0.17	0.00	9.31 r
U224439/Z (INVHD3X)		0.13	0.10	9.41 f
n414198 (net)	3		0.00	9.41 f
U261058/B (AOI22HD2X)		0.13	0.00	9.41 f
U261058/Z (AOI22HD2X)		0.20	0.17	9.59 r
n252366 (net)	1		0.00	9.59 r
U223607/A (INVHDMX)		0.20	0.00	9.59 r
U223607/Z (INVHDMX)		0.12	0.10	9.68 f
n413425 (net)	1		0.00	9.68 f
U223608/A (INVHDMX)		0.12	0.00	9.68 f
U223608/Z (INVHDMX)		0.18	0.14	9.82 r
n413426 (net)	1		0.00	9.82 r
reg_4_/D (FFDRHD2X)		0.18	0.00	9.82 r
data arrival time				9.82
clock wr_clk (rise edge)			15.00	15.00
clock network delay (ideal)			2.20	17.20
clock uncertainty			-1.20	16.00
reg_4_/CK (FFDRHD2X)			0.00	16.00 r
library setup time			-0.29	15.71
data required time.				15.71
--------				
data required time				15.71
data arrival time				-9.82
--------				
slack(MET)				5.89

接下来的内容是具体的延时计算。

先看第一行表头信息：

```
Point          Fanout    Trans      Incr       Path
-----------------------------------------------------------------
```

Point 列表示路径中的节点，节点可以是单元/设计的输入输出端口/引脚，也可以是单元/设计间的连线（net）。Fanout 表示节点的扇出。Trans 表示节点上信号的翻转时间（transition time）。Incr 表示当前节点产生的延时，即路径的延时增量。Path 表示从路径起点到当前节点的路径总延时。

再看数据到达时间的计算，参看计算公式（6-1）：

data arrival time = clock_latency + input_delay + cell/net_delay

```
clock wr_clk (rise edge)              0.00       0.00
clock network delay (ideal)           2.20       2.20
```

这里 2.20ns 的 clock network delay 是由施加的时序约束计算来的，约束中由命令 set_clock_latency -source 1.5 [get_clocks wr_clk] 和 set_clock_latency 0.7 [get_clocks wr_clk] 分别指定了 1.5ns 的 source_latency 和 0.7ns 的 network_latency，相加即为 2.20ns。这部分延时属于公式（6-1）的 clock_latency 部分。

```
input external delay                  3.00       5.20 r
```

该行信息表示外部的输入延时为 3.00ns（即路径延时的 Incr），路径延时为 5.20ns（即路径延时的 Path），最后的 r 表示寄存器为上升沿触发，如果是下降沿触发则为 f。这部分延时属于公式（6-1）的 input_delay 部分。

报告中接下来的内容属于公式（6-1）中 cell/net_delay 部分。由于路径上节点很多，这里只选任意几行进行说明，其余各行含义与之类似。

```
U216403/Z (BUFHD1X)          0.17      0.16      9.31 r
n414197 (net)         1                0.00      9.31 r
```

上面两行中 0.17 表示数据翻转时间，0.16 表示该节点的 Incr 延时，9.31 表示 Path 延时，这里的 r 表示该节点的 Incr 延时采用了信号由 0 到 1 翻转时的延时，这是因为 0→1 比 1→0 的延时长，反之则为 f。1 表示该节点的扇出为 1，由于 DC 把连线延时并入单元延时，故 n414197（net）的 Incr 延时为 0，Path 延时保持不变。这样逐级计算下来，得出数据到达时间为 9.82ns。

接下来分析针对建立时间检查的数据要求到达时间的计算，参照前面介绍的公式（6-2）：

data setup required time = clock_period + clock_latency − clock_uncertainty − cell_setup_time

```
clock wr_clk (rise edge)                        15.00      15.00
```

该行信息为公式（6-2）中的 clock_period 部分，时钟周期是由约束（create_clock -period 15 -waveform [list 0 7.5] -name wr_clk [get_pins pad_wr_n /D]）指定的。

```
clock network delay (ideal)                      2.20      17.20
```

该行信息为公式（6-2）中 clock_latency 部分，这与数据到达时间计算时的情形相同。

```
clock uncertainty                               -1.20      16.00
```

该行信息为公式（6-2）中 clock_uncertainty 部分，而 clock_uncertainty 由约束（set_clock_ uncertainty – setup 1.2 [get_clocks wr_clk]）指定。

```
  reg_4_/CK (FFDRHD2X)                    0.00       16.00 r
  library setup time                     -0.29       15.71
```

该行信息为公式（6-2）中 cell_setup_time 部分，而该值是由目标库指定的。于是得出数据要求到达时间为 15.71ns。

有了数据到达时间和数据要求到达时间，根据建立时序裕度的计算公式 setup slack = data required time – data arrival time 可以分析是否时序收敛。

```
  ----------------------------------------------------------------
  data required time                                  15.71
  data arrival time                                   -9.82
  ----------------------------------------------------------------
  slack (MET)                                          5.89
```

报告中 15.71 – 9.82 = 5.89 得出 slack 为正，故时序收敛，即 MET；否则若 slack 为负，则时序不收敛，即 VIOLATED。

分析完了建立时间检查报告，再根据前面的公式（6-3）简单看一个保持时间检查报告。

```
Operating Conditions: WORST    Library: smic13_ss
Wire Load Model Mode: segmented

Startpoint: D[24] (input port clocked by wr_clk)
Endpoint: reg_24_ (rising edge-triggered flip-flop clocked by wr_clk)
Path Group: INPUTS
Path Type: min

Des/Clust/Port          Wire Load Model          Library
----------------------------------------------------------------
top_chip                reference_area_2500000   smic13_ss
top_pad                 reference_area_1000000   smic13_ss
Point                        Fanout    Trans    Incr    Path
----------------------------------------------------------------
clock wr_clk (rise edge)                         0.00    0.00
clock network delay (ideal)                      2.20    2.20
input external delay                             1.50    3.70 f
D[24] (inout)                          0.20      0.00    3.70 f
D[24] (net)                     1                0.00    3.70 f
pad_inst/pad_data[24] (top_pad)                  0.00    3.70 f
pad_inst/pad_data[24] (net)                      0.00    3.70 f
pad_inst/pad_data24_inst/P (PLBI8N)    0.20      0.02    3.72 f
```

pad_inst/pad_data24_inst/D (PLBI8N)		0.06	0.68	4.40 f
pad_inst/pad_data_in_o[24] (net)	2		0.00	4.40 f
pad_inst/pad_data_in_o[24] (top_pad)			0.00	4.40 f
cpu_data_in[24] (net)			0.00	4.40 f
U286774/A (INVHD2X)		0.06	0.00	4.40 f
U286774/Z (INVHD2X)		0.14	0.09	4.49 r
n466637 (net)	2		0.00	4.49 r
U308197/D (AOI22B2HD2X)		0.14	0.00	4.49 r
U308197/Z (AOI22B2HD2X)		0.09	0.08	4.58 f
n57683 (net)	1		0.00	4.58 f
reg_24_/D (FFDSHD1X)		0.09	0.00	4.58 f
data arrival time				4.58
clock wr_clk (rise edge)			0.00	0.00
clock network delay (ideal)			2.20	2.20
reg_24_/CK (FFDSHD1X)			0.00	2.20 r
library hold time			0.09	2.29
data required time				2.29
-------				
data required time				2.29
data arrival time				-4.58
-------				
slack (MET)				2.28

在这个报告中，我们只分析与建立时间检查报告分析方法不同的部分。首先 Path Type 为 min，表示该报告进行的是保持时间检查。

其次是针对保持时间的数据要求到达时间的计算。参照公式（6-3）：

data hold required time = clock_latency + clock_uncertainty + cell_hold_time

clock wr_clk (rise edge)	0.00	0.00
clock network delay (ideal)	2.20	2.20

这两行信息为公式（6-3）中 clock_latency 部分，计算方法与前面所述相同。

reg_24_/CK (FFDSHD1X)	0.00	2.20 r

该行信息为公式（6-3）中 clock_uncertainty 部分，由于约束设定时钟不确定性的命令为 set_clock_uncertainty –setup 1.2 [get_clocks wr_clk]，故针对保持时间的 uncertainty 为 0。

library hold time	0.09	2.29

该行信息为公式（6-3）中 cell_hold_time 部分，该值由工艺库指定。于是得出数据要求到达时间为 2.29ns。

有了数据到达时间和数据要求到达时间，根据保持时序裕度的计算公式 hold slack = data arrival time − data required time 可以分析是否时序收敛。

```
data required time                                                    2.29
-----------------------------------------------------------------------------
data required time                                                    2.29
data arrival time                                                    -4.58
-----------------------------------------------------------------------------
slack(MET)                                                            2.28
```

报告中 4.58 – 2.29 = 2.28 得出 slack 为正，故时序收敛，即 MET；否则若 slack 为负，则时序不收敛，即 VIOLATED。

注意：从报告看似乎是 2.29 – 4.58，但这里减号只表示两者的运算关系，而运算顺序则由保持时序裕度的计算公式决定；4.58 – 2.29 应该等于 2.29 而不是 2.28，但这不是计算错误，而是显示的有效数字与内部计算的有效数字位数不同，因而出现了舍入误差。

其他 3 类路径的分析方法与之类似，下面给出相应的计算公式。

2. 从寄存器到寄存器的时序路径

对于从寄存器到寄存器的时序路径，其数据到达时间以及针对建立时间检查和保持时间检查的数据要求到达时间的计算公式为

$$\text{data arrival time} = \text{clock\_latency} + \text{cell/net\_delay} \tag{6-4}$$

$$\text{data setup required time} = \text{clock\_period} + \text{clock\_latency} - \text{clock\_uncertainty} - \text{cell\_setup\_time} \tag{6-5}$$

$$\text{data hold required time} = \text{clock\_latency} + \text{clock\_uncertainty} + \text{cell\_hold\_time} \tag{6-6}$$

3. 从寄存器到基本输出的时序路径

对于从寄存器到基本输出的时序路径，其数据到达时间以及针对建立时间检查和保持时间检查的数据要求到达时间的计算公式为

$$\text{data arrival time} = \text{clock\_latency} + \text{cell/net\_delay} \tag{6-7}$$

$$\text{data setup required time} = \text{clock\_period} + \text{clock\_latency} - \text{clock\_uncertainty} - \text{output\_delay} \tag{6-8}$$

$$\text{data hold required time} = \text{clock\_latency} + \text{clock\_uncertainty} - \text{output\_delay} \tag{6-9}$$

4. 从基本输入到基本输出的时序路径

对于从基本输入到基本输出的时序路径，其数据到达时间以及针对建立时间检查和保持时间检查的数据要求到达时间的计算公式为

$$\text{data arrival time} = \text{clock\_latency} + \text{input\_delay} + \text{cell/net\_delay} \tag{6-10}$$

$$\text{data setup required time} = \text{clock\_period} + \text{clock\_latency} - \text{clock\_uncertainty} - \text{output\_delay} \tag{6-11}$$

$$\text{data hold required time} = \text{clock\_latency} + \text{clock\_uncertainty} - \text{output\_delay} \tag{6-12}$$

6.5.3 时序检查报告

时序检查报告由 check_timing 命令生成，返回设计中可能出现的时序问题。下面看一个简单的例子。

```
Information: Updating design information... (UID-85)
Warning: Design 'top_chip' contains 2 high-fanout nets. A fanout number of
1000 will be used for delay calculations involving these nets. (TIM-134)
```

```
Warning: The following end-points are not constrained for maximum delay.
End point
--------------
top_design_reg_0_/D
top_design_reg_1_/D
top_design_reg_2_/D
top_design_reg_3_/D
top_design_reg_4_/D
top_design_reg_5_/D
top_design_reg_6_/D
……
```

对报告中出现的 Warning 信息,应查看确认。

例如,对于 high-fanout 的信号,应确认是哪些信号,是否需要在前端设计中处理,若是时钟信号,则通常放到时钟树综合阶段处理。

又如,对于未约束的终点,需判断终点类型:若是寄存器数据端,则应在合适的时钟源(port 或 pin)上创建时钟加以约束;若是输出端,则应根据该端口关联某时钟而采用 set_output_delay 命令或未关联某时钟而采用 set_max_delay 命令进行约束。

6.5.4 设计检查报告

设计检查报告由 check_design 命令生成,用于检查设计的潜在问题。

当设计中存在严重问题以至于综合的根据不能识别时,就会报告 Error,比如设计中有递归调用现象。

当设计中存在潜在问题时则会报告 Warning,比如多次实例化,net 没有负载、没有驱动、多驱动,cell 和它的 reference 之间引脚不匹配等。Warning 指出的情况并不一定产生设计问题,但应查看确认。

6.5.5 其他报告

除以上几类报告必须分析外,还有几类报告值得关注。

1. 违规报告

违规报告由命令 report_constraint -all_violators 产生,给出设计中所有关于设计规则、设计约束等的违规列表。

对于一个时序优先的设计,施加了 set_max_area 0 约束,违规报告中出现如下内容则是正常的。

```
max_area

                    Required        Actual
Design              Area            Area            Slack
--------------------------------------------------------------------
top_chip            0.00            3120141.75      -3120141.75      (VIOLATED)
```

2. 时钟报告

时钟报告由命令 report_clock 产生，给出设计中所有时钟的相关信息，供设计者检查是否创建了具有合适属性的时钟。以下是一个时钟报告的例子。

```
Attributes:
    d - dont_touch_network
    f - fix_hold
    p - propagated_clock
    G - generated_clock
Clock           Period    Waveform           Attrs      Sources
--------------------------------------------------------------------------------
clk             3.00      {0 1.5}            d          {pad_clk_inst/D}
```

3. 线负载报告

线负载报告由命令 report_wire_load 产生，给出当前设计中选用的线负载模型的特性。以下是一个线负载报告的例子。

```
Wire load model :   reference_area_2500000
Location        :   top_chip (design)
Resistance      :   0.00034
Capacitance     :   0.00022
Area            :   0
Slope           :   57.0571
                              Average   Standard   % Standard
Fanout   Length   Points      Cap       Deviation  Deviation
--------------------------------------------------------------------------------
   1      32.38
   2      80.00
   3     119.05
   4     175.71
   5     219.05
   6     259.52
   7     288.57
   8     297.14
   9     302.38
  10     328.10
  11     428.57
  12     442.86
  13     447.62
  14     459.05
```

```
15    532.38
16    659.52
17    801.91
18    901.91
19    953.81
20    990.95
```
---

4. 扇出报告

扇出或缓冲器网络报告由命令 report_net_fanout 产生，给出相关扇出信息。下面的例子给出设计中扇出超过 48 的 net 列表，命令是 report_ net_ fanout – threshold 48。

```
Attributes:
    dr - drc disabled
     c - annotated capacitance
     d - dont_touch
     i - ideal_net
     I - ideal_network
     p - includes pin load
     r - annotated resistance
     h - high fanout
Net              Fanout Attributes  Capacitance Driver
---------------------------------------------------------------
wire_clk         24666  dr, d, I, h 0.00        pad_inst/pad_clk_inst/D
wire_rst_n       24899  d, I, h     0.00        pad_inst/rst_reg2/Q
wire_wr_n        241    dr, d, I    0.00        pad_inst/pad_wr_n_inst/D
wire_rd_en       64     d           2.67        U1/Z
pad_inst/net1    128    dr, d       6.82        pad_inst/Logic0/** logic_0**
pad_inst/_Logic1 98     dr, d       2.86        pad_inst/Logic1/** logic_1**
```

5. 功耗报告

功耗报告由命令 report_power 产生，但综合阶段给出的功耗信息是不准确的，仅供参考。以下是一个功耗报告的例子。

```
Global Operating Voltage =1.08
Power - specific unit information :
    Voltage Units =1V
    Capacitance Units =1.000000pf
    Time Units =1ns
    Dynamic Power Units =1mW    (derived from V,C,T units)
    Leakage Power Units =1nW
```

```
        Cell Internal Power = 300.9675 mW     (99%)
        Net Switching Power = 3.3136 mW       (1%)
------------------------------------------------------------------------
Total Dynamic Power = 304.2812 mW     (100%)
Cell Leakage Power = 1.0075 mW
```

6.6 脚本实例

综合前面的所有讨论,这里给出一个 top-down 编译策略下的脚本实例。该脚本涉及上面讨论的大部分内容,对于一般的设计可起到一定参考作用。

```
######################################################
#Name: sample.tcl
#Description: TCL 综合脚本
#Date:2022-08-21
#Author: djy
#Version:v2.0
#smic13_ss/FFDSR*
######################################################
set src_path ./source
set map_path ./mapped
set report_path ./report
set SCAN_FF1 smic13_ss/FFS*
######################################################
#读入 Verilog HDL 代码
read_verilog $src_path/sub_design.v
read_verilog $src_path/top_design.v
######################################################
#连接顶层设计,移除相关约束
current_design top_design
link
######################################################
#给 PAD 模块设置 dont_touch 属性
set_dont_touch [get_designs PAD_design]
uniquify -dont_skip_empty_designs

#忽略扫描单元
set_dont_use $SCAN_FF1
```

```
#####################################################
#设置时钟
set T 10
create_clock -period $T -waveform [list 0 [expr $T/2]] -name clk [get_pins pad_clk/D]
set_clock_latency -source [expr $T* 0.05] [get_clocks clk]
set_clock_latency [expr $T* 0.02] [get_clocks clk]
set_clock_uncertainty -setup [expr $T* 0.04] [get_clocks clk]
set_clock_transition [expr $T* 0.02] [get_clocks clk]

set_dont_touch_network [all_clocks]
set_input_transition 0.2 [all_inputs]
set_max_transition 0.2 [all_designs]
#####################################################
#设置伪路径
foreach_in_collection clk1 [all_clocks] {
    foreach_in_collection clk2 [remove_from_collection [all_clocks] [get_clocks $clk1]] {
        set_false_path -from [get_clocks $clk1] -to [get_clocks $clk2]
    }
}
#####################################################
#设置输入输出延时
set i_min_delay 1.5
set i_max_delay 3
set o_delay 2.5
set ain_ports [remove_from_collection [all_inputs] [list CLK] ]
set_input_delay -min $i_min_delay -clock [get_clocks clk] $ain_ports
set_input_delay -max $i_max_delay -clock [get_clocks clk] $ain_ports
set_output_delay -max $o_delay -clock [get_clocks clk] [all_outputs]

#####################################################
#clk、reset等信号的驱动能力必须最强
set_ideal_network -no_propagate [get_nets pad_rst/pad_rst_o]
set_ideal_network -no_propagate [get_nets pad_clk/pad_clk_o]

#####################################################
#设置驱动和负载
set_driving_cell -rise -library smic13IO_02_line_ss -lib_cell PLBI8N [all_inputs]
```

```
set MAX_LOAD [load_of smic13_ss/NAND2HD2X/A]
set_load [expr $MAX_LOAD* 15] [all_outputs]
set_max_capacitance [expr $MAX_LOAD* 10] [all_designs]
set_fanout_load 8 [all_outputs]

#######################################################
#不对面积进行约束
set_max_area 0

#######################################################
#设置工作条件
set_operating_conditions WORST

#######################################################
#线负载模型
set auto_wire_load_selection true
set_wire_load_mode segmented

#######################################################
#展平
uniquify -dont_skip_empty_designs
#忽略扫描单元
set_dont_use $SCAN_FF1

#######################################################
#逻辑层优化
set_flatten false
set_structure true

#######################################################
#使能 DesignWare
set dw_prefer_mc_inside true

#######################################################
#定制路径组
group_path -name INPUTS -from [all_inputs]

#######################################################
#指定关键路径范围以改进更多的路径
set_critical_range 3 [get_designs * ]
```

```
#####################################################
#面积优化
set compile_sequential_area_recovery true
set compile_new_boolean_structure true

#####################################################
#展平整个设计,以缩小面积
current_design top_design
ungroup -flatten -all
uniquify

#####################################################
#第一次编译
compile -map_effort medium
#第二次编译
compile_ultra
current_design top_design
#第三次编译
compile -incremental -map_effort high
#第四次编译
compile_ultra

#####################################################
#定义名称规则,并根据这些规则更改设计中的名称
define_name_rules "IS_rule" -max_length "255" -allowed "a-zA-Z0-9_$" -replacement_char "_" -type cell
define_name_rules "IS_rule" -max_length "255" -allowed "a-zA-Z0-9_$" -replacement_char "_" -type net
define_name_rules "IS_rule" -max_length "255" -allowed "a-zA-Z0-9_$[]" -replacement_char "_" -type port
change_names -rules "IS_rule" -hierarchy

#####################################################
#输出报告
check_design > $report_path/check_design.rpt
check_timing > $report_path/check_timing.rpt
report_timing -delay max -max_paths 100 -nets -tran -nosplit -input_pins > $report_path/timing_setup.rpt
report_timing -delay min -max_paths 100 -nets -tran -nosplit -input_pins > $report_path/timing_hold.rpt
```

```
    report_clock > $report_path/clock.rpt
    report_wire_load > $report_path/wlm.rpt
    report_constraint -all_violators > $report_path/con_violators.rpt
    report_area > $report_path/area.rpt
    report_net_fanout -nosplit -threshold 48 > $report_path/top_net_
fanout.rpt

####################
#写入数据库
change_names -rule verilog -h
write -format verilog -hier -output $map_path/top_design.sv
write -format db -hierarchy -output $map_path/top_design.db
write_sdf $map_path/noc_top.sdf
write_sdc $map_path/noc_top.sdc
report_power > $report_path/power.rpt
```

假定该脚本名称为 top_scr.tcl，则在 DC-TCL 下运行的命令为

```
dc_shell -t > source top_scr.tcl
```

若直接从命令行下运行脚本，并将工作日志输出到终端同时保存到文件 run.log，其命令为

```
$ >dc_shell -t -f top_scr.tcl |tee run.log
```

DC 套装提供了用于进行可测试设计的工具 DFT Compiler。DFT Compiler 用于完成扫描综合，限于篇幅该部分内容不做讲解，请读者参考相应的 Synopsys 手册。

习题 6

1. 什么是逻辑综合？逻辑综合的步骤有哪些？每个步骤的主要任务是什么？
2. 逻辑综合中时序路径的起点和终点分别是什么？
3. 现要为设计创建一个时钟，周期 10ns，network_latency 为 1ns，source_latency 为 3ns，时钟翻转时间为 0.3ns，建立时间检查的不确定性为 0.5ns，则完整的脚本命令是什么？
4. 用图说明什么是建立时间和保持时间。
5. 假定时钟传播延时为 0，请画出下图中数据由 D1 传到 Q2 的时序图，假定数据传输过程中满足建立时间要求。

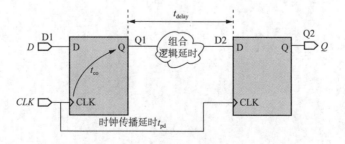

6. 请列出时序裕度的计算公式（注意：针对建立时间和保持时间是不同的）。

7. group_path 命令的作用及使用注意事项是什么？

8. 请解释输入延时与输出延时；如果电路中时钟周期为 8ns，输入延时最大为 3ns，最小为 1ns，请分别计算输入信号的建立时间和保持时间。

9. 为了得到更好的逻辑综合结果，应对设计进行合理的层次划分并保持良好的编码风格，请列出至少 5 条层次划分的原则。

10. DC 配置文件的装载顺序是什么？

11. 对于从基本输入到寄存器、从寄存器到寄存器、从寄存器到基本输出、从基本输入到基本输出的时序路径，其数据到达时间以及针对建立时间检查和保持时间检查的数据要求到达时间的计算公式是什么？

12. 线负载模型的作用是什么，有哪些工作模式？

13. 进行逻辑综合时的设计约束主要有哪些？

第 7 章

静态时序分析

传统上，设计人员使用动态仿真来验证整个设计或部分设计的功能和时序。动态时序仿真采用专门设计的仿真向量来检验设计中的时序关键路径和时序信息，这种方法根据芯片的动态时序行为使用输入向量来检验功能路径。基于动态仿真的方法既能够验证设计的功能也能够验证设计的时序，是一种非常流行的时序验证策略。

然而，在整个设计周期中设计人员需要为验证创建独立时序向量和功能向量，花费大约70%的时间来执行设计的功能和时序验证，而同时创建能够完全检查设计中每一条路径的时序向量是非常困难的。随着设计复杂性的增加，加之上市时间的压力导致整个设计周期缩短，向量产生的问题逐渐凸显出来，庞大的向量集合使得动态仿真成为设计流程中的瓶颈。

上市时间的压力、芯片的复杂度、传统仿真器速度和能力上的限制都促使设计人员在设计流程上采用静态时序分析（Static Timing Analysis，STA）技术来保证时序收敛，采用形式化验证技术来保证功能一致性。本章简要介绍与静态时序分析相关的概念与工具，感兴趣的读者建议阅读相关的技术手册来了解更详细的内容。形式化验证技术相关内容放在第 8 章介绍。

7.1 静态时序分析简介

7.1.1 基本概念

静态时序分析技术是一种穷尽分析方法，用以衡量电路性能。它提取整个电路的所有时序路径，通过计算信号沿在路径上的延迟找出时序约束违规，主要是检查建立时间和保持时间是否满足要求，分别通过对最大路径延迟和最小路径延迟的分析得到。与动态仿真相比，静态时序分析的方法不依赖于激励，且可以穷尽所有路径，运行速度很快，占用内存很少。它完全克服了动态时序验证的缺陷，适合进行超大规模片上系统的电路验证，可以节省多达20%的设计时间。

7.1.2 PrimeTime 简介

PrimeTime 是 Synopsys 公司的一款静态时序分析工具。PrimeTime（后文简称PT）

能够分析设计中时序路径的延时，找出时序冲突，提供分析结果供设计者修改。PT适合对大规模的同步数字设计进行分析，可以在整个设计流程中使用。在芯片早期规范和系统设计阶段，PT可以为一些甚至还不存在底层网表的模块创建时序模型，在顶层对整个电路的时序行为进行规范。随着设计的深入，在版图设计之前，PT还可以根据工艺库中的器件延时和从线负载模型估算出来的网络延时进行进一步的静态时序分析。在版图设计完成后，则可以从版图直接提取器件和网络延时进行精确的时序分析。虽然综合工具DC中也内置了时序分析功能，但PT可以不依赖于综合过程进行分析，而且功能更加强大、速度更快且消耗更少的内存。

PT是具有签收品质的静态时序分析工具，也是ASIC业界十分常用的STA工具，下面对PT进行简单介绍。

1. 用户界面

PT的用户界面分为两类：图形用户界面（Graphics User Interface，GUI）和命令行界面。其中GUI通过命令primetime来启动，也可以在命令行界面用start_gui启动，或者用pt_shell-gui启动；命令行界面基于标准TCL，通过pt_shell来启动。图7-1和图7-2所示分别为PT的图形用户界面和命令行界面。

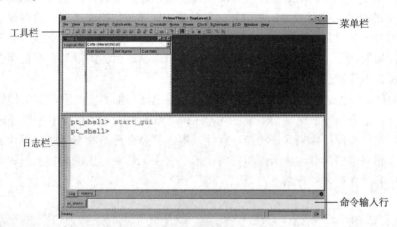

图7-1　PT的图形用户界面

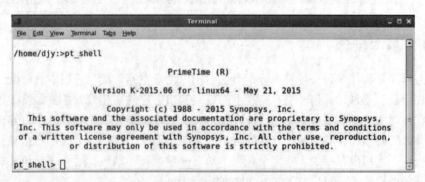

图7-2　PT的命令行界面

命令行界面执行脚本文件的批处理命令：

```
pt_shell > pt_shell -file batchmode_analysis.tcl |tee batchmode_analysis.log
```

2. 配置文件

与 DC 类似，PT 启动时也需要一个配置文件来初始化工具的运行环境。该配置文件是采用 TCL 的隐藏文件，文件名为".synopsys_pt.setup"。PT 依次在当前目录、用户的主目录和 PT 安装目录（$PT_PATH/admin/setup）中寻找此文件。配置文件主要内容如下：

```
set search_path [list /home/library/]
set link_path [list {*} smic13_ss.db, smic13_ff.db smic13IO_ss.db smic13IO_ff.db]
```

变量 search_path 定义了一个列表，它包含查找库和设计时需查看的目录，免除了当引用库和设计时需键入完整文件路径的麻烦。

变量 link_path 定义了一个库列表，它包含用于设计链接的单元。这些库在 search_path 指定的目录中查找。上面的配置文件中 link_path 变量定义的列表中有 3 类元素。"*"表示内存中所加载的设计，另两类分别是表示最差工作情况和最好工作情况的标准单元工艺库和 PAD 库。

对于同名的环境变量，后装载的配置文件将覆盖先装载的配置文件。由于用户不同设计采用的工艺可能不同，建议在工作目录下保存配置文件。

如果不想使用".synopsys_pt.setup"文件，另一个广泛使用的设置环境的方法将配置信息以 TCL 写入文件，如 smic18.env，然后在 pt_shell 中使用 source 命令：

```
pt_shell > source smic18.env
```

3. 延时信息计算与反标

PT 沿着每条时序路径进行延时计算。一条路径的总延时为该路径上所有单元延时与连线延时之和。延时计算方法取决于芯片版图是否完成。物理设计完成之前，芯片拓扑未知，故 PT 采用线负载模型估计连线延时；物理设计完成后，其他工具可以精确确定连线延时并写入标准延时格式（Standard Delay Format，SDF）文件。PT 读入 SDF 文件进行精确的时序分析。

布局布线工具可以提供详细和精确的延时信息，PT 基于此类信息进行精确的时序分析，这一过程称为延时反标（delay back-annotation）。反标的信息通常以 SDF 形式提供，PT 支持 SDF 的 1.0 至 2.1 版本以及 3.0 版本的子集，使用 read_sdf 命令读入 SDF 包含的延时信息。read_sdf 命令有多个参数，可参阅 PT 用户指南或在 PT 的命令行中用 man 命令查看。

PT 也可以根据连线"寄生"电容和电阻的详细描述进行精确的延时计算。PT 支持集总电容（lumped capacitance）、集总电阻（lumped resistance）、缩减 π 模型（reduced pi model）以及详细 RC 网络（detailed RC network）等格式的电路延时信息。缩减 π 模型以及详细 RC 网络形式的延时信息比集总电容、集总电阻形式的延时信息精确，但需要消耗更多的 CPU 时间与内存。寄生参数格式包括缩减标准寄生参数格式（Reduced Standard Parasitic Format，RSPF）、标准寄生参数交换格式（Standard Parasitic Exchange Format，SPEF）以及详细标准寄生参数格式（Detailed Standard Parasitic Format，DSPF）。

4. 时序分析条件

PT 根据用户指定的条件进行时序分析，这些条件包括输入延时、输出延时、端口电容、线负载模型和工作条件等，对应概念与逻辑综合类似，此处不赘述。

5. 情形分析

情形分析（case analysis）指进行时序分析时，可以使用逻辑常量或端口/引脚上的逻辑翻转来限制信号在设计中的传播。需要注意的是：

（1）情形分析只将信号常量从指定位置处前向传播；

（2）默认情况下，禁止常量传播通过时序单元，如要使能，需要设置变量 case_analysis_sequential_propagation 为 always。

select 设为 0，该值禁止信号 B 通过多路选择器到达信号 Z 的输出端。对应的命令为

```
pt_shell > set_case_analysis 0 select
```

情形分析示意图如图 7-3 所示。

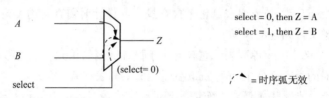

图 7-3　情形分析示意图

情形分析最常用的情况是禁止扫描链，如图 7-4 所示。设置 SCAN_MODE 为 0 可以禁止扫描链，这样，report_timing 命令就不会报告扫描链的信息。对应的命令为

```
pt_shell > set_case_analysis 0 [get_ports "SCAN_MODE"]
```

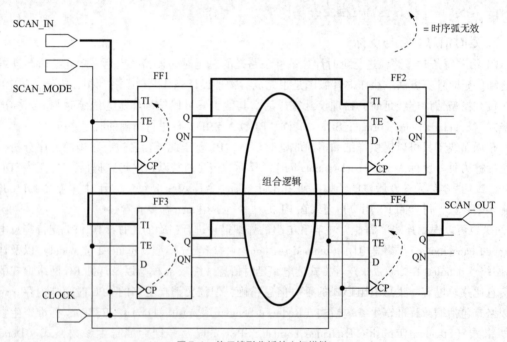

图 7-4　使用情形分析禁止扫描链

要删除情形分析的值，需要用到 remove_case_analysis 命令。例如，要删除设计 test_port 的情形分析，使用命令：

```
pt_shell > remove_case_analysis test_port
```

情形分析可以使用一个命令完成正常模式或测试模式下整个设计的时序分析。但如果只想禁止某条时序路径，则可以采用 set_disable_timing 命令。

6. 时序例外

默认情况下，PT 假设路径起点发射的数据在下一个时钟沿在路径终点被捕获。而对于工作方式并非如此的路径，需要指定时序例外进行区分，否则，时序分析的结果将与实际电路的行为不匹配。

指定时序例外可以通过以下方式实现。

（1）设置虚假路径，即指定设计中的某条逻辑路径不被工具进行时序分析，采用 set_false_path 命令。设置虚假路径将删除该路径上的时序约束。

（2）设置路径最大延时和最小延时，即使用指定的最大延时和最小延时来覆盖路径上默认的建立时间约束和保持时间约束，采用 set_max_delay 和 set_min_delay 命令。

（3）设置多周期路径，即指定从路径的起点到终点传输数据所需要的时钟周期数，采用 set_multicycle_path 命令。

7. 工作条件

半导体器件的参数会随着制造工艺、工作温度和电源电压的变化而变化。PT 使用命令 set_operating_conditions 来指定分析时的工作条件。PT 支持的时序分析方法如下。

（1）单一工作条件模式（single operating condition mode），即根据一组 PVT 的延时参数进行整个设计的时序分析。

（2）片上参数变化模式（on-chip variation mode），即在一次分析过程中对不同路径综合考虑工作条件的两种极端情况。对建立时间检查，PT 对发射时钟路径和数据路径采用最大延时，而对捕获时钟路径采用最小延时；对保持时间检查，PT 对发射时钟路径和数据路径采用最小延时，而对捕获时钟路径采用最大延时。

表 7-1 给出了不同工作条件分析模式下用于建立时间检查和保持时间检查的时钟到达时间、延时、工作条件等参数。

表 7-1 用于建立时间检查和保持时间检查的时序参数

分析模式	检查类型	发射时钟路径	数据路径	捕获时钟路径
单一工作条件模式	建立时间检查	late clock maximum delay in clock path、single operating condition	maximum delay、single operating condition	early clock minimum delay in clock path、single operating condition
	保持时间检查	early clock minimum delay in clock path、single operating condition	minimum delay、single operating condition	late clock maximum delay in clock path、single operating condition
片上参数变化模式	建立时间检查	late clock maximum delay in clock path、worst-case operating condition	maximum delay worst-case operating condition	early clock minimum delay in clock path、best-case operating condition
	保持时间检查	early clock minimum delay in clock path、best-case operating condition	minimum delay best-case operating condition	late clock maximum delay in clock path、worst-case operating condition

8. 工具性能管理

PT 提供了多种工作模式用于管理静态时序分析的性能和数据容量，包括大容量模式（high capacity mode）、快速分析模式（fast analysis mode）、线程级多核分析（threaded multicore analysis）、分布式多场景分析（distributed multi-scenario analysis）等，读者可参阅 PT 用户指南。

7.2 PT 命令行界面

7.2.1 工具初始化

为了保证工具对特定工程进行静态时序分析的正确运行，PT 启动时需要初始化工具的运行环境。关于 PT 的初始化，请参照 7.1.2 小节的配置文件。

7.2.2 设计读入

PT 不能读取 RTL 源文件，它是静态分析引擎，只能读取映射后的设计，包括 DB、Verilog HDL、VHDL 等格式的文件。读入设计的命令格式如下：

```
pt_shell > read_db - netlist_only < filename >.db
pt_shell > read_verilog < filename >.sv
```

由于 DB 格式的网表包含约束和环境属性等，故使用 –netlist_only 选项指示 PT 只加载结构化网表。

7.2.3 时序约束

时序分析的基本前提是精确指定时钟，包括延时、不确定性等。PT 支持如下类型的时钟信息。

（1）多个时钟（multiple clocks）：PT 允许定义具有不同频率和占空比的多个时钟。时钟可以是真实时钟（具有端口 port 或 pin 等实际来源）或虚拟时钟。

（2）时钟网络延时与歪斜（clock network delay and skew）：PT 允许指定时钟网络的延时，如相对于时钟源的延时（即 clock latency），以及到达时钟网络目的节点的时间变化（即 clock skew）等信息。

（3）门控时钟（gated clock）：门控时钟是指受控于门控逻辑（gating logic）的时钟信号。PT 支持门控信号的建立时间和保持时间检查。

（4）生成时钟（generated clocks）：生成时钟是指由设计本身的电路产生的时钟，如由时钟分频器生成的时钟。

（5）时钟翻转时间（clock transition times）：翻转时间指信号从一个逻辑状态向另一个逻辑状态改变所需要的时间。

下面简要介绍时序约束的定义与相关命令。

1. 创建时钟

定义一个时钟源，即时钟的周期、波形、名称和所在引脚，用到的命令为

```
create_clock - period < value > - waveform { < rising edge > < falling edge > } < source list >
```

例如，要为端口 CLK 创建周期为 20ns 的时钟，50% 占空比，即上升沿和下降沿分别在 0ns 和 10ns 处，命令如下：

```
pt_shell > create_clock - period 20 - waveform {0 10} [get_ports CLK]
```

又如，为端口 C1 和 CK2 创建周期为 10ns，上升沿在 2ns 处，下降沿在 4ns 处的时钟，命令如下：

```
pt_shell> create_clock -period 10 -waveform {2 4} {C1 CK2}
```

产生的 C1 时钟的波形如图 7-5 所示，CK2 时钟与此相同。

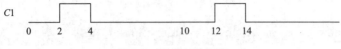

图 7-5　C1 时钟的波形

下列命令用于指定时钟延时和时钟转换：

```
set_clock_latency    <value> <clock list>
set_clock_transition <value> <clock list>
```

定义 CLK 端口的时钟延时为 2.5ns，固定时钟翻转时间为 0.2ns，相应的命令为

```
pt_shell> set_clock_latency 2.5 [get_clocks CLK]
pt_shell> set_clock_transition 0.2 [get_clocks CLK]
```

当设计中定义多个时钟时，时钟之间的关系取决于时钟的来源及其在设计中的用途，两个时钟之间可能是同步、异步或互斥的关系。对于不同的时钟关系，定义方法如图 7-6 所示。

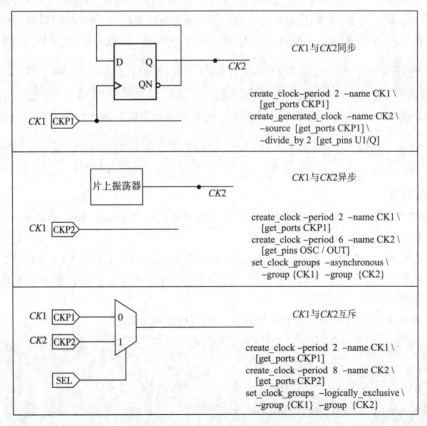

图 7-6　同步、异步、互斥时钟的定义

2. 传播时钟

时钟通过网表中的整个时钟树网络传播以确定时钟延时。换言之，对通过时钟树中每个单

元的延时和单元间的连线延时都要加以考虑。

下面的命令指示 PT 通过时钟树网络传播时钟：

```
set_propagated_clock <clock list>
```

例如：

```
pt_shell> set_propagated_clock [get_clocks CLK]
```

3. 时钟歪斜

通过下面的命令指定时钟歪斜：

```
set_clock_uncertainty <uncertainty value>
 -from <from clock>
 -to <to clock>
 -setup
 -hold <object list>
```

下例中，0.6ns 用来表示时钟信号（CLK）的建立时间和保持时间：

```
pt_shell> set_clock_uncertainty 0.6 [get_clocks CLK]
```

选项 -setup 用于给建立时间检查应用不确定值，而 -hold 选项用于给保持时间检查应用不确定值。必须注意的是，建立和保持的不同值不能在单个命令中实现，必须使用两个单独的命令。例如：

```
pt_shell> set_clock_uncertainty 1.0 -hold [get_clocks CLK]
pt_shell> set_clock_uncertainty 2.0 -setup [get_clocks CLK]
```

使用 -from 和 -to 选项也能指定时钟歪斜，这对包括多个时钟域的设计有用，例如：

```
pt_shell> set_clock_uncertainty 0.5 -from [get_clocksCLK1] -to [get_clocks CLK2]
```

4. 生成时钟

设计经常包含电路内部生成的时钟。PT 支持用户通过命令 create_generated_clock 定义生成时钟与源时钟之间的关系。

如图 7-7 所示，锁相环（Phase-Locked Loop，PLL）（图中 UPLL 表示 USB 锁相环）输出时钟 CLKO 的频率是 PLL 参考时钟 REFC 的 2 倍。时序单元 FFdiv 用作分频器，将 PLL 输出时钟的频率降频到参考时钟频率。

为了正确定义 PLL 的配置信息，需要用到生成时钟。命令如下：

```
create_generated_clock \
  -name CLK_pll \
  -source [get_pins UPLL/REFC] \
  -pll_output [get_pins UPLL/CLKO] \
  -pll_feedback [get_pins UPLL/FDBK] \
  -multiply_by 2 \
  [get_pins UPLL/CLKO]
```

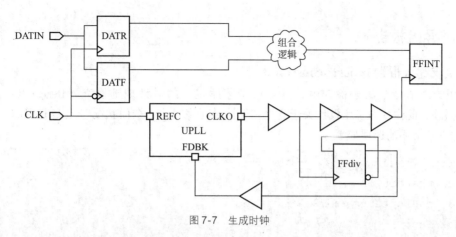

图 7-7 生成时钟

除了 PLL 的输出时钟，还需要定义时钟分频器 FFdiv 的输出。命令如下：

```
create_generated_clock \
  -name pll_FDBK_clk \
  -source [get_pins UPLL/CLKO] \
  -divide_by 2 \
  [get_pins FFdiv/Q]
```

5. 门控时钟

随着功耗限制越来越成为设计的关键因素，设计人员经常采用门控时钟，即仅当需要时才使用时钟。当时钟网络包含反相器或缓冲器之外的其他逻辑时，门控时钟信号就会产生。例如，时钟信号是一个 AND 门的输入，某控制信号是 AND 门的另一个输入，此时 AND 门的输出就是门控时钟。如果不满足建立时间和保持时间要求，门控逻辑就会产生箝制时钟（clipped clock）或毛刺（glitch）。PT 支持对门控逻辑指定建立时间/保持时间要求，命令如下：

```
set_clock_gating_check -setup <value>
 -hole <value>
 <object_list>
```

PT 自动检查门控逻辑输入的建立时间和保持时间，确保控制信号能在时钟有效之前使能门控逻辑。如图 7-8 所示，当控制信号违规时，会产生毛刺或箝制时钟。

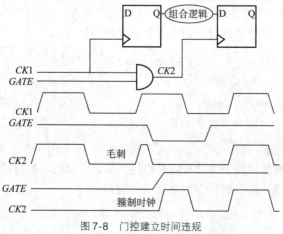

图 7-8 门控建立时间违规

7.2.4 导出报告

1. 生成约束报告 report_constraint

PT 中的这个命令用于检查由设计者或工艺库定义的设计规则检查（Design Rule Check，DRC）。另外，此命令对确定设计关于建立和保持时间违规的"全面状况"也是有用的。这个命令的语法以及常用的选项如下：

```
report_constraint -all_violators -max_delay
-max_transition -min_transition
-max_capacitance -min_capacitance
-max_fanout -min_fanout
-max_delay -min_delay
-clock_gating_setup -clock_gating_hold
```

选项 -all_violators 显示所有约束的违规者。通常，这个选项用于快速地确定设计的全面状况。报告总结了对某一约束从最大到最小的所有违规者：

```
pt_shell > report_constraint -all_violators
```

选择性的报告可通过 -max_transition、-min_transition、-max_capacitance、-min_capacitance、-max_fanout、-min_fanout、-max_delay 和 -min_delay 等选项获得。-max_delay 和 -min_delay 选项报告所有建立时间和保持时间违规的总结，而其他的则报告 DRC 违规。-clock_gating_setup 和 -clock_gating_hold 选项用于显示门控时钟单元的建立时间/保持时间报告。此外，这个命令还有其他的可用选项，它们可能会对设计者有用。选项的全面细节可在 PT 用户指南中找到。

```
pt_shell > report_constraint -max_transition
pt_shell > report_constraint -min_capacitance
pt_shell > report_constraint -max_fanout
pt_shell > report_constraint -max_delay -min_delay
pt_shell > report_constraint -clock_gating_setup -clock_gating_hold
```

2. 生成路径延时报告 report_timing

类似于 DC，这个命令用于生成设计中路径段的时序报告。这个命令被广泛使用并提供了充分的灵活性，这有助于明确地关注设计中单个路径或路径集合。

```
report_timing -from <from list> -to <to list>
-through <through list>
-delay_type <delay type>
-nets -capacitance -transition_time
-max_paths <value> -nworst <value>
```

-from 和 -to 选项使用户易于为分析定义路径。从起点到终点的路径可以有多条，-through 选项可用于为时序分析进一步分离所需的路径段。例如：

```
pt_shell > report_timing -from [all_inputs] -to [all_registers -data_pins]
pt_shell > report_timing -from in1 -to blockA/subB/carry_reg1/D -through blockA/mux1/A1
```

-delay_type 选项用于指定终点处报告的延迟类型，它可以接受的值是 max、min、min_max、max_rise、max_fall、min_rise 和 min_fall。PT 默认使用 max 类型，它报告两点间的最大延时。min 类型选项用于显示两点间的最小延时。max 类型用于分析设计的建立时间，而 min 类型用于进行保持时间分析。其他的类型不常用，读者可参阅 PT 用户指南中有关它们用法的完整解释。例如：

```
pt_shell > report_timing -from [all_registers -clock_pins] -to [all_registers -data_pins] \
-delay_type min
```

-nets、-capacitance 和 -transition_time 选项是 report_timing 命令最有用和最常用的选项。这些选项帮助设计者调试特殊的路径以追踪可能的违例原因。-nets 选项在路径报告中显示每个单元的扇出，而 -capacitance 和 -transition_time 选项分别报告连线上的集总电容和每个驱动或负载引脚的转换时间（摆率）。没有这些选项将导致时序报告中没有相应的信息。例如：

```
pt_shell > report_timing -from in1 -to blockA/subB/carry_reg1/D \
-nets -capacitance -transition_time
```

-nworst 选项指定了为每个终点报告的路径数，而 -max_paths 选项为不同的终点定义了每个路径组报告的路径数。这两个选项的默认值都是 1。例如：

```
pt_shell > report_timing -from [all_inputs] -to [all_registers -data_pins] \
-nworst 1000 -max_paths 500
```

对网表进行静态分析以检查时序违规，时序违规可包含建立时间和/或保持时间违规。

综合设计的重点在于最大化建立时间，因此即使存在建立时间违规也为数不多。然而，保持时间违规通常会在这一阶段发生，这是因为数据相对于时钟到达时序单元的输入太快。

如果设计没达到建立时间的要求，除以违规路径进一步优化为目标重新综合设计，别无其他选择。方法包括组合违规路径或过度约束具有违规的整个子模块。如果设计没达到保持时间的要求，可在布图前阶段修正这些违规，或推迟这一步到布图后。很多设计人员对小的保持时间违规倾向于使用后一种方法，由于布图前综合和时序分析使用统计线负载模型，在布图前阶段修正保持时间违规可能导致同一路径布图后建立时间违规。然而，如果线负载模型真实地反映了布线后延迟，在这一步修正保持时间违规是明智的。在任何情况下必须注意的是，明显的保持时间违规应在布图前阶段修正，以最小化布图后可导致的保持时间修正的数目。

布图后步骤包括用反标的实际延时分析设计时序，这些延时由提取版图数据获得。分析是在含有时钟树信息的布线后网表上进行的。

7.3 延时约束与反标

通常，时序分析是一个迭代过程。最初，设计人员对电路的门级描述进行时序分析时，采用线负载模型对连线延时进行估计；继而在布局布线之后，设计人员利用版图工具提供的详细延时信息反标回设计，进行更加精确的版图级时序分析。

本节基于一个简单的计数器，分别描述基本约束与布图前时序分析、寄生参数反标、SDF延时数据反标。

计数器电路的门级Verilog网表如下：

```verilog
//*************************************************************
//    DESIGN:     ex2_tutorial_2bit_counter.v
//    ABSTRACT:   A basic 2 bit counter design to illustrate basic concepts of STA
//    HISTORY: May 2002 -Steve Hollands : Created
//*************************************************************
module ex2_counter (clk1, bit1, bit2, ci, clr, sum, co);
    input clk1, bit1, bit2, ci, clr;
    output sum, co;
    wire w1, w2, w3, w4, w5, w6, w7, w8, w9, w10, w11;
    FD2  g1  (.CP(clk1),.D(bit1),.CD(clr),.Q(w1));
    FD2  g2  (.CP(clk1),.D(bit2),.CD(clr),.Q(w2));
    FD2  g3  (.CP(clk1),.D(ci),.CD(clr),.Q(w3));
    AN2  g4  (.A(w1),.B(w2),.Z(w4));
    AN2  g5  (.A(w2),.B(w3),.Z(w5));
    AN2  g6  (.A(w3),.B(w1),.Z(w6));
    AN3  g7  (.A(w1),.B(w2),.C(w3),.Z(w7));
    XOR  g8  (.A(w2),.B(w1),.Z(w8));
    XOR  g9  (.A(w8),.B(w3),.Z(w9));
    OR3  g10 (.A(w4),.B(w5),.C(w6),.Z(w10));
    OR2  g11 (.A(w7),.B(w9),.Z(w11));
    FD2  g12 (.CP(clk1),.D(w10),.CD(clr),.Q(co));
    FD2  g13 (.CP(clk1),.D(w11),.CD(clr),.Q(sum));
endmodule
```

7.3.1 基本约束与布图前时序分析

对一个设计的初始分析一般在布图布线前完成，以确定设计是否满足基本的时序约束。此时因为没有详细的版图信息，PT采用线负载模型来估计连线延时。

1. 读入和链接设计

首先配置工具的初始化文件，包括搜索路径search_path、链接路径link_path等（前面已有描述，此处略去），然后读入并链接设计。

(1) 读入设计 ex2_counter.v

```
pt_shell > read_verilog ex2_counter.v
1
```

命令返回1，表明命令已被正确执行。

(2) 链接设计

```
pt_shell > link_design
……
Design 'ex2_counter' was successfully linked.
Information: There are 21 leaf cells, ports, hiers and 18 nets in the design (LNK-047)
1
```

2. 设置基本约束

本步骤为设计指定时钟、输入延时、输出延时等约束信息。

(1) 施加约束之前检查设计的时序

```
pt_shell > check_timing
……
Warning: There are 7 endpoints which are not constrained for maximum delay.
……
Warning: There are 5 register clock pins with no clock.

Information: Checking 'partial_input_delay'.
……
 0
```

命令返回0，表明命令没有正确执行。下面为设计施加基本约束。

(2) 指定时钟

```
pt_shell > create_clock -period 3.25 -name EX2_CLOCK [get_ports clk1]
1
```

(3) 为所有非时钟输入端口指定输入延时

```
pt_shell > set nonclock [remove_from_collection [all_inputs] [get_ports clk1]]
Information: Defining new variable 'nonclock'. (CMD-041)
{"clr", "bit1", "bit2", "ci"}
```

定义变量 nonclock，指代所有非时钟输入端口。

```
pt_shell > set_input_delay 2.0 -clock EX2_CLOCK $nonclock
1
pt_shell > report_port -input_delay
```

```
                     Input Delay
                Min            Max         Related   Related
Input Port      Rise   Fall    Rise  Fall  Clock     Pin
-----------------------------------------------------------------
bit1            2.00   2.00    2.00  2.00  EX2_CLOCK
bit2            2.00   2.00    2.00  2.00  EX2_CLOCK
ci              2.00   2.00    2.00  2.00  EX2_CLOCK
clk1            --     --      --    --    --        --
clr             2.00   2.00    2.00  2.00  EX2_CLOCK
1
```

命令 report_port – input_delay 给出了输入端口上已经设置的输入延时信息。

（4）定义输出延时

```
pt_shell > set_output_delay 1.0 - clock EX2_CLOCK {co sum}
1
pt_shell > report_port - output_delay
                     Output Delay
                Min            Max         Related   Related
Output Port     Rise   Fall    Rise  Fall  Clock     Pin
-----------------------------------------------------------------
co              1.00   1.00    1.00  1.00  EX2_CLOCK
sum             1.00   1.00    1.00  1.00  EX2_CLOCK
1
```

命令 report_port – output_delay 给出了指定输出端口上已经设置的输出延时信息。

（5）检查设计约束是否正确施加

```
pt_shell > check_timing
……
check_timing succeeded.
1
```

3. 设置分析条件

为了正确设置 PT 工作时的各种分析条件，可以查看库中定义的各种参数，如时间单位、工作条件、线负载模型以及库单元等。

```
pt_shell > report_lib *
Time Unit                    : 1 ns
Capacitance Unit             : 1 pF
Default Wire Load Mode       : enclosed
Default Wire Load Model      : no_load
Default Wire Selection Group : area1
```

```
Operating Conditions:
   Name                Process      Temp        Voltage       Tree Type
   ------------------------------------------------------------------------
   <lib_default>       1.00         25.00       3.30          balanced_case
   BCCOM               1.50         25.00       3.10          best_case
   TYPICAL             1.00         65.00       3.30          balanced_case
   WCCOM               1.50         125.00      3.50          worst_case
Wire Load Models:
   Name
   ------------------------------------------------------------------------
   10Kgates
   20Kgates
   ……
1
```

(1) 指定设计输入端口的驱动特性

```
pt_shell> set_driving_cell -lib_cell IV [all_inputs]
1
```

(2) 指定设计输出端口的负载特性

```
pt_shell> set_load -pin_load 2 [all_outputs]
1
```

(3) 指定线负载模型及其工作模式

将变量 auto_wire_load_selection 设置为 false，以禁止工具根据单元面积自动选择线负载模型。

```
pt_shell> set auto_wire_load_selection false
false
pt_shell> set_wire_load_mode top
1
pt_shell> set_wire_load_model -name 10Kgates
1
```

(4) 指定工作条件

```
pt_shell> set_operating_conditions -library tut_lib -analysis_type single BCCOM
1
```

本条命令指定 PT 进行 STA 的工作条件为 BCCOM（Best-Case Commercial）。分析类型为 single，即 PT 对所有时序的分析都在该工作条件下完成。其他的分析类型参见 7.5 节。

4. 执行布图前分析

至此，我们已为设计施加了完整约束并指定了工作条件。在布局布线完成之前没有精确的延时信息用于反标,故 PT 根据线负载模型对连线延时进行估计。

执行基本的时序分析命令如下:

```
pt_shell > report_timing
```

该命令返回具有最小裕度的建立时间报告。报告内容如下:

```
Startpoint: bit1 (input port clocked by EX2_CLOCK)
Endpoint: g1 (rising edge - triggered flip - flop clocked by EX2_CLOCK) Path Group: EX2_CLOCK
Path Type: max

Point                                    Incr        Path
--------------------------------------------------------------
clock EX2_CLOCK ( rise edge)             0.00        0.00
clock network delay (ideal)              0.00        0.00
input external delay                     2.00        2.00 r
bit1 ( in)                               0.20        2.20 r
g1/D (FD2)                               0.00        2.20 r
data arrival time                                    2.20

clock EX2_CLOCK (rise edge)              3.25        3.25
clock network delay (ideal)              0.00        3.25
clock reconvergence pessimism            0.00        3.25
g1/CP (FD2)                                          3.25 r
library setup time                       -0.25       3.00
data required time                                   3.00
--------------------------------------------------------------
data required time                                   3.00
data arrival time                                    -2.20
--------------------------------------------------------------
slack (MET)                                          0.80
1
```

根据前面的说明,可将通常情况下进行布图前建立时间和保持时间 STA 的 PT 脚本表示如下:

```
# Define the design and read the netlist only
set active_design < design name >
read_db - netlist_only $ active_design. db
# or use the following command to read the Verilog netlist
# read_verilog $ active_design. v
curren_design $ active_design
```

```
set_wire_load_model <wire-load model name>
set_wire_load_mode <top|enclosed|segmented>
set_operating_conditions <worst-case operating conditions>
# Assuming the 50pF load requirement for all outputs
set_load 50.0 [all_outputs]
# Assuming the clock name is CLK with a period of 30ns
# The latency and transition are frozen to approximate the
# post-routed values
create_clock -period 30 -waveform [0 15] CLK
set_clock_latency 3.0 [get_clocks CLK]
set_clock_transition 0.2 [get_clocks CLK]
set_clock_uncertainty 1.5 -setup [get_clocks CLK]
# The input and output delay constraint values are assumed
# to be derived from the design specifications
set_input_delay 15.0 -clock CLK [all_inputs]
set_output_delay 10.0 -clock CLK [all_outputs]
# The following command determines the overall health
# of the design
report_constraint -all_violators
# Extensive analysis is performed using the following commands
#setup check
report_timing > setup_check.rpt
#hold check
report_timing -delay_type min > hold_check.rpt
```

7.3.2 基于寄生参数反标的时序分析

门级网表的时序分析完成后就可以进行布局布线了。第三方布局布线工具可以返回棉线版图的寄生参数数据，用于 PT 进行反标以更精确地分析电路时序。

PT 可以支持多种格式的寄生参数信息，如 SPEF、RSPF、DSPF、SBPF 等格式。根据反标的参数信息，PT 可以像电路仿真器（如 SPICE）一样工作，基于每条连线的驱动与负载特性计算翻转时间和延时信息。本小节以 DSPF 格式的寄生参数文件进行布局布线之后的静态时序分析，不再使用线负载模型。

关于设计的读入、链接以及基本的约束，此处不赘述。下面读入 DSPF 格式的寄生参数文件。

（1）读入 DSPF 文件并反标回设计：

```
pt_shell > read_parasitics -format DSPF ex2_counter.dspf
Format is DSPF
Annotated nets                    :        18
Annotated capacitances            :        69
Annotated resistances             :        51
Reduced coupling capacitances     :         0
1
```

(2) 生成反标后设计的时序报告：

```
pt_shell > report_timing
Startpoint: g1 (rising edge - triggered flip - flop clocked by EX2_CLOCK)
Endpoint: g13 (rising edge - triggered flip - flop clocked by EX2_CLOCK)
Path Group: EX2_CLOCK
Path Type: max

Point                                          Incr        Path
------------------------------------------------------------------
clock EX2_CLOCK (rise edge)                    0.00        0.00
clock network delay (ideal)                    0.00        0.00
g1/CP (FD2)                                    0.00        0.00 r
g1/Q (FD2)                                     1.24 &      1.24 r
g8/Z (XOR)                                     1.72 &      2.96 r
g9/Z (XOR)                                     1.17 &      4.13 r
g13/D (FD2)                                    0.68 &      4.81 r
g13/D (FD2)                                    0.00 &      4.81 r
data arrival time                                          4.81

clock EX2_CLOCK (rise edge)                    3.25        3.25
clock network delay (ideal)                    0.00        3.25
clock reconvergence pessimism                  0.00        3.25
g13/CP (FD2)                                               3.25 r
library setup time                            -0.25        3.00
data required time                                         3.00
------------------------------------------------------------------
data required time                                         3.00
data arrival time                                         -4.81
------------------------------------------------------------------
slack (VIOLATED)                                          -1.81
1
```

从报告中可以看到，基于 DSPF 格式寄生参数文件的建立时间分析结果与基于线负载模型的不同。报告中标有 & 的地方，路径中的延时是使用寄生参数计算的。

(3) 生成裕度最小的 10 条路径的时序汇总信息：

```
pt_shell > report_timing - nworst 10 - path_type summary
g1/CP (FD2)                  g13/D (FD2)              -1.81
bit2 (in)                    g2/D (FD2)               -1.72
bit2 (in)                    g2/D (FD2)               -1.72
……
1
```

(4) 生成设计的连线报告以及反标信息:

```
pt_shell > report_net
Attributes:
      c - annotated capacitance
      r - annotated resistance
      I - ideal network
Net           Fanout      Fanin       Cap     Resistance      Pins    Attributes
--------------------------------------------------------------------------------
bit1          1           1           2.66    0.04            2       c,r
bit2          1           1           2.66    0.04            2       c,r
ci            1           1           2.66    0.04            2       c,r
……
--------------------------------------------------------------------------------
Total 18 nets 35          18          81.67   1.02            53
Maximum       5           1           9.16    0.18            6
Average       1.94        1.00        4.54    0.06            2.94
1
```

连线报告显示了反标后每条连线上的扇出、扇入、电容、电阻、I/O 数目以及连线属性等。Attributes 对应的 c、r 指电容、电阻是反标的信息。

(5) 查看设计中特定连线如 clk1 的详细信息:

```
pt_shell > report_net - connections - verbose [get_nets clk1]
Connections for net 'clk1':
    pin capacitance:      0.35
    wire capacitance:     8.21 (annotated)
    total capacitance:    8.56
    wire resistance:      0.18 (annotated)
    number of drivers:    1
    number of loads:      5
    number of pins:       6
……
1
```

该报告显示了连线 clk1 的电容、电阻、驱动与负载等详细信息。

(6) 为了进行基于 SDF 的时序分析,用如下命令移除设计中反标的寄生参数:

```
pt_shell > remove_annotated_parasitics - all
1
```

7.3.3 基于 SDF 的延时数据反标

本节采用 SDF 文件进行延时数据反标,并查看 PT 给出的延时计算过程。关于设计的读入、链接以及基本的约束，同样不赘述。下面读入 SDF 延时文件。

(1) 读入 SDF 文件并反标回设计：

```
pt_shell > read_sdf ex2_counter.sdf
Number of annotated cell delay arcs    :      54
Number of annotated net delay arcs     :      35
Number of annotated timing checks      :      10
TEMPERATURE     : 25.00
VOLTAGE         : 3.10
PROCESS         : 1.500
1
```

(2) 生成反标后设计的时序报告：

```
pt_shell > report_timing -significant_digits 4
Startpoint: g1 (rising edge-triggered flip-flop clocked by EX2_CLOCK)
Endpoint: g13 (rising edge-triggered flip-flop clocked by EX2_CLOCK)
Path Group: EX2_CLOCK
Path Type: max

Point                                          Incr           Path
-----------------------------------------------------------------------
clock EX2_CLOCK (rise edge)                   0.0000         0.0000
clock network delay (ideal)                   0.0000         0.0000
g1/CP (FD2)                                   0.0000         0.0000 r
g1/Q (FD2)                                    1.1890 *       1.1890 r
g8/Z (XOR)                                    0.9340 *       2.1230 r
g9/Z (XOR)                                    0.4650 *       2.5880 r
g11/Z (OR2)                                   0.4120 *       3.0000 r
g13/D (FD2)                                   0.0040 *       3.0040 r
data arrival time                                            3.0040

clock EX2_CLOCK (rise edge)                   3.2500         3.2500
clock network delay (ideal)                   0.0000         3.2500
clock reconvergence pessimism                 0.0000         3.2500
g13/CP (FD2)                                                 3.2500 r
library setup time                           -0.2500 *       3.0000
data required time                                           3.0000
-----------------------------------------------------------------------
data required time                                           3.0000
data arrival time                                           -3.0040
-----------------------------------------------------------------------
slack (VIOLATED)                                            -0.0040
1
```

报告中的 * 号表示路径中的延时是由 SDF 文件中的数据反标回该时序弧的。

(3) 查看 PT 的延时计算过程，如从触发器 g1 的时钟端到其输出端：

```
pt_shell > report_delay_calculation - from g1/CP - to g1/Q
From pin: g1/CP
To pin:   g1/Q
Main Library Units:  1ns  1pF  1kOhm
……
Rise Delay computation:
rise_intrinsic                          0.19 +
rise_slope * Dt_rise                    0 * 0 +
rise_resistance * (pin_cap + wire_cap) / driver_count
0.1458 * (1.3 + 0.0037) / 1
----------------------------------------
Total                                   0.380079

Fall Delay computation:
fall_intrinsic                          0.27 +
fall_slope * Dt_rise                    0 * 0 +
fall_resistance * (pin_cap + wire_cap) / driver_count
0.0783 * (1.3 + 0.0037) / 1
----------------------------------------
Total                                   0.37208

Rise delay = 0.380079
Fall delay = 0.37208
1
```

(4) 退出 PT：

```
pt_shell > exit
```

根据前面的说明，可将通常情况下进行布图后建立时间和保持时间 STA 的 PT 脚本表示如下：

```
# Define the design and read the netlist only
set active_design < design name >
read_db - netlist_only $ active_design.db
# or use the following command to read the Verilog netlist
# read_verilog $ active_design.v
current_design $ active_design
# set SDC
……
```

```
# Back annotate the worst-case (extracted) layout information
source capacitance_wrst.pt    #actual parasitic capacitances
read_sdf rc_delays_wrst.sdf #actual RC delays
read_parasitics clock_info_wrst.spef   #clock network data
# Assuming the clock name is CLK with a period of 30ns
# The latency and transition are frozen to approximate the
# post-routed values. A small value of clock uncertainty is
# used for the setup-time
create_clock -period 30 -waveform [0 15] CLK
set_propagated_clock [get_clocks CLK]
set_clock_uncertainty 0.5 -setup  [get_clocks CLK]
# The input and output delay constraint values are assumed
# to be derived from the design specifications
set_input_delay 15.0 -clock CLK [all_inputs]
set_output_delay 10.0 -clock CLK [all_outputs]
# The following command determines the overall health
# of the design
report_constraint -all_violators
# Extensive analysis is performed using the following commands
# setup check
report_timing > setup_check.rpt
# hold check
report_timing -delay_type min > hold_check.rpt
```

7.4 时序例外分析

默认情况下，PT把设计中所有的时序路径视为单周期的，并据此进行静态时序分析，即假设数据在路径的起点被发射，到下一个时钟沿时在路径的终点被捕获。但对于设计中工作方式并非如此的时序路径，则需要指定时序例外以使PT意识到这些路径表现的特殊行为，否则时序分析的结果将与实际电路的行为不匹配。本节内容主要包括伪路径（false path）、多周期路径（multicycle path）、最大/最小路径延时（maximum path delay、minimum path delay）以及时序例外的优先级（exception priority）。

7.4.1 设置伪路径

伪路径指设计中不需要进行时序分析的路径，比如两个不会同时使能的多路复用模块（multiplexed block）之间的路径。为阻止此类错误的违规报告，需要将该类路径设置为伪路径，通过命令set_false_path完成。本节采用与7.3节相同的计数器设计。该设计并不需要任何时序例外，这里只是设置并观察时序例外对分析结果的影响。命令set_false_path的语法及常用选项如下：

```
set_false_path [-setup][-hold][-rise] [-fall] [-reset_path]
               [-from from_list |-rise_from rise_from_list |-fall_from fall_from_list]
               [-through through_list]
               [-rise_through rise_through_list]
               [-fall_through fall_through_list]
               [-to to_list |-rise_to rise_to_list |-fall_to fall_to_list]
```

1. 读入、约束和反标设计

(1) 读入、链接和约束与 7.3 节的相同，本小节从反标寄生参数文件开始描述：

```
pt_shell > read_parasitics ex2_counter.dspf
Format is DSPF
Annotated nets                        :          18
Annotated capacitances                :          69
Annotated resistances                 :          51
Reduced coupling capacitances         :           0
1
```

(2) 查看最坏情况下的建立时间报告：

```
pt_shell > report_timing
   Startpoint: g1 (rising edge-triggered flip-flop clocked by EX3_CLOCK)
   Endpoint: g13 (rising edge-triggered flip-flop clocked by EX3_CLOCK)
   Path Group: EX3_CLOCK
   Path Type: max
   Point                                  Incr        Path
   -----------------------------------------------------------------
   clock EX3_CLOCK (rise edge)            0.00        0.00
   ……
   data arrival time                                  4.81

   clock EX3_CLOCK (rise edge)            3.25        3.25
   ……
   data required time                                 3.00
   -----------------------------------------------------------------
   data required time                                 3.00
   data arrival time                                 -4.81
   -----------------------------------------------------------------
   slack (VIOLATED)                                  -1.81
1
```

从报告中可以看到，最坏情况的建立时间路径是从 g1/CP 到 g13/D。

（3）由于本节将从多个角度查看从 g1/CP 到 g13/D 的建立时间检查结果，故为该命令创建一个别名，以便快速输入命令：

```
pt_shell > alias mypath "report_timing - from g1/CP - to g13/D"
```

创建别名后，在 pt_shell 下只要输入 mypath，就相当于执行命令 report_timing – from g1/CP – to g13/D。

（4）为了方便后文对比，把设置时序例外前的时序分析结果写入文件 report1.txt：

```
pt_shell > mypath > report1.txt
```

2. 设置和移除伪路径

命令 set_false_path 可以设置一条点对点的路径为伪路径，或者设置一组符合参数要求的路径为伪路径。该命令会移除伪路径上的时序约束，PT 不会再返回此类路径的违例。

（1）将起点为 g1/CP、终点为 g13/D 的路径设置为伪路径：

```
pt_shell > set_false_path - from g1/CP - to g13/D
1
pt_shell > mypath
……
No constrained paths.
1
```

设置伪路径之后，可以发现从 g1/CP 到 g13/D 的路径上没有约束。

（2）查看设置的时序例外：

```
pt_shell > report_exceptions
Reasons :   f  invalid start points
            t  invalid end points
            p  non - existent paths
            o  overridden paths

From           To            Setup         Hold         Ignored
------------------------------------------------------------------
g1/CP          g13/D         FALSE         FALSE
 1
```

报告显示了设置的时序例外，包括起点、终点、建立/保持约束的时序例外状态，以及可能存在的时序例外被忽略的原因（本例中时序例外未被忽略，后文将展示相应的由于优先级而被忽略的时序例外）。

上面的时序例外是故意设置以查看其对时序分析的影响的，可用下面的方法将之移除：

```
pt_shell > reset_path - from g1/CP - to g13/D
1
pt_shell > report_exceptions
1
pt_shell > mypath
```

此时的报告与设置伪路径前的结果相同。

3. 指定时序例外路径

从 set_false_path 命令的语法可以看出，指定伪路径有多种选项，如 – from、– through、– to、– rise_from、– fall_to 等。下面选几种进行说明。

（1）设置所有以 g1/CP 为起点的路径为伪路径：

```
pt_shell > set_false_path - from g1/CP
1
pt_shell > report_exceptions
......
From            To              Setup         Hold          Ignored
---------------------------------------------------------------------------
g1/CP      *    FALSE     FALSE
1
 pt_shell > mypath
......
No constrained paths.
1
```

现在所有以 g1/CP 为起点的路径都是伪路径，自然包括从 g1/CP 到 g13/D 的路径。

（2）查看所有以 g1/CP 为起点的路径的终点列表（只关注终点，不关注起点和中间节点）：

```
pt_shell > all_fanout - from g1/CP - endpoints_only
"g1/QN", "g12/D", "g13/D"
```

（3）在设置一组伪路径之后，不能仅对某条路径的设置进行撤销操作，例如：

```
pt_shell > reset_path - from g1/CP - to g13/D
1
pt_shell > report_exceptions
......
From            To              Setup         Hold          Ignored
---------------------------------------------------------------------------
g1/CP      *    FALSE     FALSE
1
 pt_shell > mypath
......
No constrained paths.
1
```

（4）若要移除先前的时序例外设置，需要使用 reset_path 命令重置全部伪路径，例如：

```
pt_shell > reset_path - from g1/CP
1
pt_shell > report_exceptions
```

```
1
pt_shell > mypath
```

此时的报告与设置伪路径前的结果相同。

4. 设置伪路径的替代方法

伪路径的设置对 PT 而言是计算密集型的，当使用通配符 * 指定大量路径时情况更加严重。因此为了寻求更有效的解决方法，在指定大量伪路径之前，应该考虑将这些路径排除在分析之外的原因。下面分情况进行讨论。

第一种情况：电路是否有不同的工作模式，如正常工作模式、测试工作模式等。如果是，可以考虑使用情形分析（case analysis）。

第二种情况：电路中是否有多个时钟并且彼此无关，如用于正常工作模式的快速时钟和用于休眠模式的慢速时钟。如果是，可以考虑采用情形分析，每次分析一个时钟，也可以使用命令 set_clock_groups - exclusive 来声明时钟间的互斥关系。

第三种情况：电路中是否存在设计人员已经确认不会违规而希望不做分析的单元（cell）、端口（port）、引脚（pin）或库单元（library cell）等设计对象。如果是，可以考虑使用 set_disable_timing 命令移除对相关设计对象的分析。

下面以 set_disable_timing 为例说明。

（1）禁止单元 g1 的时序分析：

```
pt_shell > set_disable_timing [get_cells g1]
1
```

（2）查看关于禁止时序分析单元的报告：

```
 pt_shell > report_disable_timing
 Flags :    c   case - analysis
            C   Conditional arc
            d   default conditional arc
            f   false net - arc
            l   loop breaking
            L   db inherited loop breaking
            m   mode
            p   propagated constant
            u   user - defined
            U   User - defined library arcs
Cell or Port            From     To      Sense        Flag Reason
------------------------------------------------------------------
g1                       *       Q        *            u
g1                       *       QN       *            u
1
```

从报告中可以看出，单元 g1 的所有时序弧都被禁止了。禁止的原因是"u"，表示用户禁止。

(3) 查看禁止时序分析后的时序报告：

```
pt_shell > mypath
......
No constrained paths.
1
```

该报告与前面看到的设置 set_false_path 后的结果相同。

7.4.2 设置多周期路径

PT 在默认情况下使用第一个时钟沿从驱动触发器获得数据，并由接收触发器在第二个时钟沿捕获。然而有些路径被设计成从发射到捕获需要多个时钟周期，例如，一个路径包含乘法器等规模较大的组合逻辑，单周期无法完成，这时，如果能正确使用"多周期路径"，PT 就可以在恰当的时钟沿检查数据的到达时间。进行多周期路径设置的命令为 set_multicycle_path，其语法及选项如下：

```
set_multicycle_path path_multiplier [-setup] [-hold]
[-from from_list]
[-through through_list]
[-to to_list]
```

下面通过具体示例进行说明。仍然选取设计"counter"的路径 g1/CP 到 g13/D 为例。

1. 多周期路径的建立时间检查约束

(1) 首先确保设计中目前不存在时序例外或禁止时序分析的设计对象：

```
pt_shell > report_exceptions
1
pt_shell > report_disable_timing
1
```

(2) 查看此时的最差时序报告：

```
pt_shell > mypath
```

此时的报告显示从 g1/CP 到 g13/D 的最差建立时间违规是 -1.81ns。

(3) 将从 g1/CP 到 g13/D 的建立时间路径设置为周期数为 2 的多周期路径：

```
 pt_shell > set_multicycle_path -setup 2 -from g1/CP -to g13/D
 1
pt_shell > report_exceptions
From              To                  Setup            Hold              Ignored
-------------------------------------------------------------------------------------
g1/CP             g13/D               cycles = 2       *
 1
```

从结果可以看出，从 g1/CP 到 g13/D 的多周期路径已经设置成功。

(4) 在多周期路径的基础上进行建立时间检查：

```
pt_shell > mypath
……
  Point                                         Incr          Path
  ------------------------------------------------------------------
  clock EX3_CLOCK (rise edge)                   0.00          0.00
……
  data arrival time                                           4.81

  clock EX3_CLOCK (rise edge)                   6.50          6.50
……
  data required time                                          6.25
  ------------------------------------------------------------------
  data required time                                          6.25
  data arrival time                                          -4.81
  ------------------------------------------------------------------
  slack (MET)                                                 1.44
```

从报告中可以看出，此时 PT 是在数据发射后的第二个时钟沿而不是第一个时钟沿进行建立时间检查的，即 $T \times 2 = 3.25 \times 2 = 6.50$ns 时刻进行时序分析，裕度为正。

（5）将从 g1/CP 到 g13/D 的建立时间路径更改为周期数为 3 的多周期路径，并再次进行建立时间检查：

```
pt_shell > set_multicycle_path -setup 3 -from g1/CP -to g13/D
1
pt_shell > mypath
```

此时新的时序例外会覆盖上一次的设置，PT 在数据发射后的第三个时钟沿而不是第一个时钟沿进行建立时间检查，即 $T \times 3 = 3.25 \times 3 = 9.75$ns 时刻进行时序分析，裕度为 4.69ns。

2. 多周期路径的保持时间检查约束

默认情况下，命令 report_timing 返回的是建立时间时序，即最大延时分析。下面看看保持时间时序，即最小延时分析。

（1）查看保持时间时序报告：

```
pt_shell > report_timing -delay_type min -from g1/CP -to g13/D
  Startpoint: g1 (rising edge-triggered flip-flop clocked by EX3_CLOCK)
  Endpoint: g13 (rising edge-triggered flip-flop clocked by EX3_CLOCK)
  Path Group: EX3_CLOCK
  Path Type: min

  Point                                         Incr          Path
  ------------------------------------------------------------------
  clock EX3_CLOCK (rise edge)                   0.00          0.00
……
```

```
data arrival time                                    1.52

clock EX3_CLOCK (rise edge)             6.50         6.50
……
data required time                                   6.90
-----------------------------------------------------------
data required time                                   6.90
data arrival time                                   -1.52
-----------------------------------------------------------
slack (VIOLATED)                                    -5.38
1
```

从报告可以看出，此时出现了保持时间违规。下面分析原因。

对保持时间检查，PT 在上一个发射和捕获周期判断路径终点上的数据是否有效。默认情况下，PT 假设上一个周期的捕获沿是与当前周期的捕获沿紧邻的上一个时钟沿。那么，在路径周期数为 3 的情况下，PT 在第二个时钟沿，即 $T \times 2 = 6.50$ns 时刻进行保持时间检查，如图 7-9 所示。如果该电路被设计成每 3 个时钟周期进行一次数据捕获，那么上一个数据周期的捕获沿是在时刻 0，而不是 6.50ns，因此需要把保持时间检查后移 2 个时钟周期。

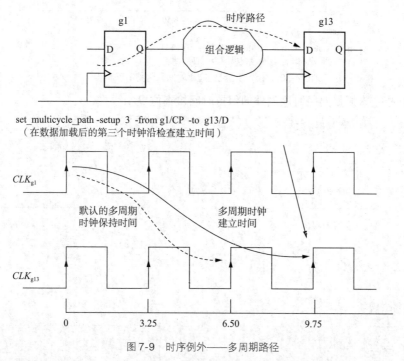

图 7-9　时序例外——多周期路径

（2）为了快捷输入命令，为生成保持时间检查的命令创建别名：

```
pt_shell > alias mypath_min "report_timing - delay_type min - from g1/CP - to g13/D"
```

（3）下面设定在 0 时刻检查保持时间。此时需要注意对 set_multicycle_path 命令中选项

–hold的理解。这里通过故意输入的错误设置来加深对该选项的理解：

```
pt_shell > set_multicycle_path -hold 0 -from g1/CP -to g13/D
1
pt_shell > mypath_min
```

从此时的报告看，结果没有变化。原因是，–hold后面的数字指的是从默认的检查位置后移的时钟周期数，这里指定为0，并没有改变保持时间的检查时刻。从图7-9可以看出，要想在0时刻进行保持时间检查，需要将默认的检查位置后移2个时钟周期。多周期路径的建立时间和保持时间检查如图7-10所示。

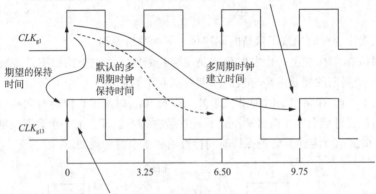

图7-10　多周期路径的建立时间和保持时间检查

（4）重新指定多周期路径时序例外的保持时间检查位置：

```
pt_shell > set_multicycle_path -hold 2 -from g1/CP -to g13/D
1
pt_shell > report_exceptions
From              To              Setup           Hold            Ignored
-----------------------------------------------------------------------------
g1/CP             g13/D           cycles = 3      cycles = 2
1
pt_shell > mypath_min
……
  Point                                       Incr           Path
  -------------------------------------------------------------------
  clock EX3_CLOCK (rise edge)                 0.00           0.00
  ……
  data arrival time                                          1.52

  clock EX3_CLOCK (rise edge)                 0.00           0.00
  ……
```

```
  data required time                                           0.40
  -----------------------------------------------------------------
  data required time                                           0.40
  data arrival time                                           -1.52
  -----------------------------------------------------------------
  slack (MET)                                                  1.12
1
```

简单总结一下：使用 set_multicycle_path 命令时，-setup 选项指定了建立时间检查的时钟沿，默认值是1；-hold 选项指定了需要从默认的检查位置后移的时钟周期数，默认值是0；根据多周期路径的设置，保持时间的检查位置是

$$\text{hold cycles} = \text{setup option value} - 1 - \text{hold option value}$$

（5）下面移除多周期路径相关的时序例外，为最大最小延时分析做准备：

```
pt_shell > reset_path - from g1/CP
```

7.4.3　设置最大和最小路径延时

设置最大和最小路径延时是指定建立时间检查和保持时间检查的另一种方法，对应的命令是 set_max_delay 和 set_min_delay，这两个命令允许设计人员以时间单位指定建立/保持时间检查的时刻。这两个命令的语法如下：

```
set_max_delay delay_value [ - from from_list]
[ - through through_list]
[ - to to_list]
[ - group_path group_name]
set_min_delay delay_value [ - from from_list]
[ - through through_list]
[ - to to_list]
```

（1）首先确认设计中未设置时序例外：

```
pt_shell > report_exceptions
1
```

（2）在 g1/CP 到 g13/D 的路径上指定建立时间检查的时间点：

```
 pt_shell > set_max_delay 9.75 - from g1/CP - to g13/D
1
 pt_shell > report_exceptions
From            To                    Setup           Hold         Ignored
---------------------------------------------------------------------------
g1/CP           g13/D                 max = 9.75      -
1
```

(3) 在 g1/CP 到 g13/D 的路径上指定保持时间检查的时间点：

```
pt_shell > set_min_delay 0.0 -from g1/CP -to g13/D
pt_shell > report_exceptions
From              To              Setup           Hold           Ignored
------------------------------------------------------------------------
g1/CP             g13/D                           max = 9.75 min = 0
```

(4) 查看建立时间检查报告：

```
pt_shell > mypath
```

此时的报告显示 PT 在 9.75ns 时刻进行建立时间检查，裕度为 4.69ns，与设置 set_muliticycle_path -setup 3 的结果相同。

(5) 查看保持时间检查报告：

```
pt_shell > mypath_min
```

此时的报告显示 PT 在 0 时刻进行保持时间检查，裕度为 1.12ns，与设置 set_multicycle_path -setup 3 和 set_muliticycle_path -hold 2 的结果相同。

可以看到，命令 set_max_delay 与 set_min_delay 可以不相对于时钟沿而直接设置任意的检查时刻，因此比命令 set_multicycle_path 更灵活；不过，命令 set_multicycle_path 可以根据时钟周期的变化自动调整检查时刻。

7.4.4 时序例外的优先级

前面 3 个小节分别描述了不同的时序例外设置方法，每种时序例外设置都可能包含一组路径，如果同一时序路径位于不同的时序例外范畴，此时有效的时序例外则取决于时序例外的优先级。不同的时序例外按照优先级从高到低的顺序排列如下：

- set_false_path；
- set_max_delay 和 set_min_delay；
- set_multicycle_path。

而同一个时序例外设置命令指定路径起点 from 和路径终点 to 的方法也具有优先级，按照从高到低的顺序排列如下：

- -from pin, -rise_from pin, -fall_from pin；
- -to pin, -rise_to pin, -fall_to pin；
- -through, -rise_through, -fall_through；
- -from clock, -rise_from clock, -fall_from clock；
- -to clock, -rise_to clock, -fall_to clock。

下面通过简单示例说明时序例外冲突导致的结果。

(1) 将起点为 g1/CP 的建立时间路径设置为周期数为 3 的多周期路径：

```
pt_shell > set_multicycle_path -setup 3 -from g1/CP
1
pt_shell > report_exceptions
```

From	To	Setup	Hold	Ignored
g1/CP	* cycles = 3	*		
1				

（2）将从 g1/CP 到 g13/D 的时序路径设置为伪路径：

```
pt_shell > set_false_path  - from g1/CP - to g13/D
1
pt_shell > report_exceptions
Reasons :   f   invalid start points
            t   invalid end points
            p   non - existent paths
            o   overridden paths
```

From	To	Setup	Hold	Ignored
g1/CP	* cycles = 3	*		o
g1/CP	g13/D	FALSE	FALSE	
1				

从前面的命令可以看出，被设置为伪路径的路径是被设置为多周期路径的路径的子集。报告显示，命令 set_multicycle_path 指定的部分路径被忽略，忽略的原因是"o"，即 overridden paths，表示有更高优先级的时序例外将之覆盖了。

（3）查看部分受影响路径的时序报告：

```
pt_shell > mypath
……
No constrained paths.
1
pt_shell > report_timing - from g1/CP - to g12/D
  Startpoint: g1 (rising edge - triggered flip - flop clocked by EX3_CLOCK)
  Endpoint: g12 (rising edge - triggered flip - flop clocked by EX3_CLOCK)
  Path Group: EX3_CLOCK
  Path Type: max
  Point                                        Incr        Path
  -----------------------------------------------------------------
  clock EX3_CLOCK (rise edge)                  0.00        0.00
……
  data arrival time                                        2.72

  clock EX3_CLOCK (rise edge)                  9.75        9.75
……
```

```
    data required time                              9.50
    -----------------------------------------------------
    data required time                              9.50
    data arrival time                              -2.72
    -----------------------------------------------------
    slack (VIOLATED)                                6.78
```

对比两个结果，可以得出：从 g1/CP 到 g13/D 的路径为伪路径，因此报告显示路径未被约束（unconstrained）；而从 g1/CP 到 g12/D 的路径为多周期路径，建立时间检查的时刻为 9.75ns，即第 3 个时钟沿。

其他情况的时序例外冲突此处不再一一列举，读者可根据上面描述的时序例外优先级进行相关的推断。

7.5 工作条件分析

PT 可以在不同的工作条件（温度、电压和工艺变化）下高效地寻找并分析最坏情况下的时序路径，本节重点描述不同工作条件对分析结果的影响。本节选取计数器中到 g12/D 或 g13/D 的路径为例，分别在单一工作条件（single operating condition）、片上参数变化工作条件（on-chip variation）、考虑共同路径悲观去除（Clock Reconvergence Pessimism Removal，CRPR）的片上参数变化工作条件下进行分析。设计工作条件的命令是 set_operating_conditions，其语法与选项如下：

```
set_operating_conditions
            [-analysis_type single | on_chip_variation]
            [-library lib]
            [condition]
            [-min min_condition]
            [-max max_condition]
            [-min_library min_lib]
            [-max_library max_lib]
            [-object_list objects]
```

7.5.1 单一工作条件分析

设计的读入、链接以及寄生参数的反标过程不赘述，这里从指定工作条件开始描述。默认情况下，PT 在单一工作条件下分析电路时序。

(1) 指定工作条件为 WCCOM（Worst-Case Commercial）：

```
pt_shell>set_operating_conditions -library tut_lib_nldm WCCOM
1
```

(2) 查看当前的工作条件、线负载模型和其他的分析信息（用 report_design 命令）：

```
pt_shell > report_design
Design Attribute                           Value
---------------------------------------------------------------
Operating Conditions:
  analysis_type                            single
  operating_condition_max_name             WCCOM
  process_max                              1
  temperature_max                          125
  voltage_max                              3.1
  tree_type_max                            worst_case

Wire Load:                                 (use report_wire_load for more information)
  wire_load_mode                           enclosed
  wire_load_model_max                      10Kgates
  wire_load_model_library_max              tut_lib_nldm
  wire_load_selection_type_max             automatic-by-area
  ……
1
```

(3) 用一条命令同时查看当前工作条件下最坏情况时的建立时间和保持时间检查报告。为了后文快捷输入命令，也为该命令创建一个别名 mypath1；同时为了对比方便，这里将不同条件下生成的裕度填到同一张表格中。

```
pt_shell > alias mypath1 "report_timing -to {g12/D g13/D} -delay_type min_max"
```

这里需要说明一点，为了用一条命令同时查看当前工作条件下最坏情况时的建立时间和保持时间检查报告，将 -delay_type 设置为 min_max，PT 则可以分别采用 max 路径和 min 路径对建立时间和保持时间进行分析。该方法被称为 min-max 分析或 best-case/worst-case 分析。在单一工作条件的分析模式下，min-max 分析在进行建立时间检查时，时钟路径和数据路径都采用最大延时；在进行保持时间检查时，时钟路径和数据路径都采用最小延时。

```
pt_shell > mypath1
```

结果如表 7-2 第 2 列所示。

表 7-2　不同工作条件下的建立时序裕度/保持时序裕度

裕度	WCCOM	TYPICAL	BCCOM	片上参数变化	考虑 CRPR 的片上参数变化
建立时序裕度	1.73	3.91	5.14	-1.54	0.71
保持时序裕度	1.70	1.39	0.52	-3.12	-0.87

(4) 分别指定工作条件为 TYPICAL 和 BCCOM，并进行上述分析，结果分别如表 7-2 第 3 列、第 4 列所示。

```
pt_shell > set_operating_conditions -library tut_lib_nldm TYPICAL
1
```

```
pt_shell > mypath1
pt_shell > set_operating_conditions -library tut_lib_nldm BCCOM
1
pt_shell > mypath1
```

7.5.2 片上参数变化工作条件分析

在片上参数变化工作条件下，PT 允许进行保守分析。

（1）将工作条件设置如下：分析条件为片上参数变化工作条件、最大延时采用 WCCOM、最小延时采用 BCCOM。

```
pt_shell > set_operating_conditions -library tut_lib_nldm -analysis_type \
           on_chip_variation -min BCCOM -max WCCOM
1
```

（2）查看当前的工作条件、线负载模型和其他的分析信息：

```
pt_shell > report_design
Design Attribute                              Value
-----------------------------------------------------------------------------
Operating Conditions:
  analysis_type                               on_chip_variation
  operating_condition_min_name                BCCOM
  process_min                                 1
  temperature_min                             25
  voltage_min                                 3.5
  tree_type_min                               best_case

  operating_condition_max_name                WCCOM
  process_max                                 1
  temperature_max                             125
  voltage_max                                 3.1
  tree_type_max                               worst_case
……
1
```

从报告中可以看出，进行建立时间检查时，对发射时钟路径和数据路径采用最大延时（即 WCCOM 工作条件），而对捕获时钟路径采用最小延时（即 BCCOM 工作条件）；相反，在进行保持时间检查时，对发射时钟路径和数据路径采用最小延时（即 BCCOM 工作条件），而对捕获时钟路径采用最大延时（即 WCCOM 工作条件）。

（3）分析建立时间和保持时序裕度：

```
pt_shell > mypath1
```

结果如表 7-2 第 5 列所示。

7.5.3 考虑 CRPR 的片上参数变化工作条件分析

在进行具体分析之前，先简单描述一下什么是 CRPR。

如果发射时钟路径与捕获时钟路径有共享的节点，那么 PT 进行片上参数变化分析时是保守的。以 7.5.1 小节和 7.5.2 小节所描述的 mypath1 为例，发射时钟路径和捕获时钟路径的共享节点包括 cg0、cg1、cg2 和 cg3。

对建立时间检查而言，在分析发射时钟路径时，采用的是最大延时，而在分析捕获时钟路径时，采用的是最小延时。需要注意的是，PT 在同一个时钟沿分析通过逻辑门的延时，而在实际电路中，这些门不可能同时工作在最大延时和最小延时情况下，因而分析是悲观的、保守的。发射时钟路径和捕获时钟路径在这些共享节点上的最大延时与最小延时的差值，即为保守的总量，称为共同路径悲观度（Clock Reconvergence Pessimism，CRP）。

CRP 是一种静态时序分析特性，而不是硅器件特性或设计特性。因此需要在片上参数变化工作条件下，对该值进行自动校正，这就是 CRPR。

下面以示例说明。

（1）使能 CRPR：

```
pt_shell > set timing_remove_clock_reconvergence_pessimism true
1
```

（2）分析建立时间和保持时序裕度：

```
pt_shell > mypath1
```

结果如表 7-2 最后一列所示。

本章对静态时序分析相关概念与工具进行了简要描述，未尽之处请读者阅读相关的技术手册。

习题 7

1. 什么是静态时序分析？PT 的主要特点是什么？
2. PT 的初始化文件与 DC 有哪些差别？
3. 什么是伪路径、多周期路径？
4. 布图前后的设计进行 STA 时，其约束的主要差别体现在哪些方面？
5. 时序例外的优先级是什么？
6. 请对照表 7-2，描述不同工作条件对分析结果的影响。

第 8 章

形式化验证

Formality 是一种等效性检验工具，采用形式验证的技术（数学的方法证明）检查两个设计在功能上是否等价，工作原理如图 8-1 所示。Formality 所进行的等价性检验是一种静态分析方法，无须动态仿真就可以确定两个设计是否相等，极大地提高了验证的速度，缩短了验证时间，加快了产品上市时间。Formality 具有一个流程化的图形界面和先进的调试功能，设计者可以很快地检测出两个设计中的不等价处，隔离不等价点等。

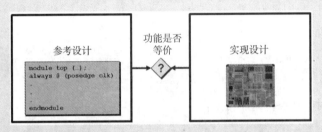

图 8-1 参考设计与实现设计

Formality 具有以下特点：
(1) 可以实现 RTL-RTL、RTL-Gate、Gate-Gate 电路的验证；
(2) 支持 VHDL、Verilog HDL、DB 格式以及 EDIF 网表等文件格式；
(3) 定位两个设计之间功能不等同的原因；
(4) 支持实现自动的分层验证；
(5) 快速验证两个设计在功能上是否等同，不同时可以给出反例；
(6) 不依赖于测试向量，理论上将做到 100% 验证；
(7) 使用 Design Compiler 的技术库；
(8) 提供图形用户界面（GUI）和命令行界面（CLI）两种界面。

8.1　Formality 中的基本概念

8.1.1　参考设计与实现设计

形式验证的过程涉及两个设计：一个是参考设计（reference design），是经过充分验证的、其逻辑功能符合规范的设计；另一个是逻辑功能尚待验证的设计，称为实现设计

(implementation design)。Formality 假设参考设计正确，检验实现设计是否与参考设计在功能上等价。

实现设计是对原有设计进行了非功能性修改的设计（RTL），或者综合后的设计（门级），或者插入扫描链后的设计（门级），或者物理设计后的设计（门级）。

8.1.2 比较点和逻辑锥

在 Formality 中，一个比较点是一个设计对象（design object），包括输出端口、寄存器、锁存器、黑盒子输入引脚，或者多驱动器驱动的线网，多个驱动器中至少有一个是端口或黑盒子。Formality 工具使用下面的设计对象自动地创建比较点：

（1）输出端口；
（2）时序元件（寄存器和锁存器）；
（3）黑盒子输入引脚；
（4）多个驱动器驱动的线网，多个驱动器中至少有一个是端口或黑盒子。

Formality 通过比较实现设计中比较点的逻辑锥和参考设计中比较点的逻辑锥，验证一个比较点。所谓的逻辑锥（logic cone）就是组合逻辑，这些逻辑起始于一个特定的设计对象（圆锥体的顶部），并结束于某个设计对象的输出（圆锥体的底部）。逻辑锥的开始点是 Formality 用于创建比较点的设计对象。逻辑锥的终止点是原始输入或者是 Formality 用于创建比较点的设计对象。图 8-2 给出了逻辑锥示意图，图中 BB 表示黑盒子。

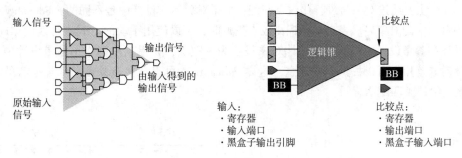

图 8-2　逻辑锥示意图

在图 8-2 中，设计对象是输出端口（primary output），也是一个比较点，Formality 把这个比较点和另外一个设计的比较点进行比较，以判断两个逻辑锥的功能是否等价。图 8-2 左侧阴影部分表示与输出端口相关的逻辑锥，它开始于与输出端口相连的线网，后向回溯（backward）到连接输入端口（primary input）线网的终止点。

Formality 把实现设计和参考设计划分成多个逻辑锥，如图 8-3 所示，以逻辑锥为单位进行比较。

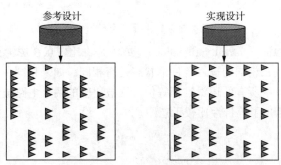

图 8-3　逻辑锥划分

8.1.3 设计等价

Formality 中可以验证两种类型的等价。

(1) 设计的一致性 (design consistency): 对于每一个输入模式 (pattern),参考设计和实现设计具有相同的响应。如果在参考设计中定义了 don't care, 而实现设计中有确定的 0 或者 1, 那么验证将通过。

(2) 设计相等 (design equality): 包括设计的一致性,在相等性检查中,要求参考设计和实现设计对所有的输入模式,输出是完全一致的。如果在参考设计中存在 don't care (X),那么在实现设计中的等价点也有一个 don't care (X),才认为两个设计是等价的,验证才能通过。

通常情况下,只要设计一致性检查通过,就认为验证是通过的。

在 Formality 中,等价性比较是先对两个比较电路中每一个逻辑锥进行匹配,然后对每个匹配的锥体的比较点(顶点)进行一致性的比较。Formality 首先对每个输入端口、时序元件、黑盒子输入引脚、线网和参考设计中可比较的对象进行匹配。

对 Formality 而言,所有的比较点必须是可以验证的,必须保证参考设计和实现设计的设计对象一一对应,除了在做测试设计一致性检查时,下面两种情况可以认为是成功完成了验证:设计验证包含额外输出;实现设计或者参考设计包含额外的寄存器,但是在验证过程中没有比较点失败。

Formality 主要通过对象名进行比较点匹配,如果对象名在设计中是不同的,Formality 会使用各种方法自动匹配对象名。当自动匹配比较点失败时,可以使用手动的方式进行匹配。Formality 把实现设计和参考设计中的不匹配设计对象报告为失败点,并提供注释指出参考设计中不可比较的设计对象。用户可以提供一些信息,这样 Formality 就可以在执行验证前匹配所有的设计对象。图 8-4 给出了匹配示意图。

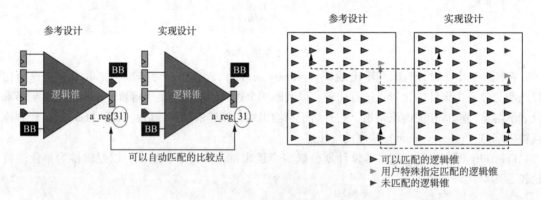

图 8-4 匹配示意图

匹配之后进行形式验证 (formal verification)。方法是将比较点在逻辑锥中的所有输入的可能值都列出来,比较比较点在相同的输入条件下状态是否相同。如果相同,则认为所比较的两个逻辑锥等价。如果两个设计中所有的逻辑锥都等价,则被比较的两个电路被认定为等价,也就是通过了形式验证。图 8-5 给出了等价性比较示意图。

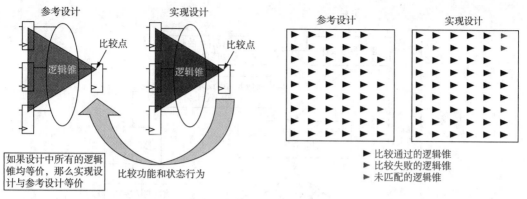

图 8-5 等价性比较示意图

8.1.4 容器

容器（container）是一个完备的空间，Formality 用它存放一个设计以及该设计所需要的所有技术库和设计库，如图 8-6 所示。在 Formality 中要建立两个这样的容器，分别保存参考设计和实现设计中所用到的文件。容器可以进行命名、删除和关闭等操作。一般不需要特别关注容器。

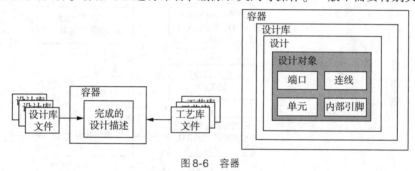

图 8-6 容器

8.2 基于 Formality 的 ASIC 设计流程

Formality 检查参考设计和实现设计是否等价。一般我们认为参考设计是经过验证的功能正确的设计，是一个模型。而实现设计是另外一种设计，它实现的功能与参考设计相同，很多时候，我们会对电路进行非功能性的修改，以提高设计效率。一种做法是对修改后的电路用修改前的仿真激励进行仿真，确认两者功能是否相等；另一种做法就是用 Formality 进行等价性检查，这种方法的速度远远高于动态仿真。一旦用 Formality 检查出两者相等，我们就可以把实现设计作为新的参考设计，用于下一次的回归测试。通过这样的迭代过程，总是把最新的设计作为参考设计，可以减少验证电路的时间，因为结构相似的两个电路进行比较总是比结构不相似的两个电路进行比较所使用的时间少。这个过程可以用图 8-7 表示。

图 8-8 给出了基于 Formality 的 ASIC 设计流程。在这个流程中我们看到有多个点需要进行两个设计的等价性检查。

（1）非功能性变化（如为降低功耗增加了门控时钟、修改了关键路径、优化了逻辑设计等）修改后与修改前的等价性检查，检查 RTL-RTL 等价性。

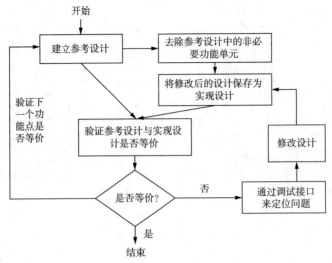

图 8-7 增量式 Formality 验证过程

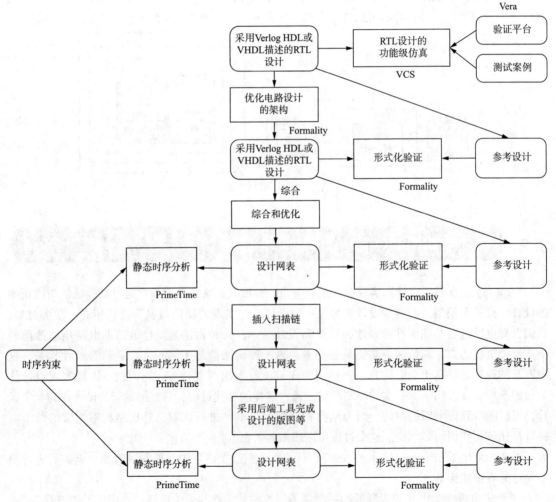

图 8-8 基于 Formality 的 ASIC 设计流程

(2) 逻辑综合前后同一设计功能是否等价，检查 RTL-Gate 的等价性。
(3) 插入扫描链前后同一设计功能是否等价，检查 Gate-Gate 的等价性。
(4) 物理设计（如插入时钟树、增加 I/O pad、执行设计布图等）前后同一设计功能是否等价，检查 Gate-Gate 的等价性。

8.3　Formality 验证流程

Formality 验证流程如图 8-9 所示，分为下面几步：
(1) 启动 Formality 工具；
(2) 读入参考设计；
(3) 读入实现设计；
(4) 设置；
(5) 匹配比较点；
(6) 运行验证；
(7) 检查报告；
(8) 如果所有比较点都通过验证则退出，否则进入调试；
(9) 调试，重复步骤（4）。

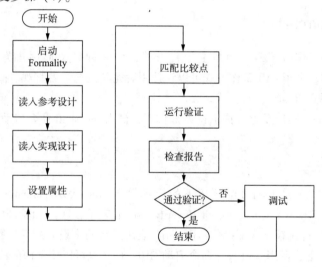

图 8-9　Formality 验证流程

8.3.1　环境设置

为了使用 Formality，需要在启动 Formality 之前设置一些环境变量，包括工具路径、库文件等。

1. 工具路径的设置

一般在用户的 .cshrc 文件中增加 Formality 工具安装的路径设置，这样，在工作目录下直接输入 formality 或 fm_shell 命令就可以启动软件了，例如：

```
setenv FM_HOME /opt/tools/fm_2007.06-SP3-64
set path = ($path $FM_HOME/bin/)
```

2. 库文件的设置

设置库路径和代码或网表的路径，读入用到的厂商 .db 文件。这部分可以放在 Formality 的 setup 文件（.synopsys_fm.setup）中，这个文件通常放在工作目录下，Formality 启动时会自动执行这个文件；也可以放在执行脚本的最前面，例如：

```
set search_path /export/home/* /code/* /rtl/
set RAM_PATH \
/export/home/* /synthesis/IBM/RAM/ibm_cu08/1222150556/synthesis/synopsys
read_db $CELL_PATH/IBM_CU08_SC.db
read_db $CELL_PATH/IBM_CU08_SCLVT.db
read_db $CELL_PATH/IBM_CU08_BC.db
```

3. 环境变量的设置

环境变量要根据验证的需要进行设置，例如：

```
set verification_set_undriven_signals X
set verification_failing_point_limit 5000
set name_match_filter_chars {'~!@#$%^&*()_-+=|\[]{}"':;<>?,./x}
set verification_constant_prop_mode top    //设置常数传递模式，默认传递所有常数
```

8.3.2 启动 Formality

Formality 有两种工作方式，一种是主控台方式，另一种是图形用户界面（Graphical User Interface，GUI）方式。由于 GUI 工作方式可以让使用者尤其是初学者直观、简单地使用 Formality 工具，因此本书主要介绍 GUI 工作方式。

在 UNIX 或者 Linux 操作系统（提示符为%）下，键入 fm_shell 命令启动 Formality 工具：

```
% fm_shell
fm_shell (setup) >
```

fm_shell（setup）> 是 Formality 环境下的提示符，setup 表示 Formality 现在的工作模式。Formality 共有 3 种工作模式：setup、match 和 verify。setup 表示在匹配和验证之前设置一些规则；match（匹配）表示进行比较点匹配操作；而 verify 表示进行两个设计的等价性检查。

在 Formality 环境下，调用 start_gui 命令启动 GUI。GUI 也可以用下面的命令直接启动：

```
% fm_shell -gui
```

启动后的 GUI 如图 8-10 所示。

GUI 包括的内容如下。

下拉菜单条（pulldown menu bar）：包含各种 Formality 的命令，和工具栏中的一些命令重复。

基于流的工具栏（flow-based toolbar）：按照 Formality 的验证流程，自左向右给出流程各个步骤用到的命令。

主控台区域（console area）：用户在主控台执行各种验证命令，浏览执行过程产生的各类信息。

命令状态区域（command status area）：显示脚本和其他命令信息。

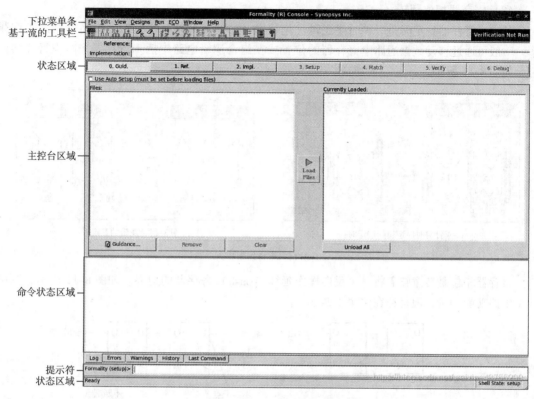

图 8-10　Formality 的 GUI

Formality 提示符（Formality prompt）：文本框，允许用户在 Formality 提示符下键入各种命令和 GUI 不可见的各种环境变量。

状态区域（status area）：工具的当前状态。

后续的小节将按照基于流的工作栏给出的 Formality 流程，介绍 GUI 工作方式下 Formality 的各个步骤。

8.3.3　Guidance

1. SVF 文件

Guidance 是验证的第一步，它的目的是读取 SVF 文件。SVF 文件是在综合时由 DC 产生的，这个文件包含 Formality 设置和指南信息，可以帮助用户减少设置工作量和错误，删除不必要的验证迭代，加快 Formality 的验证速度。

SVF 文件的主要内容：

（1）对象名称的变化；

（2）常数寄存器优化；

（3）复制和合并寄存器；

（4）乘法器和触发器的结构类型；

（5）数据通路变换；

（6）FSM 的重新编码；

（7）寄存器重定时（register retiming）；

(8) 寄存器相位翻转 (register phase inversion)。

其中，寄存器重定时是一种时序逻辑优化技术，它的目标是减少延时，提高电路的工作频率。一般可通过移动数据通路中寄存器的位置或在组合逻辑电路中插入寄存器来减少寄存器延时，如图 8-11 所示。

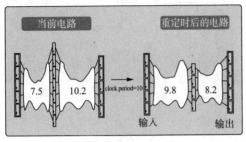
(a) 针对时序逻辑的重定时

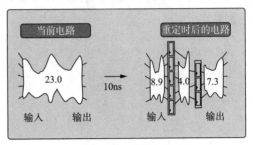
(b) 针对组合逻辑的重定时

图 8-11　寄存器重定时

寄存器相位翻转意味着将一个反向操作延续 (push) 寄存器的边界。如图 8-12 所示，其中两个电路功能等价，但是存在两个不匹配点。

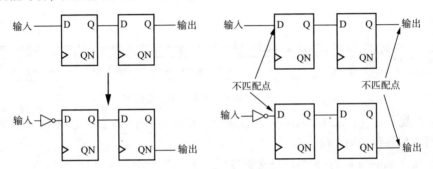

图 8-12　寄存器相位翻转

在实现形式化验证的过程中，SVF 文件对 Formality 工具而言是可选的，但是 SVF 文件可以提高 Formality 效率，所以推荐使用。

2. SVF 文件的创建和读入

(1) 在 DC 环境下，使用下面的命令创建一个 SVF 文件：

```
dc_shell > set_svf myfile.svf
```

如果想把新的 SVF 文件追加到以后的文件中，使用下面的命令：

```
dc_shell > set_svf -append myfile2.svf
```

在综合结束的时候，关闭这个文件：

```
dc_shell > set_svf_off;
```

(2) 读入 SVF 文件：因为在 Formality 的匹配和验证过程中要使用 setup 文件，所以在发出 match 命令之前，必须先读入 SVF 文件。在 Formality 环境下，使用下面的命令读入一个 SVF 文件：

```
fm_shell > set_svf myfile.svf
```

3. 读入参考设计和实现设计

Reference、Implementation 分别是读入参考设计和实现设计的容器,每个设计的读入分 3 步:Read Design Files、Read DB Libraries、Set Top Design。对应的 Formality 界面如图 8-13 所示。

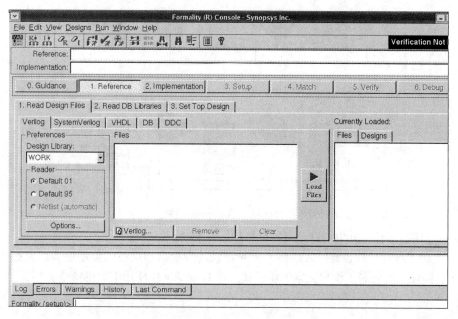

图 8-13　Formality 界面

读入 RTL 代码后,设置 top design,以便执行过程中 Formality 自动将设计链接(link)起来:

```
fm_shell (setup) > set_top - auto
```

此命令在当前容器中自动发现设计项,并将所有设计链接起来。set_top 命令在每个容器中只使用一次。当使用默认的容器("r"和"I")时,set_top 命令自动地识别哪个设计是参考设计,哪个是实现设计。如果不是使用默认容器,则需要使用 set_reference_design、set_implementation_design 两条命令说明参考设计和实现设计。$ ref 和 $ impl 分别指向参考设计和实现设计的两个变量,格式是 ContainerName:/Library/Design,如 r:/DESIGN/chip i:/WORK/alu_0。

实现的读入过程是一样的。

8.3.4　Setup

在把设计读入 Formality 环境并进行链接之后,一般情况下需要设置与设计相关的信息来帮助 Formality 执行验证。Setup 步骤很关键,如果没有进行正确合理的设置,则可能验证过程持续很长时间或者验证不成功。Setup 的主要内容如下。

(1) internal scan:内部扫描。
(2) boundary scan:边界扫描。
(3) clock-gating:门控时钟。
(4) clock tree buffering:时钟树 buffer。
(5) finite State Machine (FSM) re-encoding:有限状态机重编码。
(6) black-boxes:黑盒子。

Formality 通过 DFT 工具完成内部扫描,其在用户设计完成的电路中插入扫描链,目标是在生产测试时方便观察内部电路的状态。DFT 工具首先使用扫描寄存器 SFF（Scan Flip-Flop）代替 D 触发器，然后将扫描寄存器连接到扫描链或者移位寄存器上。

图 8-14 给出了 D 触发器替换前的设计结构，图 8-15 给出了 D 触发器替换后的设计结构。

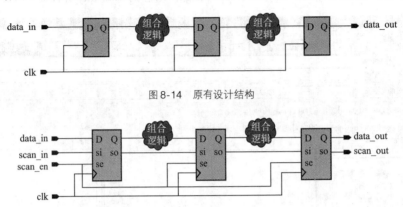

图 8-14　原有设计结构

图 8-15　替换后的设计结构

SFF 的结构有多种，其中一种典型的结构如图 8-16 所示。

如果用 DFT 进行了扫描链插入，那么首先在设计中找出扫描链的使能引脚，并把该引脚设置成无效，保证设计电路工作在正常工作模式。在 Formality 中使用下面的命令：

```
fm_shell (setup) > set_constanti:/WORK/TOP/test_se 0
```

此命令假设 test_se 为扫描链中 SFF 的使能端。

边界扫描（boundary scan）是一项测试技术，基本思想与内部扫描类似：在内部逻辑和每个器件引脚间放置移位寄存器（shift register），在测试的时候通过这些移位寄存器，在芯片的引脚（边界）观察内部逻辑值。边界扫描链如图 8-17 所示。

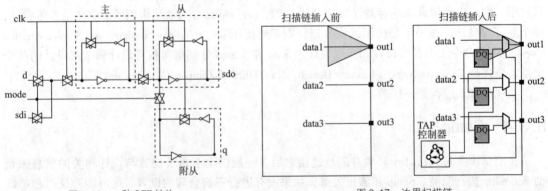

图 8-16　一种 SFF 结构

图 8-17　边界扫描链

插入的边界扫描电路符合 JTAG（Joint Test Action Group，联合测试工作组）标准或 IEEE 1149.1 标准。JTAG 为数字 IC 定义了一个测试访问口（Test Access Port，TAP）、一种边界扫描结构以及相关指令，解决了数字电路高度集成化带来的一些测试难题。TAP 有 5 个端口。

（1）TDI（Test Data Input，输入引脚）：JTAG 指令和数据的串行输入端，在 TCK 的上升沿被采样，结果送到 JTAG 寄存器中。

（2）TDO（Test Data Output，输出引脚）：JTAG 指令和数据的串行输出端在 TCK 的下降沿被输出到 TDO。

(3) TCK (Test Clock, 测试时钟): TAP 工作时钟。

(4) TMS (Test Model Select, 测试模式选择): 控制 TAP 状态机的转换。

(5) TRST (Test Reset, 测试重置): JTAG 电路的复位输入信号, 低电平有效, 可选项。

在 Formality 检查的时候, 应该使用如下两条命令使边界扫描无效。

如果 TAP 使用了异步复位接口, 那么使用命令:

```
fm_shell (setup) > set_constant i:/WORK/TOP/TRSTZ 0
```

如果只使用了 TAP 的 4 个强制接口, 那么使用命令:

```
fm_shell (setup) > set_constanti:/WORK/alu/somenet 0
```

为了减小功耗, 设计人员在数字 IC 设计流程中会使用 Power Compiler 插入门控时钟, 其原理图如图 8-18 所示, 而对应的时钟波形如图 8-19 所示。它由一个逻辑与门（AND）和一个用来防止生成毛刺的 D 触发器组成。当 en 为低电平时, 后续寄存器的时钟被自动关闭（clken 为低电平）, 有效降低了功耗; 当 en 为高电平时, 后续寄存器的时钟恢复正常, 电路正常工作。当 en 长时间为低电平时, 功耗优化效果会更明显。

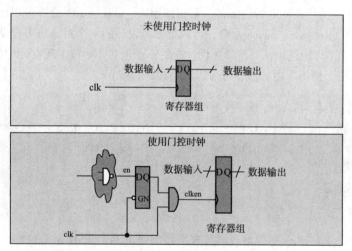

图 8-18 门控时钟原理图

一般而言, 由于门控设计中增加了额外的逻辑（Latch）, 因此, 用没有门控时钟的设计和插入门控时钟的设计做验证会失败。失败原因是, 为门控 Latch 创建了比较点, 而这个比较点在另外一个设计中不存在, 到寄存器的时钟输入的逻辑发生了改变, 因此, 为寄存器创建的比较点失败。

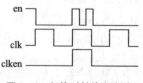

图 8-19 门控时钟输出波形

为了让 Formality 考虑正确的门控时钟, 应使用下面的命令:

```
fm_shell (setup) > set verification_clock_gate_hold_mode [any|off|low|high|collapse_all_cg_cells]
```

本命令的默认值是 off, 就是不干预, 增加这个设置后, 允许的速度会慢一些。

如果门控时钟也要驱动输出引脚或者黑盒子输入引脚, 那么使用本命令的 collapse_all_cg_cells 选项。如果门控时钟不驱动一个 DFF 的任何 clk 引脚, 那么使用 set_clock 命令标识出主要的输入时钟。

时钟树缓冲（clock tree buffering）是在时钟路径上的附加缓冲，其目标是允许时钟信号驱动更大的负载。在综合之后，设计中将被插入时钟树缓冲，如图 8-20 所示。

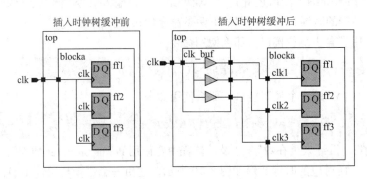

图 8-20 时钟树缓冲

如果没有 Setup 干预，图 8-20 中验证 blocka 模块时将会失败。在验证前 ff3 的时钟是 clk，而在插入时钟树缓冲之后，ff3 的时钟是 clk3，两个 ff3 的逻辑锥不一样，导致验证 blocka 失败。

在 Formality 中，为了消除时钟树缓冲，必须使用 set_user_match 命令说明缓冲时钟与原来的时钟是等价的。使用 set_user_match 命令，可以把参考设计的一个对象与实现设计中的多个对象进行匹配（1 对 n 匹配）。例如，要把参考设计中的一个时钟 clk 和实现设计中的多个时钟 clk1、clk2、clk3 进行匹配，使用下面的命令组可以避免验证失败：

```
fm_shell (setup) > set_reference_design r:/WORK/blocka
fm_shell (setup) > set_implementation_design i:/WORK/blocka
fm_shell (setup) > set_user_match r:/WORK/design/clk \
i:/WORK/design/clk1 \
i:/WORK/design/clk2 \
i:/WORK/design/clk3
```

没有人为干预，Formality 不能验证出具有不同编码的两个 FSM 是等价的，即便它们具有相同的状态和输出。Formality 不能验证用户定义的编码，所以在编码的时候必须保证其正确。Formality 提供了几种方法来命名触发器和定义编码。最简单的方法是使用 DC 产生的 automated setup（.svf）文件，该文件包含 FSM 状态向量编码。使用下面的变量告诉 Formality 使用 DC 阶段产生的 automated setup 文件（.svf）作为 FSM 指南（FSM guidance）：

```
fm_shell > set svf_ignore_unqualified_fsm_information false
```

黑盒子指逻辑未知的模块，可能是厂商提供的 IP 核或在设计的某阶段暂时不能提供的一些模块，先用一个空模块来表示。如果黑盒子是 IP 核，这些黑盒子在设计完成前将由厂商的 IP 核直接替换。因为在黑盒子验证中输入引脚变成了比较点，输出变成了一个逻辑锥的输入，所以有可能导致验证失败。Formality 不能验证包含 RAM 和模拟电路的黑盒子，如图 8-21 所示，因此需要进行一些匹配设置。

因为黑盒子为验证引入了不确定性，所以在使用 Formality 进行验证的时候，需要进行如下设置。

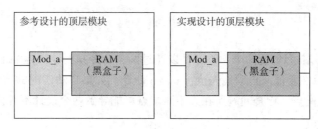

图 8-21　黑盒子验证示意图

1. 读入设计接口

如果知道要验证的是一个黑盒子，那么需要先将环境变量设置为 hdlin_interface_only，Formality 将根据这个变量读入黑盒子的 I/O 声明。注意在读入前设置这个变量：

```
fm_shell(setup) > set hdlin_interface_only "designs"
```

hdlin_interface_only 变量指导 Formality 把一个设计按照黑盒子对待，即便这个设计已经存在。

例如，为了将设计中的 SRAM01、SRAM02、DRAM10 等按照黑盒子对待，可以使用下面的命令：

```
fm_shell (setup) > set hdlin_interface_only "SRAM*  DRAM* "
```

模块名以 SRAM 和 DRAM 字符串开始的模块将"变成"黑盒子。

2. 标记黑盒子模块

使用命令 fm_shell（setup）> set_black_box designedID 可以将一个设计标记为一个黑盒子。该命令和 set hdlin_interface_only 的区别是，前者可以在读入设计后将设计声明成黑盒子，而后者则是把那些没有归结的参考设置成黑盒子，在读入设计前执行该命令。也可以用 removed_black_box 删除已经设置的黑盒子。用 report_black_boxes 报告设计中的黑盒子。

```
fm_shell(setup) > report_black_boxes [design_list |-r |-i |\
 -con containerID] [-all][-unresolved] [-empty][-interface_only]\
 [-set_black_box]
```

默认条件下，以上命令列出参考设计和实现设计中的所有黑盒子。如果没有设置，Formality 将提示错误。可以将报告限制在实现设计或参考设计范畴，或者说明容器中。此外，报告会列出每个黑盒子的原因、属性和代码。

- – unresolved：未归结设计。
- – empty：空设计，* 表示在使用 set_top 命令后没有连接的模块。一旦连接，如果该设计不是真正的空，设计将显示为黑盒子。
- – interface_only：用 hdlin_interface_only 变量设置黑盒子，仅读入接口信息。
- – set_black_box：用 set_black_box 命令设置黑盒子；
- – all ：报告所有 4 种黑盒子类型。

另外，在 set_top 的过程中，也会列出设计包含的黑盒子。

使用命令 fm_shell（setup）> set verification_blackbox_match_mode identity 可以完成两个比较黑盒子之间的相等性检查，以保证两个黑盒子具有相同的设计库和相同的设计名称。

8.3.5 Match

在验证之前，必须执行匹配命令。匹配可以通过两条命令执行：一是 match 命令；二是 verify 命令。verify 命令可以在验证前自动地先执行 match 命令。如果自动匹配的结果报告了不匹配点，必须要跟踪这些不匹配点，检查问题所在。不匹配点可能导致两个设计不等价。

1. 调试不匹配点

可以按照下面的步骤使用增量式匹配来调试不匹配点：
（1）执行比较点匹配；
（2）报告不匹配点；
（3）如果需要，修改或者重做匹配结果；
（4）调试不匹配点；
（5）重复上面的步骤，直到所有的比较点都匹配。
所使用的命令：

```
fm_shell (setup) > match -datapath -hierarchy
```

通过增量式匹配得到的匹配结果可能不同于在修复 Setup 问题后运行 match 直接得到的结果。例如，如果你通过 setup 修改了某个匹配比较的规则，从而将一些原来不匹配的点变成了匹配的点，则由于你在匹配开始之前使用了这一规则，可能会改变其他比较点的匹配结果。

可以要求 Formality 使用-datapath 或者-hierarchy 匹配数据路径块或者所有的分层块。

2. 报告不匹配点

不匹配点是设计中的一个比较点，它与其他设计中的对应点不匹配。在验证前必须保证所有的比较点都是匹配的，否则会导致验证错误。在每次匹配迭代中，要检查结果，看看哪些点不匹配。

通过下面的命令报告各类不匹配点：

```
fm_shell(match) > report_unmatched_points [-compare_rules ] [-datapath ] \
[-substring string ] [-point_type point_type ] \
[-status status ] [-except_status status ] \
[-method matching_method ] [-last ] \
[[-type ID_type ] compare_point...]
```

本命令报告比较点、输入点、高层不匹配的可比较对象。
撤销匹配结果：

```
fm_shell(match) > undo_match [-all]
```

在报告不匹配点时，可以使用任意的或者所有的用户说明的匹配技术。最常见的一种不匹配是在 DC 综合过程中设计变换引起的。

8.3.6 Formality 形式化验证

Formality 使用多个不同的求解器（solvers）在比较点运行验证，每个求解器采用不同的算法证明两个逻辑锥是否等价。运行的结果：成功的（succeeded）——实现设计等价于参考设计；

失败的（failed）——实现设计与参考设计不等价；非确定的（inconclusive）——没有点验证失败，但是结果分析不全面；不可运行（not run）——由于在此之前的步骤不正确，所以无法运行验证。

Formality 在默认状态下，除了常数寄存器和 unread 比较点，会验证所有的比较点。基本方法是确认比较点所涉及的两个逻辑锥的功能，如果等价，标记该比较点为 passed；如果不等价，标记它为 failed，给出一个反例。使用下面的命令进行验证：

```
fm_shell (match) > verify
```

习题 8

1. 什么是形式化验证？形式化验证的主要特点是什么？
2. 相较于动态验证方法，形式化验证的优点是什么？
3. 在形式化验证过程中，逻辑锥不匹配的可能性有哪几种？
4. 请对照图 8-9，回答形式化验证分几个阶段，并做简单说明。
5. 针对简单电路，利用 Formality 标出电路综合前后对应的典型逻辑锥。

第 9 章 物理设计

9.1 ICC 简介

IC Compiler（ICC）是 Synopsys 公司继 Astro 之后推出的另一款 P&R 工具（芯片设计的物理实现通常被简称为布局布线，Place and Route），主要用于执行物理实施过程，包括布局、时钟树综合、布线和芯片生成等。

ICC 设计流程如图 9-1 所示。

图 9-1　ICC 设计流程

ICC 命令行启动如图 9-2 所示。

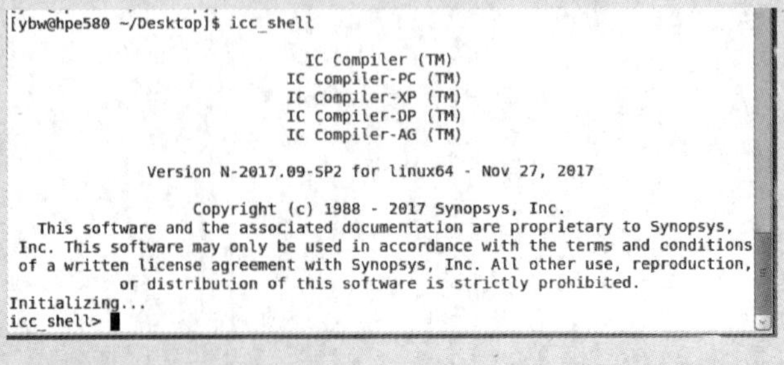

图 9-2　ICC 命令行启动

ICC 启动界面如图 9-3 所示。

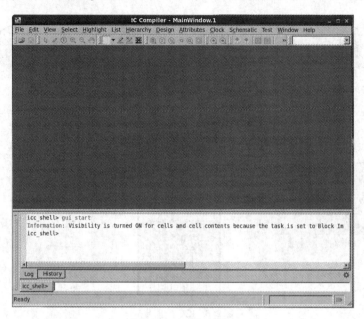

图 9-3　ICC 启动界面

注意：所有命令均可以使用 man 命令找到帮助信息，如图 9-4 所示。

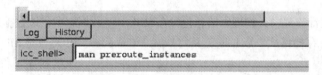

图 9-4　使用 man 命令

9.2　数据准备

ICC 数据准备阶段如图 9-5 所示。

如图 9-6 所示，在使用 ICC 之前，必须创建逻辑库和物理库，以准确反映可用技术的特征，并包含用于制造芯片的标准单元。物理库包含有关放置在设计中并与电源、地、时钟和其他信号路径连接的单元的几何形状的信息。该库信息包括单元尺寸、边界、引脚位置等，以及技术信息，如线迹、天线规则和电迁移数据等。逻辑库包含有关这些单元的功能信息，包括逻辑功能、时序特性和电源特性。ICC 根据物理特性以及时序、功率、噪声和信号完整性要求来执行设计分析和优化。Synopsys 工具中用于创建 .db 逻辑库的是 Liberty NCX、HSPICE 和 Library Compiler。Liberty NCX 和 HSPICE 表征标准单元并生成描述单元行为的 .lib 文件集，而 Library Compiler 编译 .lib 文件以生成 .db 文件。要执行这些任务，需要读取设计网表以及物理库和逻辑库。

除了逻辑库和物理库，还要用到门级网表文件（.v）、时序约束文

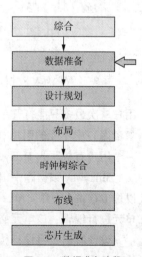

图 9-5　数据准备阶段

件（.sdc）、工艺文件（.tf）、引脚排列文件（.tdf）、RC 模型文件 TLU+（.tluplus）。

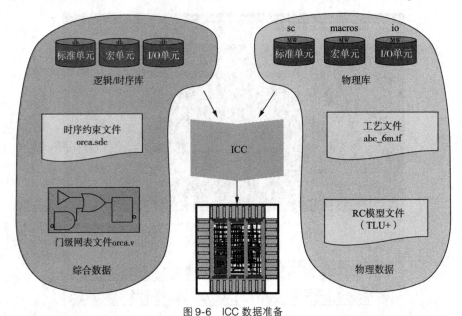

图 9-6 ICC 数据准备

9.2.1 物理库：Milkyway 数据库

在典型的 ICC 设计流程中，物理库信息包含在 Milkyway 数据库中，该数据库是 Synopsys Galaxy 实现平台的统一设计存储格式。Galaxy 工具（Design Compiler、ICC、Formality）可以访问数据库中的设计和库信息。该数据库不仅包含叶级物理单元信息和技术信息，还包含该设计的特定物理信息，如图 9-7 所示。

Milkyway 数据库是层次结构的数据文件。不能直接使用操作系统命令（如创建、删除、复制等）编辑这些文件，而应该使用 Synopsys 工具访问数据库，并使用该工具命令读取、写入或更改数据库内容，以保证数据库的一致性和完整性。

在 ICC 工具中，使用 open_mw_lib 命令打开 Milkyway 数据库。默认情况下，打开 Milkyway 库使 ICC 工具可以访问该库，以读取和写入物理设计信息。

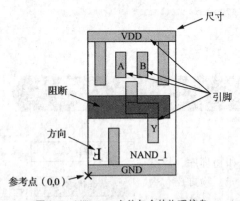

图 9-7 Milkyway 文件包含的物理信息

用户一次最多只能打开一个 Milkyway 设计库，但是，该设计可以包含对其他 Milkyway 库（称为参考库）中单元的引用。多个用户可以在不同的会话中打开相同的设计库，但是，一次只能有一个用户有权写入 Milkyway 设计库。

Milkyway 数据库中信息的基本单位是单元（cell）。单元表示芯片布局中的物理结构，它可以像 I/O pad 一样简单，也可以像整个芯片一样大而复杂。可以使用 open_mw_cel 命令打开一个单元进行编辑，该单元必须包含在当前打开的 Milkyway 库中。

设计者通常将设计构建为以单元为基础的层次结构。整个芯片是由较低级模块（也是单元）构建的一个单元。这些模块由较小的块构建而成，以此类推，直到叶级单元（即门级标准单元）

的级别。

标准单元库：每个标准单元是一个预先设计好的特定逻辑门，每个标准单元都有相同的高度，每个标准单元库里面有多种功能的单元。标准单元库通常由代工厂提供。

Milkyway 数据库可以包含同一单元的不同表示形式，称为该单元的"视图"。ICC 中使用的主要视图类型如下。

（1）CEL 视图：物理结构（如过孔、标准单元、宏单元或整个芯片）的完整布局图，包含单元的布局、布线、引脚和网表信息。

（2）FRAM 视图：用于布局和布线的单元的抽象表示，仅包含过孔区域和引脚的金属阻塞。

（3）FILL 视图：金属填充视图，用于芯片修整，不具有逻辑功能，由 ICC 中的 signoff_metal_fill 命令创建。

（4）CONN 视图：通过 PrimeRail 或 ICC 工具创建并由 PrimeRail 用于 IR 压降和电迁移分析的单元电源和接地网络的表示。

（5）ERR 视图：通过 ICC 工具中的验证命令（如 verify_zrt_route 或 signoff_drc）发现的违反物理设计规则的图形视图。

存储在 Milkyway 库中的设计必须至少具有 CEL 视图，包含布局、布线所需的所有单元信息。每个宏单元通常同时具有 CEL 视图和 FRAM 视图。每个门级标准单元也可以同时具有 CEL 视图和 FRAM 视图。一般来说，FRAM 视图用于布局和布线，而 CEL 视图用于生成芯片制造的数据流。

ICC 在执行诸如布线、引脚分配和层次展开的任务时，会在 Milkyway 数据库中创建其他临时视图；完成每个任务后，会清空或删除这些视图。在执行任务期间，可以在 Milkyway 库的目录结构中看到这些视图。但是，除非任务异常终止，否则不应在 ICC 工具之外修改或使用这些视图。如果需要重启对应的任务过程，可以安全地删除名为 ROUTE、PINASSIGN 和 SMASH 的视图。

9.2.2 逻辑库：.db 文件

单元的功能、时序和功耗信息通常包含在 Library Compiler 产生的一组 Synopsys 数据库（.db）文件中。库的创建者通过结合使用基于仿真的特征描述工具（如 Liberty NCX）和电路模拟器（如 HSPICE）来确定叶级单元的电气行为，从而生成一组 Liberty 格式的（.lib）文件。.lib 文件是 ASCII 码文件，该文件完全描述了叶级逻辑单元的功能、时序和功率特性。Library Compiler 编译 .lib 文件以生成 .db 文件，该文件包含与 .lib 文件相同的信息，但采用已编译的二进制格式，对 Galaxy 工具而言，使用效率更高。

在 ICC 中，可以通过 search_path、target_library 和 link_library 这 3 条命令来指定用于设计的 .db 文件。

（1）search_path：指定目录路径，可在其中找到该工具所需的 .db 文件和其他文件。

（2）target_library：指定 .db 文件，其中有可用于优化的逻辑单元，如具有各种面积、驱动强度、延迟和功耗的不同 NAND 门。

（3）link_library：指定包含所有逻辑单元的 .db 文件，这些逻辑单元可用于在执行 link 命令期间解析设计中的层次结构。

例如，ICC 脚本 .synopsys_dc.setup 可能包含以下命令：

```
set_app_var search_path "/remote/tech/libs ~/LIBS/mysdc ~/LIBS/def"
set_app_var target_library "stdcell.db"
set_app_var link_library "* stdcell.db macrocell.db pll.db memory.db"
```

在 link_library 变量中设置的库列表应包括在 target_library 变量中设置的所有库。link_library 变量还应该包含一个 * 字符,使得链接命令搜索已经加载到内存中的所有设计,以找到引用的单元。它还应包括任何包含设计中已存在但不是优化目标的单元的库的名称,如宏单元和 RAM 单元。

逻辑库中单元的名称必须与 Milkyway 数据库的物理库中的相应单元的名称匹配。可以使用 check_library 命令来验证逻辑库和物理库是否正确匹配。

9.2.3 数据建立示例

数据建立示例代码如下。

(1) 指定逻辑库:

```
lappend search_path [glob ./libs/*/LM]
set_app_var target_library "sc_max.db"
set_app_var link_library "* sc_max.db io_max.db macros_max.db"
set_min_library sc_max.db -min_version sc_min.db
set_min_library io_max.db -min_version io_min.db
set_min_library macros_max.db -min_version macros_min.db
set_app_var symbol_library "sc.sdb io.sdb macros.sdb"
```

(2) 创建设计库:

```
create_mw_lib design_lib_orca -open \
-technology ./libs/abc_6m.tf \
-mw_reference_library \
"./libs/sc ./libs/macros ./libs/io"
```

设计库示意图如图 9-8 所示。

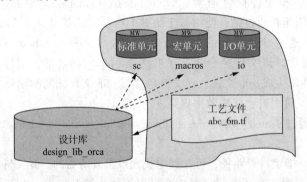

图 9-8 设计库示意图

(3) 读取网表文件:

```
read_verilog -netlist ./rtl/orca.v
current_design ORCA
uniquify                #ICC 只支持唯一化网表,为多次实例化的子模块生成唯一的实体
save_mw_cel -as ORCA    #创建了一个新的 CEL 视图
```

唯一化过程示例如图 9-9 所示。

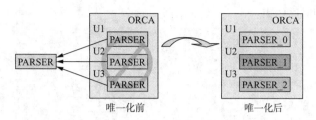

图 9-9 唯一化过程示例

（4）指定 TLU+ 文件：

```
set_tlu_plus_files \
-max_tluplus ./libs/abc_max.tlup \
-min_tluplus ./libs/abc_min.tlup \
  -tech2itf_map ./libs/abc.map
```

有些厂商只提供 ITF（互连技术格式）文件，需要将 ITF 文件转换为 TLU+ 文件，可以使用命令：

```
grdgenxo -itf2TLUPlus -i <ITF file> -o <TLU+ file>    #需要 StarRC 软件支持
```

不同软件应用不同的 ITF 文件如图 9-10 所示。

（5）检查库文件：

```
set_check_library_options -all
check_library
check_tlu_plus_files
```

（6）定义逻辑电源/地连接：

```
derive_pg_connection -power_net PWR -power_pin VDD \
 -ground_net GND -ground_pin VSS
derive_pg_connection -power_net PWR -ground_net GND \
 -tie
check_mv_design -power_nets
```

连接逻辑电路和电源/地线示意图如图 9-11 所示。

图 9-10 不同软件应用不同的 ITF 文件

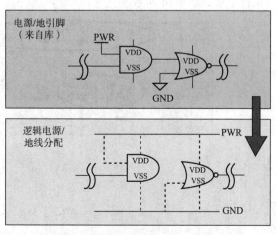

图 9-11 连接逻辑电路和电源/地线示意图

(7) 检查和应用时序约束:

```
read_sdc ./cons/orca.sdc
check_timing
report_timing_requirements
report_disable_timing
report_case_analysis
```

应用时序约束示意图如图 9-12 所示。

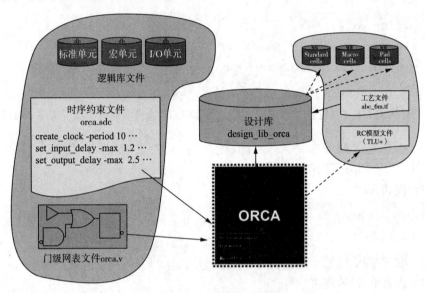

图 9-12 应用时序约束示意图

(8) 保证正确的时钟树模型（时钟树综合前的时钟模型）:

```
report_clock-skew
```

执行结果如图 9-13 所示。

```
report_clock
```

执行结果如图 9-14 所示。

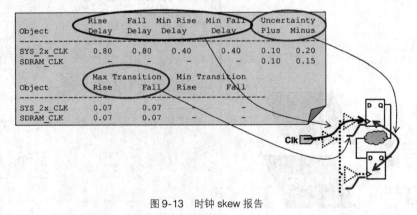

图 9-13 时钟 skew 报告

```
Clock           Period     Waveform       Attrs    Sources
---------------------------------------------------------------
SDRAM_CLK       7.50       {0 3.75}        p       {sdram_clk}
SYS_2x_CLK      4.00       {0 2}                   {sys_2x_clk}
```

图 9-14　时钟报告（其中的 propagated 时钟应避免）

（9）应用时序优化控制：

```
set_app_var timing_enable_multiple_clocks_per_reg true
set_fix_multiple_port_nets -all -buffer_constants
group_path -name INPUTS -from [all_inputs]
```

此部分可以保存为 TCL 脚本文件，使用命令：

```
source tim_opt_ctrl.tcl
```

应用时序优化控制还可以包含下列设置。
单寄存器多时钟示意图如图 9-15 所示，设置如下：

```
set_app_var timing_enable_multiple_clocks_per_reg true
set_false_path -from [get_clocks C1] -to [get_clocks C2]
set_false_path -from [get_clocks C2] -to [get_clocks C1]
```

常量传播示意图如图 9-16 所示，设置如下：

```
set_app_var case_analysis_with_logic_constants true
```

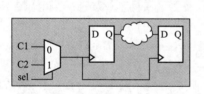 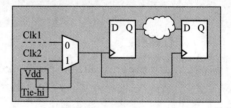

图 9-15　单寄存器多时钟示意图　　图 9-16　常量传播示意图

多端口网络缓冲示意图如图 9-17 所示，设置如下：

```
set_fix_multiple_port_nets -all -buffer_constants
```

（a）默认多端口网络　　（b）有缓冲的多端口网络

图 9-17　多端口网络缓冲示意图

常量网络缓冲（如果需要）示意图如图 9-18 所示，设置如下：

```
set_auto_disable_drc_nets -constant false
```

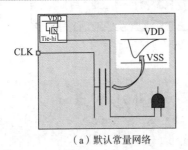
（a）默认常量网络

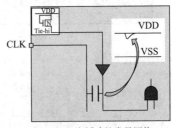
（b）有缓冲的常量网络

图 9-18 常量网络缓冲示意图

定义"不使用"或"首选"单元：

```
set_dont_use <off_limit_cells>
set_prefer -min <hold_fixing_cells>
```

防止时钟用作数据前的缓冲（在时钟树综合阶段恢复缓冲）：

```
set_ideal_network [all_fanout -flat -clock_tree]
```

使能恢复和移除时序弧：

```
set_app_var enable_recovery_removal_arcs true
```

时序弧是异步信号之间的约束：复位信号和时钟。默认情况下 ICC 忽略这种约束，在 PrimeTime 中检查。

应用面积约束（面积最大化）：

```
set_max_area 0
```

（10）时序完整性检查：

```
set_zero_interconnect_delay_mode true
report_constraint -all
report_timing
set_zero_interconnect_delay_mode false
```

（11）移除不需要的约束。SDC 约束可能包含以下命令之一：

```
lset_ideal_network
lset_ideal_net
```

这些命令可防止综合在指定的信号上构建缓冲树，该信号被推迟到物理设计阶段（通常是高扇出网络，如置位/复位、使能信号、选择信号等）。

如图 9-19 所示，要在布局期间允许缓冲，就需要移除这些约束：

```
remove_ideal_network [get_ports "Enable Select Reset"]
```

（12）保存设计：

```
save_mw_cel -as ORCA_data_setup
```

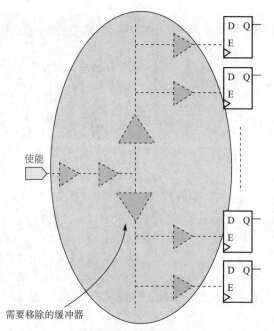

图 9-19 移除缓冲器网络示意图

在每个阶段结束时都保存设计,是一个比较好的设计习惯。

9.2.4 总结示例

总结示例代码如下。

```
# .synopsys_dc.setup
lappend search_path [glob ./libs/*/LM]
set_app_var target_library "sc_max.db"
set_app_var link_library \
            "* sc_max.db io_max.db macros_max.db"
set_min_library sc_max.db -min_version sc_min.db
set_min_library io_max.db -min_version io_min.db
set_min_library macros_max.db -min_version macros_min.db
set_app_var symbol_library "* sc.sdb io.sdb macros.sdb"
```

```
# tim_opt_ctrl.tcl
set_app_var timing_enable_multiple_clocks_per_reg true
set_false_path -from [get_clocks C1] -to [get_clocks C2]
set_false_path -from [get_clocks C2] -to [get_clocks C1]
set_app_var case_analysis_with_logic_constants true
set_fix_multiple_port_nets -all -buffer_constants
set_auto_disable_drc_nets -constant false
set_dont_use <off_limit_cells>
set_prefer -min <hold_fixing_cells>
set_app_var physopt_delete_unloaded_cells false
```

```
aet_ideal_network [all_fanout -flat -clock_tree]
set_cost_priority {max_transition max_delay}
set_app_var enable_recovery_removal_arcs true
set_max_area 0
set_app_var physopt_power_critical_range <t>
set_app_var physopt_area_critical_range <t>
```

```
# data_setup.tcl
create_mw_lib design_lib_orca -open \
    -technology libs/techfile.tf \
    mw_reference_library "libs/sc libs/io libs/macros"
import_designs rtl/desing.v -format verilog
                            -top ORCA;   # See below
set_tlu_plus_files -max_tluplus libs/abc_max.tlup \
                   -min_tluplus libs/abc_min.tlup \
                   -tech2itf_map libs/abc.map
set_check_library_options -all
check_library
check_tlu_plus_files
list_libs
derive_pg_connection -power_net PWR -power_pin VDD \
                     -ground_net GND -ground_pin VSS
derive_pg_connection -power_net PWR -ground_net GND -tie
check_mv_design -power_nets

# Omit if importing constrained ddc
read_sdc constraints.sdc
check_timing
report_timing_requirements
report_disable_timing
report_case_analysis
report_clock
report_clock -skew
# Timing and optimization controls
source tim_opt_ctrl.tcl
set_zero_interconnect_delay_mode true
report_constraint -all
report_timing
set_zero_interconnect_delay_mode false
remove_ideal_network [get_ports "Enable Selece Reset"]
save_mw_cel -as ORCA_data_setup
```

9.3 设计规划

9.3.1 概述

设计规划（design planning）是 RTL 到 GDSII 设计过程的重要组成部分。在设计规划期间，可以在设计流程的早期评估平面化和层次化设计两种策略的可行性。对于大型设计，设计规划至关重要，因为大型设计具有较长的块间路径，其延时可能使时序收敛困难，从而导致设计耗时，影响流片时间。随着芯片面积越来越小，设计尺寸和设计复杂度使设计更容易受潜在时序和电源问题的影响，因此更需要在设计流程的早期进行仔细的规划。

在设计规划中，布图规划（floorplanning）是确定单元和块的尺寸和布局的过程，可提高后续物理设计效率。层次化设计流程中的布图规划还为估计顶层互连的时序提供了基础。布图规划根据顶层时序估计将时序预算分配给每个模块。同时它也可以是一个迭代过程，可以重塑和替换模块、重新分配时序预算、重新检查顶层时序，直到达到最佳。

高效的布图规划可通过多种方式帮助确保时序收敛：通过模块的合理摆放来缩短关键路径；通过缩短路径避免拥塞；通过布线消除噪声敏感模块。目前设计规划面临的挑战是创建一个具有良好面积效率的布图规划，以节省芯片空间并为布线留出足够的面积。

同样，设计规划支持电源规划，包括可用于多电压设计和多阈值 CMOS 电源开关的低功耗设计技术。电源网络综合和电源网络分析（power network synthesis and power network analysis）方便创建满足 IR 压降和电迁移规范的电源结构，同时可最大限度地减少布线资源的消耗。布线引擎识别电源域，并将具有相同电源域的单元放在一起。定义电压区域后，电源网络综合会同时为所有电压区域创建电源网格。

布图规划还通过一些策略来帮助减少 IR 压降和电迁移问题，例如，将功耗最高的模块放置在芯片外围附近，并防止模块集中在任何一个区域。

设计规划流程总体上来说是布图规划的一个迭代过程，如图 9-20 所示。

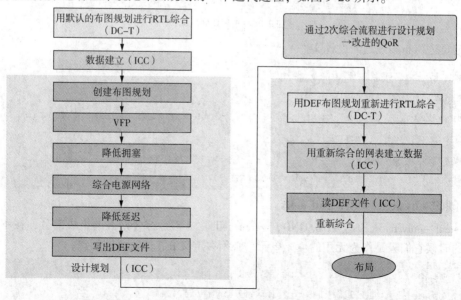

图 9-20 设计规划流程

9.3.2 创建布图规划

布图规划在整个流程中具有十分重要的地位,因为布图规划一旦确定,整个芯片的面积就确定了,同时它也与整个设计的时序和布线通过率有密切关系。如果布图规划做得比较好,后续流程通过的概率就比较高,修复的内容也比较少。反之后续步骤回溯到这一步,则会产生较大开销。这是一项手动程度比较高的工作。

布图规划主要内容:
(1) 确定芯片尺寸;
(2) 确定标准单元的排列形式;
(3) 确定 I/O 单元及宏单元的位置;
(4) 确定电源/地网络的分布。

布图规划流程如图 9-21 所示。

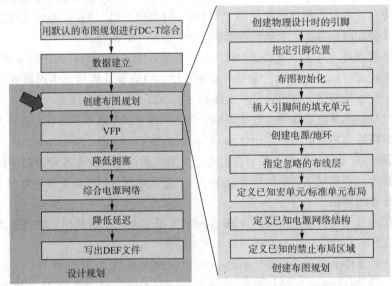

图 9-21 布图规划流程

选定要进行布图规划的设计文件:

```
open_mw_cel DESIGN_data_setup
set_tlu_plus_files \
-max_tluplus ./libs/abc_max.tlup \-min_tluplus ./libs/abc_min.tlup \
-tech2itf_map ./libs/abc.map
source tim_opt_ctrl.tcl
gui_set_current_task -name {Design Planning}
```

1. 创建 physical-only pad cells

physical-only pad cells(VDD/GND,corner cells)并不是综合网表的组成部分,在不需要这些功能的时候它们只是作为无用的填充单元,必须在定义 pad 位置之前创建。

```
create_cell {vss_l vss_r vss_t vss_b} pv0i
create_cell {vdd_l vdd_r vdd_t vdd_b} pvdi
```

```
create_cell {CornLL CornLR CornTR CornTL} pfrelr
```

2. 定义 pad 位置

定义 pad 位置示例如图 9-22 所示。

pad 顺序如图 9-23 所示。

```
# Place the corner cells
set_pad_physical_constraints -pad_name "CornUL" -side 1
set_pad_physical_constraints -pad_name "CornUR" -side 2
set_pad_physical_constraints -pad_name "CornLR" -side 3
set_pad_physical_constraints -pad_name "CornLL" -side 4

# Place io and power pads
# Left/Right sides start from bottom (excluding corner)
set_pad_physical_constraints -pad_name "pad_data_0" \
                             -side 1 -order 1
set_pad_physical_constraints -pad_name "pad_data_1" \
                             -side 1 -order 2
set_pad_physical_constraints -pad_name "vdd_1" \
                             -side 1 -order 3
...
# Bottom/Top sides start from left (excluding corner)
set_pad_physical_constraints -pad_name "Clk" \
                             -side 4 -order 1
set_pad_physical_constraints -pad_name "A_0" \
                             -side 4 -order 2
...
```

图 9-22　定义 pad 位置示例　　　　　　　图 9-23　pad 顺序

```
set_pad_physical_constraints \
-pad_name <name> -side <#> -order <#>
```

3. 初始化布图规划

首先通过"initialize_ floorplan"创建设计区域或通过 GUI 设置定义芯片的边界和周围区域，摆放 I/O pad（使用 create_ cell 定义 pad，使用 set_ pad_ physical_ constraints 对 pad 排序），如图 9-24 所示。

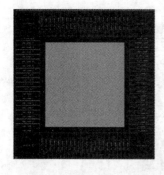
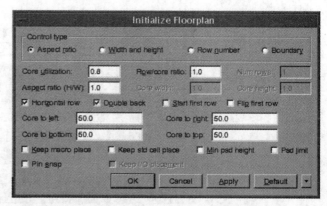

图 9-24　初始化布图规划

核心区域参数说明如图 9-25 所示。

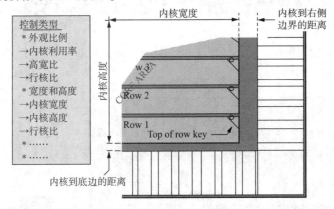

图 9-25 参数说明

初始化完成之后的布图规划示意图如图 9-26 所示。

4. 插入 pad 的 filler

```
insert_pad_filler-cell "fill5000 fill2000 fill1000 … "
```

pad filler 示意图如图 9-27 所示。

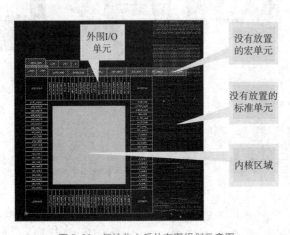

图 9-26 初始化之后的布图规划示意图

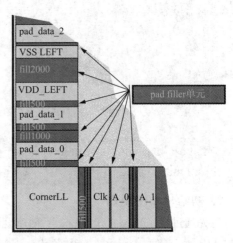

图 9-27 pad filler 示意图

插入 filler 如图 9-28 所示。

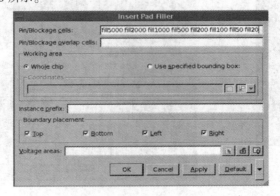

图 9-28 插入 filler

pad 不一定能够完全填充所设置的芯片区域四周所有的位置，需在空缺位置添加 filler。

5. 创建电源/地的 pad 环

```
derive_pg_connection -power_net VDD -power_pin VDD -ground_net VSS -ground_pin VSS
derive_pg_connection -power_net VDDO -power_pin VDDO -ground_net VSSO -ground_pin VSSO
derive_pg_connection -power_net VDDQ -power_pin VDDQ -ground_net VSSQ -ground_pin VSSQ
derive_pg_connection -power_net PWR -ground_net GND -tie
create_pad_rings
```

电源/地设置和连接示意图如图 9-29 所示。

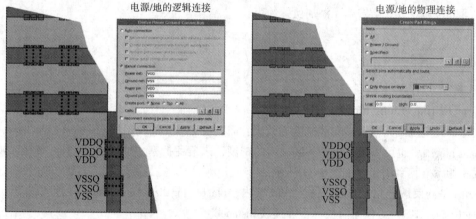

图 9-29 电源/地设置和连接示意图

6. 执行 VFP

执行虚拟平面放置（Virtual Flat Placement，VFP）：

```
create_fp_placement
```

VFP 用于放置标准单元和没有固定的宏单元到任何位置，并对那些非默认的约束给出定义（不应使用的金属层、禁止布局区域等）。

7. 忽略额外的布线层

默认情况下 ICC 会用到所有的金属层，将没有涉及的金属层忽略掉，能够使布线前的拥塞分析和时序分析更准确：

```
set_ignored_layers -max_routing_layer M7
```

报告忽略的层：

```
report_ignored_layers
```

移除忽略的层：

```
remove_ignored_layers
```

8. 约束宏单元位置

在创建 VFP 之后，宏单元是随便摆放的，这会导致更加复杂的电源网络布局，也可能会消耗更多的布线资源。因而，需要给已知的宏单元或者标准单元一个合适的位置：用 GUI 手动摆放，如图 9-30 所示。

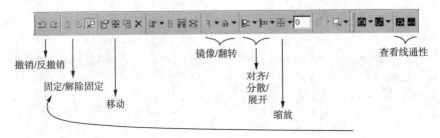

图 9-30　宏单元放置操作

也可以用命令方式给宏单元添加位置约束：

```
set_fp_macro_options …
set_fp_macro_array …
set_fp_relative_location …
```

9. 应用 placement blockage

在宏单元周围或角落直接布线难度比较大，需要在宏单元周围添加 placement blockage，同时 placement blockage 也可以用来控制某区域内的密度，来避免拥塞。blockage（禁止布局区域）主要有 hard 和 soft 两种类型，如图 9-31 所示。

hard：是约束最严格的 blockage，该区域内，place、legalize、optimize、时钟树综合（Clock Tree Synthesis，CTS）等任何阶段都不能摆放 instance。

soft：该区域内，在 place 阶段不允许摆放 instance，但是在 legalize、optimize 阶段允许摆放 instance。

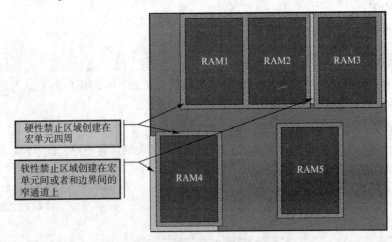

图 9-31　blockage 的两种类型

全局 placement blockage 在 .synopsys_dc.setup 文件中设置：

```
set_app_var physopt_hard_keepout_distance 10
set_app_var placer_soft_keepout_channel_width 25
```

指定 placement blockage 如图 9-32 所示，例如：

```
set_keepout_margin -type hard -outer {10 0 10 0} RAM5
```

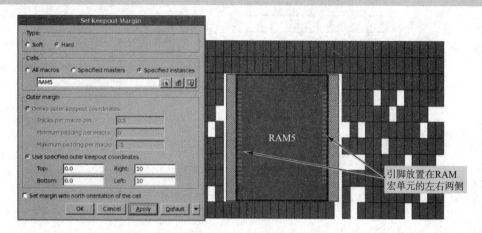

图 9-32　为指定的宏单元 RAM 设置 placement blockage

10. 总结示例

总结示例如图 9-33 所示。

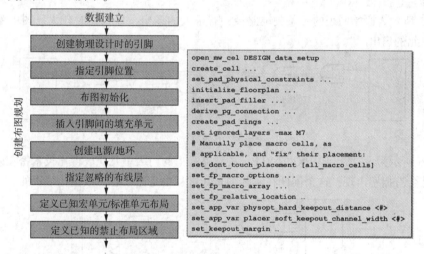

图 9-33　总结示例

9.3.3　VFP

VFP 流程如图 9-34 所示。

1. 设置布线策略参数

在创建 VFP 的过程中，要确定宏单元处理方式，优化算法和效率。

（1）方法 1：添加 sliver size。

设置 sliver size，防止标准单元放置在宏单元之间的狭窄通道：

```
report_fp_placement_strategy
set_fp_placement_strategy -sliver_size 10
#设置标准单元不能放置在宏单元之间小于10μm的通道内
```

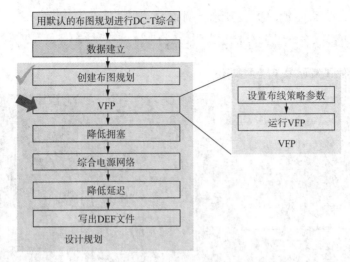

图 9-34 VFP 流程

（2）方法 2：添加 VIPO。

```
report_fp_placement_strategy
set_fp_placement_strategy -virtual_IPO on
```

图 9-35 所示为原始网表的一条关键路径，有很大的扇出，导致延时较大。图中圈码表示前一个逻辑单元的扇出。

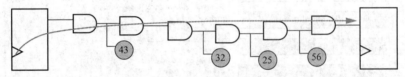

图 9-35 关键路径示例

图 9-36 所示为没有开启 VIPO 的 VFP，关键路径上的门级单元摆放得比较紧密，以此来降低延迟，但是会有拥塞出现，这个问题在实际的布局过程中是比较容易被优化解决的。

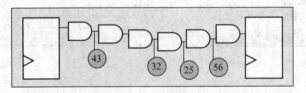

图 9-36 没有开启 VIPO

图 9-37 所示为开启了 VIPO 的 VFP，执行了大小调整和缓冲区插入（模拟了更实际的布局优化），因此无须缩短关键路径上单元之间的距离。

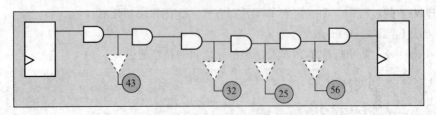

图 9-37 开启 VIPO

2. 运行 VFP

合法放置标准单元和非固定的宏单元，布线从线长驱动变为时序驱动，过程中没有进行逻辑优化，需要将同一逻辑层次中的单元合并，也就是要关闭 gravity。

```
create_fp_placement -timing_driven -no_hierarchy_gravity
```

默认情况下，create_fp_placement 执行 hierarchy 层次的 placement，gravity 是 on 状态：布局尝试使单元保持在物理上相同的逻辑层结构中。

3. 总结示例

总结示例如图 9-38 所示。

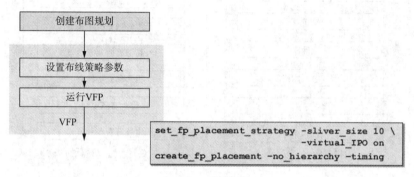

图 9-38　总结示例

9.3.4　降低拥塞

当所需布线资源大于可用布线资源时，就会存在拥塞，如图 9-39 所示。ICC 在报告拥塞时，默认首先进行全局布线，使用全局布线的结果来报告拥塞。可以在 ICC 的 GUI 上方工具栏单击 View→Map Mode→Global RouteCongestion 来显示拥塞图（congestion map）。

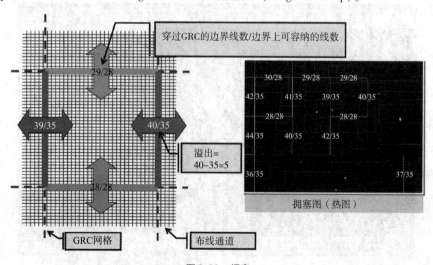

图 9-39　拥塞

全局路由单元（Global Routing Cell，GRC）为正方形，每条边的尺寸通常为标准单元高度的两倍。ICC 会计算出 GRC 每条边可用于布线的布线通道（track）的数目（capacity），以及布线需要的布线通道的数目（demand）。图 9-39 中画出了一个 GRC，边上的数值即为 demand/capacity。

demand – capacity 即为溢出（overflow）的数目，如果存在溢出，则拥塞图中就会将 GRC 的那条边高亮显示，溢出越大，颜色越偏向于暖色调（即红色）。根据经验，一般最大的溢出如果超过 10，基本上这个设计就无法布通了，最好不要超过 3~5。另外，如果总的溢出超过 2%，也可以认为设计在后边很难布通。这些情况说明布图规划不是很好，需要修改布图规划或者重新进行布图规划，需要看拥塞出现在什么地方，根据实际情况区别对待。降低拥塞流程如图 9-40 所示。

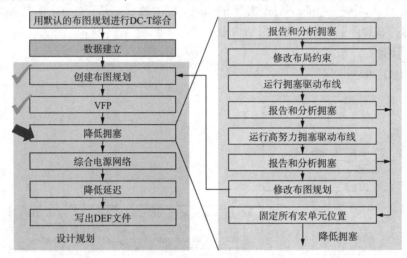

图 9-40　降低拥塞流程

1. 报告和分析拥塞

```
report_congestion -grc_based -by_layer \
-routing_stage global
```

分析方法：一层一层分析，拥塞分层如图 9-41 所示。

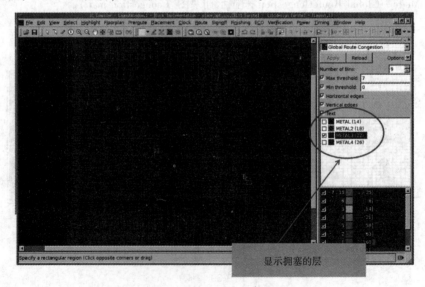

图 9-41　拥塞分层

2. 修改布局约束

（1）修改宏单元布局约束：

```
set_fp_macro_options …
set_fp_macro_array …
set_fp_relative_location …
```

(2) 修改标准单元布局约束：

```
set_app_var physopt_hard_keepout_distance 10
set_app_var placer_soft_keepout_channel_width 25
set_keepout_margin -type hard -outer {10 0 10 0} RAM5
```

(3) 修改 fp_placement_strategy 的参数：

```
    set_fp_placement_strategy
-macro_orientation <automatic | all | N >
-auto_grouping < none | user_only | low | high >
-macro_setup_only < on | off >
-macros_on_edge < on | off > -sliver_size <0.00 >
-snap_macros_to_user_grid < on | off >
-fix_macros < none | soft_macros_only | all >
-congestion_effort < low | medium | high >
-adjust_shapes < on | off > -IO_net_weight <1.0 > -plan_group_interface_net_weight <1.0 >
-legalizer_effort < low | high >
-spread_spare_cells < on | off >
-legalizer_effort < low | high >
-virtual_IPO < on | off >
```

3. 运行拥塞驱动布线

```
create_fp_placement -timing \
-no_hierarchy_gravity \
-congestion
```

注意：在设计没有拥塞的时候不能使用拥塞驱动（congestion-driven）模式。

4. 运行高努力拥塞驱动布线

```
report_congestion -grc_based -by_layer \
-routing_stage global
set_fp_placement_strategy -congestion_effort high
create_fp_placement -timing -no_hierarchy_gravity \
-congestion
```

5. 修改布图规划

按照上述方法修正之后依然存在拥塞，则需要从以下几个方面修改布图规划：

(1) 给顶层的 pad 或者端口重新排序、移动、连接到其他金属层；
(2) 将 core 规划得更高/宽一些，容纳更多的水平/垂直布线资源；

(3) 增加 core 的面积，降低利用率、单元密度；
(4) 将电源网络放在更高的金属层上；
(5) 改变电源带的宽度、间距等。

6. 固定所有宏单元位置

```
set_dont_touch_placement [all_macro_cells]
```

解决所有拥塞问题后，"固定"所有宏单元的位置，以防止任何后续的步骤移动它们。

7. 总结示例

总结示例如图 9-42 所示。

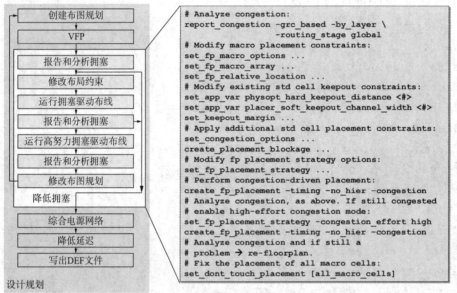

图 9-42　总结示例

9.3.5　电源网络综合

基于约束的电源网络综合（Power Network Synthesis，PNS）能够创建遵循 DRC/ERC 的宏单元电源环、电源带，计算出电源带的数量和宽度，从而满足供电需求和 *IR* 压降，并生成可以用来做电源分析的热图。

综合电源网络流程如图 9-43 所示。

1. 保存单元

```
save_mw_cel -as DESIGN_pre_pns
```

2. 定义电源/地逻辑连接

使用 derive_pg_connection 命令在标准单元和宏单元上的电源和接地引脚以及设计中的电源和接地网络之间创建逻辑连接：

```
derive_pg_connection -power_net VDD -power_pin VDD -ground_net VSS -ground_pin VSS

derive_pg_connection -power_net VDDO -power_pin VDDO -ground_net VSSO -ground_pin VSSO
```

```
derive_pg_connection -power_net VDDQ -power_pin VDDQ -ground_net VSSQ -
ground_pin VSSQ
    derive_pg_connection -power_net PWR -ground_net GND -tie
```

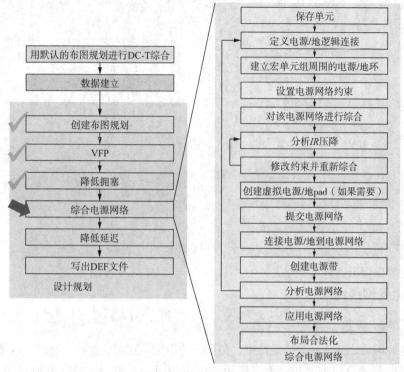

图 9-43　综合电源网络流程

3. 建立宏单元组周围的电源/地环

如果设计中有紧密相邻的宏单元或放置在确定位置的宏单元，可以将其分为一个组。先将宏单元组定义到一个区域；然后定义这个宏单元组的电源环、电源带的层、宽度、偏移量等；之后用"commit"来创建实际布线。电源环和电源带示意图如图 9-44 所示。

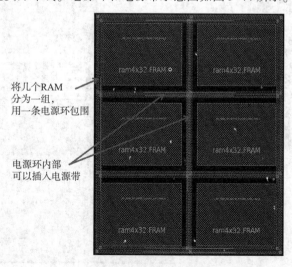

图 9-44　电源环和电源带示意图

对每个宏单元组重复上述过程,最后移除这个区域约束:

```
# Create ring #1
set_fp_rail_region_constraints  - polygon {{366 1304} {366 1680} {663 1680} {663 1304}}
create_fp_group_block_ring  - nets {VDD VSS} \
 - horizontal_ring_layer METAL5 - horizontal_ring_offset 0.78 - horizontal_ring_width 3 \
 - vertical_ring_layer METAL4 - vertical_ring_offset 0.73 - vertical_ring_width 3 \-horizontal_strap_layer METAL5 - horizontal_strap_width 3 \
 - vertical_strap_layer METAL4 - vertical_strap_width 3
commit_fp_group_block_ring
# Create ring #2
set_fp_rail_region_constraints - polygon {{1426 726} {1426 1053} {1807 1053} {1807 726}}
...
set_fp_rail_region_constraints - remove
```

做完以上步骤即准备好了 PNS。

4. 设置电源网络约束

```
set_fp_rail_constraints...
```

在综合电源网络之前,必须指定约束。约束条件指定了宽度、方向、间距、偏移量以及在为电源网络创建电源环带时的其他参数。使用 set_fp_rail_constraints 命令或通过单击 GUI 中的 Preroute→Power Network Constraints 并选择其中一种形式来设置约束,如图 9-45 所示。

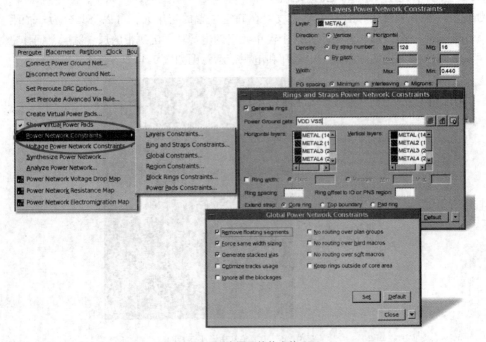

图 9-45　设置电源网络约束的 GUI

5. 对该电源网络进行综合

可以使用 synthesize_fp_rail 命令在设计上执行电源网络综合,该命令根据定义的约束来综合电源网络;或在 GUI 中单击 Preroute→Synthesize Power Network,设置及结果如图 9-46 所示。

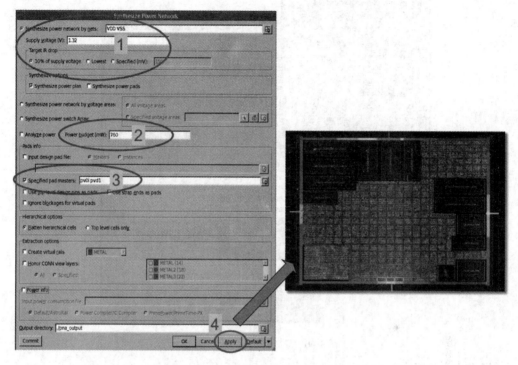

图 9-46　GUI 设置电源网络综合及结果示例

6. 解决最大 IR 压降

IR 压降是在集成电路中电源和地网络上电压下降和升高的一种现象。IR 压降的大小取决于从电源 pad 到逻辑门单元的等效电阻大小。随着半导体工艺的不断演进,金属连线的宽度越来越窄,互连密度越来越大,导致电阻值不断变大(供电电压也越来越小),IR 压降的效应越来越明显。电压降低后,逻辑门的开关速度变慢,性能降低。因此,对于高性能的设计,必须将 IR 压降控制在很小的范围内。在深亚微米下,如果电力网络(power network)做得不够好,又遇到了很不好的电路情况,IR 压降在某个局部区域就会特别大,从而导致 STA 阶段 sign-off 的时间与实际情况不一致(考虑开路电压仍然无法满足设计的要求),导致 setup 或者 hold 的违规。

如果最大的 IR 压降是不可接受的,则需要通过修改电源/地网络约束并重新综合的迭代来解决。迭代步骤如图 9-47 所示。

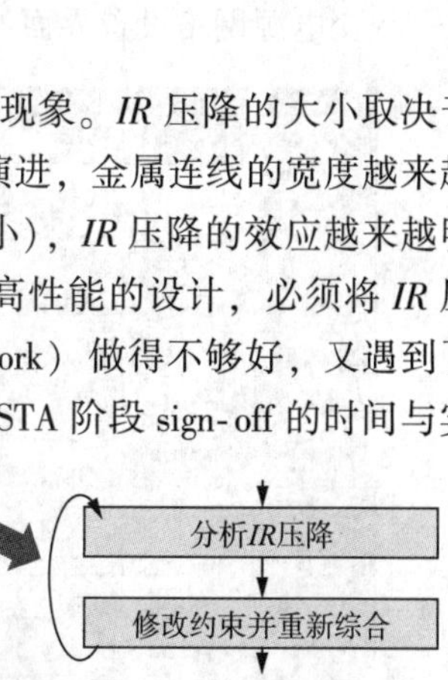

图 9-47　解决最大 IR 压降的迭代步骤

7. 创建虚拟电源/地 pad(如果需要)

```
create_fp_virtual_pad …
```

如果需要,可以创建虚拟 pad 以用作设计的临时电源。虚拟 pad 为电源网络提供了其他电流源,不需要修改布图规划。在使用不同位置和数量的虚拟 pad 进行电源网络分析之后,可以修改布图规划并根据分析结果插入其他电源 pad。

要将虚拟 pad 插入设计中,可使用 create_fp_virtual_pad 命令。要使用 GUI 插入虚拟 pad,

可单击 Preroute→Create Virtual Power Pads，如图 9-48 所示。

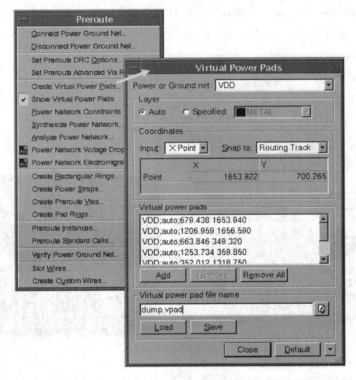

图 9-48　虚拟电源/地 pad 创建

8. 提交电源网络

提交电源网络设置界面如图 9-49 所示，结果示例如图 9-50 所示。

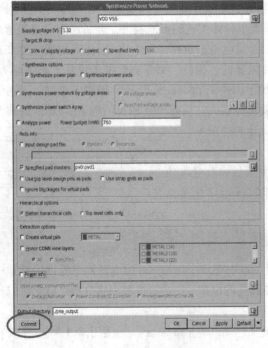

图 9-49　提交电源网络设置界面

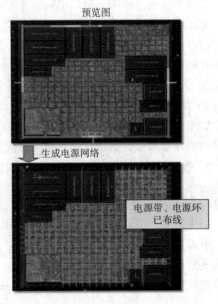

图 9-50　结果示例

9. 连接电源/地到电源网络

```
preroute_instances
preroute_standard_cells \
 -fill_empty_rows \
 -remove_floating_pieces
```

将电源/地的宏单元引脚和 pad 引脚连接到电源环和电源带上，电源/地连接结果示例如图 9-51 所示。

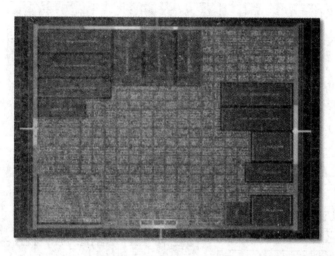

图 9-51　电源/地连接结果示例

10. 分析电源网络

执行电源网络分析，以预测不同布图规划和电源布线下的 IR 压降。电源网络分析连接到指定网络名称的电源带网络。在初始化电源网络规划期间，布图规划不完整且标准单元的电源端口尚未连接时，可能产生 IR 压降和电迁移效应。经过详细的布局和电源带布线后，可以验证电源网络的大小和数量是否足以为设计供电。

```
analyze_fp_rail …
# If IR-drop is not acceptable:
close_mw_cel
open_mw_cel DESIGN_pre_pns
# Begin a new PNS flow
```

11. 应用电源网络

设置禁止区域示意图如图 9-52 所示。其中 pnet 表示电源网络布局（power net placement）。

```
set_pnet_options -partial {metal2 metal3}
set_pnet_options -complete {metal2 metal3}
```

12. 布局合法化

```
legalize_fp_placement
```

如果已经应用了设置禁止布局，则需要使布局合法化，将违反标准的单元从电源带上移开。

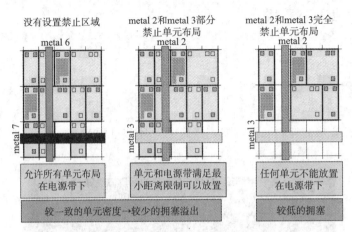

图 9-52　设置禁止区域示意图

13. 总结示例

总结示例如图 9-53 所示。

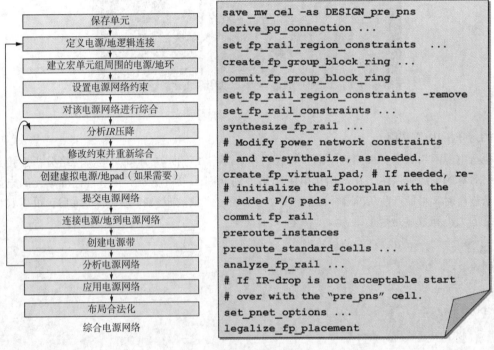

图 9-53　总结示例

9.3.6　降低延迟

降低延迟流程如图 9-54 所示。

1. 全局布线和分析拥塞

在分析时序之前需要全局布线（route_zrt_global），默认情况下时序分析是基于虚拟布线而运行的。经过全局布线，时序分析会更加准确。分析拥塞方法见 9.3.4 小节。

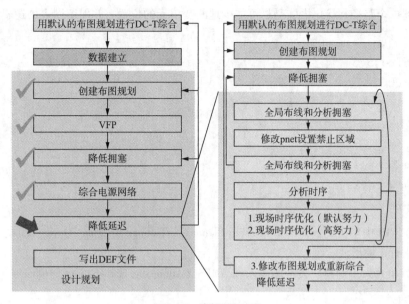

图9-54　降低延迟流程

2. 修改 pnet blockage

如果出现拥塞，检查并修改 pnet blockage 参数，使布局合法化。重复减少拥塞（reduce congestion）操作：重新执行全局布线、分析拥塞，迭代至拥塞得到控制。

```
report_pnet_options
#移除隔离单元
remove_pnet_options OR
set_pnet_options -none {M6 M7}
#修改已有操作
remove_pnet_options
set_pnet_options -partial {M2 M3}
legalize_fp_placement
```

3. 分析时序

先生成时序报告，命令为 report_timing，再通过 extract_rc 提取寄生参数，可接受的时序范围是最差的负时序裕度（Worst Negative Slack，WNS）小于所需延时的 15%～20%。如果时序满足要求，可以直接跳到下一步写出 DEF 文件，否则执行时序优化。

4. 现场时序优化

现场时序优化用于改善给定设计的时序，以满足设计上的时序约束，其程度设置如图 9-55 所示。这是一个基于虚拟布线的迭代过程。优化过程开始于多个违规路径上最突出的问题，将快速改善总体时序。接下来，将优

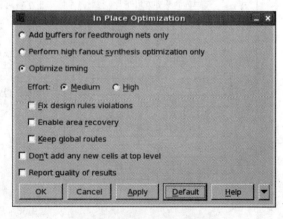

图 9-55　现场时序优化程度设置

化范围缩小到单个路径。优化措施是尽可能少地改变单元的位置,并保留网表的逻辑层次结构。

```
optimize_fp_timing
[-area_recovery]
[-effort low|medium|high]
[-feedthrough_buffering_only]
[-fix_design_rule]
[-hfs_only]
[-keep_global_routes]
[-no_new_cells_at_top_level]
[-report_qor]
```

也可以在 GUI 中单击 File→Task→Design Planning→Timing→In Place Optimization。

优化方法有 3 种形式:

(1) 执行单元大小调整、缓冲区插入和 AHFS（Automatic High Fanout Synthesis,自动高扇出综合）；

(2) 改善时序和 DRC 违规；

(3) 使布局合法化。

重复本小节中的上述步骤,直到时序符合要求,若几次迭代之后,时序仍然不符合要求,则执行高努力优化。

5. 修改布图规划或重新综合（如果需要）

如果在高努力优化之后依然存在时序违规,就需要重新修改布图规划,或者使用更严格的约束和优化的模块划分对设计重新综合。

6. 总结示例

总结示例如图 9-56 所示。

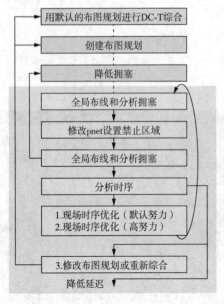

```
route_zrt_global
# If congested modify pnet blockages
# and perform inc'l placem't, as needed:
report_pnet_options
remove_pnet_options; # OR
set_pnet_options  -none {M2 M3}
set_pnet_options  -partial {M2 M3}
legalize_fp_placement
route_zrt_global
# If congested goto "Reduce Congestion"report_timing
# If timing OK akip to "Write DEF"
optimize_fp_timing -fix_design_rule
               <-effort high>
# If timing still not OK after
# high-effort optimization then need to
# re-floorplan of re-synthesize
```

图 9-56　总结示例

9.3.7 写出 DEF 文件并重新综合

写出 DEF 文件流程如图 9-57 所示。

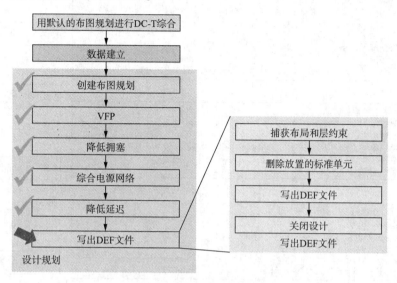

图 9-57 写出 DEF 文件流程

```
remove_placement -object_type standard_cells
write_def -version 5.6 -placed -blockages -all_vias \
 -rows_tracks_gcells -routed_nets -specialnets \
 -output FLOORPLAN.def
close_mw_cel
```

以上代码删除所有放置的标准单元，然后以 DEF 写出布图规划文件。这个 DEF 文件将被 Design Compiler Topographical（DC–T）用来再次综合。ICC 再次读入重新综合后的网表，然后进行布局规划，为布局做好准备。DEF 文件重新综合流程如图 9-58 所示，示例如图 9-59 所示。

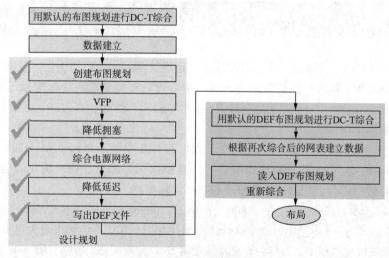

图 9-58 DEF 文件重新综合流程

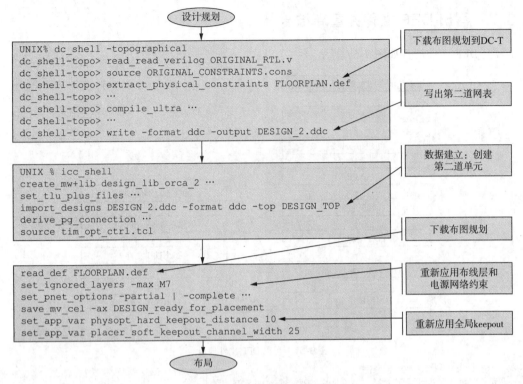

图 9-59 DEF 文件重新综合示例

注意,需要重新执行以下命令,因为 DEF 文件不包括这些信息:

```
set_ignored_layers -max M7
set_pnet_options -partial |-complete …
set_app_var physopt_hard_keepout_distance 10
set_app_var placer_soft_keepout_channel_width 25
```

9.4 布局

完成设计规划和电源规划后,可以对设计进行布局(placement)和优化,布局阶段如图 9-60 所示。布局是确定每个标准单元位置的过程,一个合理的布局要求每个标准单元都放在有效的位置且单元之间没有重叠。布局优化主要优化芯片的面积、性能、布通率、后端流程的设计时间。布局流程如图 9-61 所示。

执行布局和优化主要使用 place_opt 命令,也可在 GUI 中单击 Placement→Core Placement and Optimization。place_opt 命令执行粗略布局,包括高扇出网络综合、物理优化和合法化,此外,它还可以执行时钟树综合、扫描链重新排序和功率优化等。

当使用 place_opt、place_opt_feasibility、psynopt、preroute_focal_opt、clock_opt – only_psyn 或 clock_opt_feasibility – only_psyn 命令执行预布线优化时,ICC 不会解决最大扇出违规问题。但是,在进行预布线优化过程中,工具会修复其他逻辑 DRC 违规问题。可以使用 route_opt 或 focal_opt 命令修复布线优化后的最大扇出冲突。

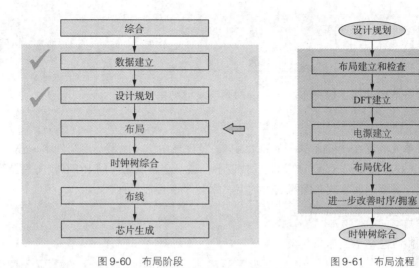

图 9-60 布局阶段　　　　图 9-61 布局流程

1. 布局建立和检查

在大多数情况下，宏单元的位置在设计规划阶段就已经确定，并且位置是固定的。在布局阶段为了防止遗漏或手动移动之后忘记固定，最好再次修复所有宏单元位置。命令如下：

```
set_dont_touch_placement [all_macro_cells]
```

设计规划阶段末尾写出 DEF 文件时，有些信息不会被保存进 DEF 文件，在进行第二遍综合之后，以下几个信息被放在布局开始阶段检查：

```
report_ignored_layers
report_pnet_options
printvar physopt_hard_keepout_distance
printvar placer_soft_keepout_channel_width
```

ICC 可以使用非默认布线（Non-Default Routing，NDR）规则来布线时钟网络，例如，使用双间距、双宽度等。双宽度时钟线示意图如图 9-62 所示。NDR 通常用于"强化"时钟，例如，使时钟线对串扰或电迁移不太敏感。NDR 会使用更多的布线资源，可能会增加拥塞（可以在下一阶段的全局布线过程中解决）。

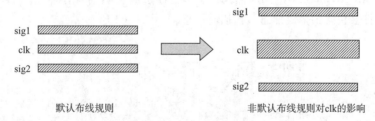

图 9-62 双宽度时钟线示意图

定义 NDR 规则：

```
define_routing_rule MY_ROUTE_RULES \
-widths {METAL3 0.4 METAL4 0.4 METAL5 0.8} \
-spacings {METAL3 0.42 METAL4 0.63 METAL5 0.82}
```

```
set_clock_tree_options -clock_trees [all_clocks] \
-routing_rule MY_ROUTE_RULES \
-layer_list "METAL3 METAL5"          #定义了时钟线的金属层
```

检查布局准备情况（用于检查布图规划、网表、设计约束）：

```
check_physical_design -stage pre_place_opt
```

检查是否有单元放置在"hard placement blockage"区域中、金属层与库文件不一致、布线层的 RC 参数错误、狭窄的布局区域、单元放置位置不合法、金属层之间的 RC 有较大差异等问题。如果报告出问题，需要返回修改布图规划、约束、库文件等。命令如下：

```
check_physical_constraints
```

布局建立和检查总结示例如图 9-63 所示。

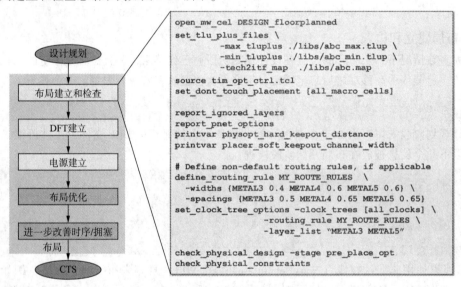

图 9-63　布局建立和检查总结示例

2. DFT 建立（若设计中没有扫描链可以跳过）

扫描链：SCAN_IN 和 SCAN_OUT 之间所有串行连接的"扫描寄存器"，如果设计流程中有 DFT，则网表文件会包含扫描链信息。扫描链示意图如图 9-64 所示。

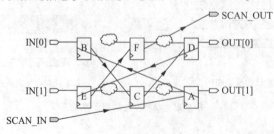

图 9-64　扫描链示意图

扫描链只能用于测试而不能用于功能设计。当这些寄存器相距较远时扫描链就需要消耗更多的布线资源。本书不详细讨论基于扫描链的设计。

读入包含扫描链信息 SCANDEF 文件（read_def DESIGN.scandef）后，优化 DFT：

```
set_optimize_dft_options
[-repartitioning_method none |single_directional | \
multi_directional |adaptive]
[-single_dir_option horizontal |vertical]
```

DFT 建立总结示例如图 9-65 所示。

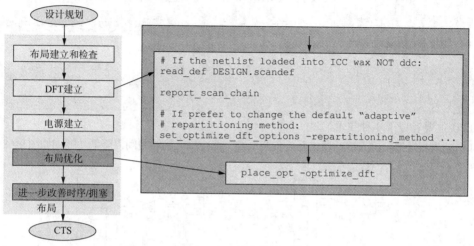

图 9-65　DFT 建立总结示例

3. 电源建立（若不做电源的预先优化可以跳过）

电源优化：不影响关键路径延迟或拥塞，会增加运行时间。
功耗：总功耗 = 静态功耗 + 动态功耗。
静态功耗：漏电功耗，来自通过关闭状态的器件的漏电流。
动态功耗：开关功耗，来自动态开关电流、短路电流。
静态功耗优化策略如图 9-66 所示。命令如下：

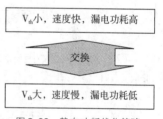

图 9-66　静态功耗优化策略

```
set_app_var target_library "sc_max_hvt.db sc_max_lvt.db"
set_app_var link_library "* $target_library io_max.db \
macros_max.db"
set_min_library sc_max_hvt.db -min_version sc_min_hvt.db
set_min_library sc_max_lvt.db -min_version sc_min_lvt.db
set_min_library io_max.db -min_version io_min.db
set_min_library macros_max.db -min_version macros_min.db
create_mw_lib... -mw_reference_library \
"mw/sc_hvt mw/sc_lvt mw/io mw/ram32"
...
set_power_options -leakage true |false
```

动态功耗优化主要通过识别高"触发率"网络来降低功耗，SAIF（Switching Activity Interchange Format，开关行为内部交换格式）文件保存网络的翻转信息，用来识别翻转率高的网络。命令如下：

```
read_saif -input DESIGN.saif -instance_name I_TOP report_saif
```

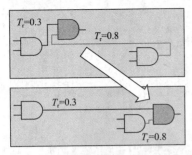

图 9-67 缩短高"触发率"连线

在布线过程中，两种主要降低动态功耗的方法是 LPP（Low Power Placement，低功耗设置）和 GLPO（Gate-Level Dynamic Power Optimization，门级电路功耗优化）。

LPP 将那些高"触发率"的非时钟的单元移动到比较近的位置，降低这些线上的电容，从而降低与之相连的单元的动态功耗，如图 9-67 所示。命令如下：

```
set_power_options -low_power_placement true
```

或

```
set_optimize_pre_cts_power_options -low_power_placement true #根据ICC版本有不同选择
```

GLPO 主要有以下 4 种技术。

（1）插入缓冲器：插入缓冲器来降低负载电容，缩短输入翻转时间以降低功耗，如图 9-68 所示。

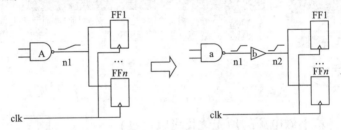

图 9-68 插入缓冲器

（2）调整单元大小：降低高"触发率"网络上的电容，缩短翻转时间以降低功耗，如图 9-69 所示。

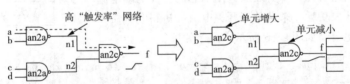

图 9-69 调整单元大小

（3）引脚交换：将高"触发率"的引脚连接到单元上低电容的引脚，如图 9-70 所示。

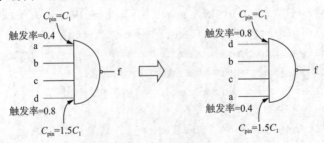

图 9-70 引脚交换

（4）相位对齐：进行相位翻转来移除高"触发率"的反相器，如图 9-71 所示。
命令如下：

```
set_power_options -dynamic true
```

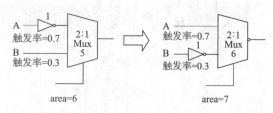

图 9-71　相位对齐

电源建立总结示例如图 9-72 所示。

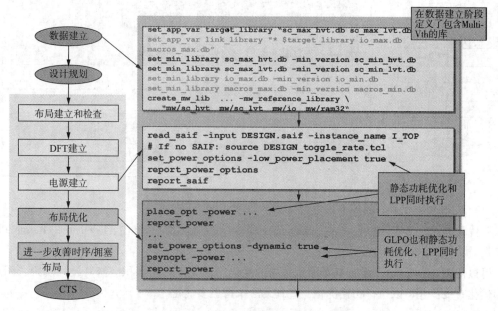

图 9-72　电源建立总结示例

4. 布局优化

- place_opt：时序驱动和拥塞驱动的布局优化。
- -area_recovery：缓冲区删除和减小非关键路径单元。
- -optimize_dft：扫描链重排序。
- -power：静态功耗和动态功耗优化。
- -congestion：其他拥塞驱动算法。

注意：默认情况下，place_opt 命令修复建立时间违规，不修复保持时间违规（在时钟树综合阶段修复）。

布局优化过程如图 9-73 所示。

5. 进一步改善时序/拥塞

如果经过上面的优化步骤，建立时间或者拥塞仍然有少量违规，还有一些改善方法可以采用：

```
refine_placement:refine_placement |-coordinate {X1 Y1 X2 Y2}| \    #指定优化范围
    |-congestion_effort high| \    #拥塞的优化程度
    |-perturbation_level <high |max >| #优化串扰程度
```

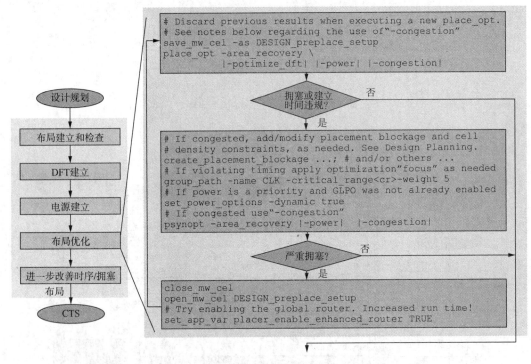

图 9-73 布局优化过程

要优化布局,可以使用 refine_placement 命令（或在 GUI 中单击 Placement→Refine Placement）,执行增量布局和合法化。

可以使用 psynopt 命令运行基于增量布局的优化,以支持压缩面积、修复设计规则、调整大小和优化布线；还可以执行功耗优化,直到无法执行更多优化。

```
psynopt:psynopt |-power| |-area_recovery| |-congestion|
psynopt -no_design_rule |-only_design_rule| |-size_only|
```

进一步改善时序/拥塞如图 9-74 所示。

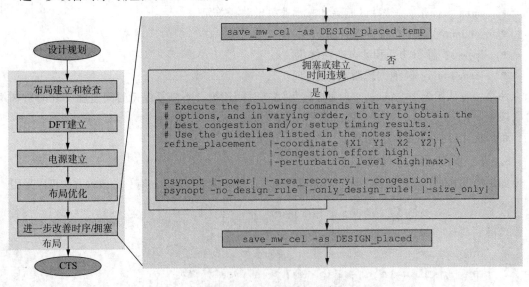

图 9-74 进一步改善时序/拥塞

9.5 时钟树综合

在大规模集成电路设计中，大部分时序元件是由时钟同步控制的时钟频率来决定数据处理和传输速度的。时钟频率是电路性能的最主要标志。在深亚微米阶段，决定时钟频率的主要因素有两方面，一是组合逻辑部分的最长电路延时，二是同步元件内的时钟歪斜。随着晶体管尺寸的减小，组合逻辑电路的开关速度不断提高，时钟歪斜成为影响电路性能的制约因素。时钟树综合（Clock Tree Synthesis，CTS）的主要目的就是减小时钟歪斜。

以一个时钟域为例，一个时钟源最终要扇出到很多寄存器的时钟端，扇出很大，负载很大，时钟源是无法驱动后面如此多负载的。这样就需要一个时钟树结构，通过一级级缓冲器（buffer）去驱动最终的寄存器。

在进行时钟树综合之前，时钟树未生成，时钟树结构如图 9-75 所示，时钟树被构建之后，用以平衡负载之间的插入延时，并减小时钟歪斜。图 9-76 是时钟树综合之后的结构，用三级缓冲构成了一个时钟树。

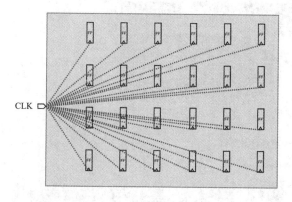

图 9-75　综合前时钟树结构

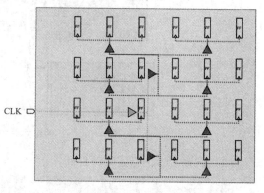

图 9-76　综合后时钟树结构

如图 9-77 所示，时钟树综合流程主要包括 CTS 建立、CTS 前功耗优化（可选）、CTS、时序优化、时钟布线。

时钟树综合的目标是最终满足时钟树的 DRC（最大的翻转延时、负载电容、扇出、缓冲层次、时钟歪斜）要求。在进行时钟树综合之前，需要保证布局完成、电源/地网络预布线完成、建立时间和拥塞都在可接受范围内。下面进入时钟树综合阶段。

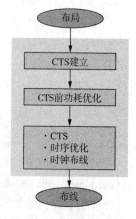

图 9-77　时钟树综合流程

9.5.1 时钟树综合建立

时钟树综合建立过程如图 9-78 所示。

本阶段为 CTS 做好准备，设置好综合目标和条件。

(1) 设置 CTS 的全局时钟目标：

```
icc_shell > set_clock_tree_options \
-target_early_delay 0.9 \
-target_skew 0.1
```

CTS 建立设置界面如图 9-79 所示。

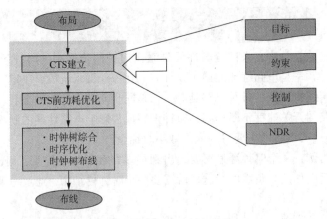

图 9-78　时钟树综合建立过程

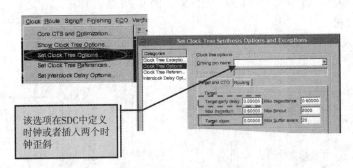

图 9-79　CTS 建立设置界面

（2）设置 CTS 的指定时钟目标：

```
set_clock_tree_options \-clock_trees clk1 -target_early_delay 0.9
set_clock_tree_options \-clock_trees clk2 -target_skew 0.2
```

在 SDC 中可能会给每个时钟使用 set_clock_uncertainty – setup < number >，此命令用于对估计的时钟歪斜进行建模，也可以用于对时钟抖动的影响进行建模，包括一些额外的时序裕度。指定的 setup number 减小了指定时钟捕获的所有路径的有效时钟周期，并在综合期间用于估计时钟行为。CTS 之后的时序分析将包括此命令的效果，此处需要消除时钟的不确定性：

```
remove_clock_uncertainty [all_clocks]
    Control
```

（3）设置时钟的起始位置，时钟路径上有 3 种时钟终点：停止引脚（stop pins）、浮动引脚（float pins）、排除引脚（exclude pins），如图 9-80 所示。

停止引脚和浮动引脚是参与时钟树时序计算的时钟端点，排除引脚是要在计算中排除的。排除生成时钟如图 9-81 所示，图中线上数字表示当前路径延时。

当一个生成时钟（图 9-81 中 FFD 触发器的输出信号）是独立于主时钟域的（没有交叉路径），这时虽然源时钟和生成时钟的歪斜偏差较大，但这不是重要因素，可以将这个时钟隔离出来：

```
set_clock_tree_exceptions -exclude_pins [get_pins FFD/CLK]
```

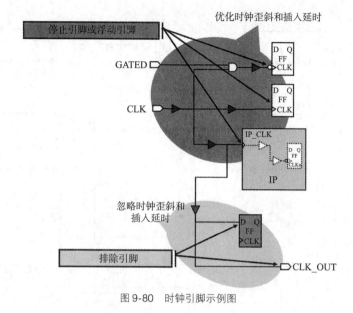

图 9-80 时钟引脚示例图

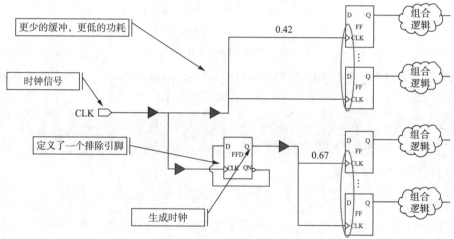

图 9-81 排除生成时钟

同理可以隔离出不需要参与计算的其他时钟端：

```
set_clock_tree_exceptions -stop_pins [get_pins IP/IP_CLK]
set_clock_tree_exceptions -float_pins IP/IP_CLK -float_pin_max_delay_rise 0.15
set_clock_tree_exceptions -dont_touch_subtrees buf/A
remove_clock_tree -clock_tree CLOCK #移除已经存在的时钟 buffer
```

在默认情况下，CTS 不平衡两个时钟间的歪斜，这可能会造成最差的负时序裕度违规，如图 9-82 (a) 所示。

如图 9-82 (b) 所示，这种情况可以避免：

```
set_inter_clock_delay_options \
-balance_group "CLOCK1 CLOCK2"
clock_opt -inter_clock_balance
```

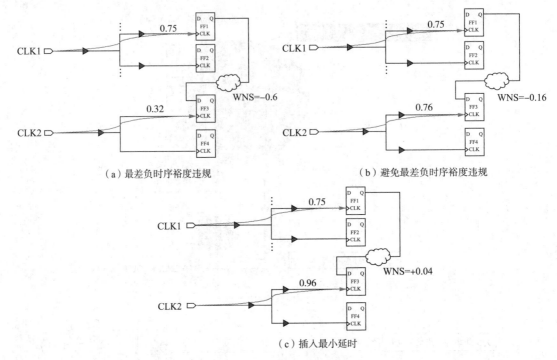

图 9-82　优化时钟间歪斜效果示意图

默认情况下，CTS 不遵守 SDC 中规定的时钟延时 set_clock_latency，如果需要插入最小延时以匹配 SDC 指定的延时，如图 9-82（c）所示，则需要执行：

```
set_inter_clock_delay_options -honor_sdc true
clock_opt -inter_clock_balance
```

指定时钟树延时计算模型：

```
set_delay_calculation -clock_arnoldi
```

CTS 默认使用的是 Elmore 模型，Arnoldi 模型比 Elmore 模型计算更准确，不过 Arnoldi 模型需要输入一些布线阶段生成的 RC 参数，因而最好是在布线之后进行二次 CTS 时使用。

NDR：上一阶段已经介绍，可以重复使用。

（4）预时钟树综合功耗优化（如果不需要优化功耗，这步可以跳过）。

如果设计目标是最大限度地降低功耗，则最好在插入 ICG（Intergrated Clock Gating，集成门控时钟）的过程中使用较大（或无限大）的门控时钟扇出。设计布局完成之后，在运行 CTS 之前执行时钟树功耗优化。

要执行预时钟树综合功耗优化，需要进行以下操作。

指定时钟树参考库：set_clock_tree_references。

指定时钟树综合选项：set_clock_tree_options。

指定时钟树功耗优化设置：set_clock_tree_exceptions。

要执行独立的预时钟树综合功耗优化，可运行 optimize_pre_cts_power 命令（或在 GUI 中单击 Clock→Optimize Pre–CTS Power）。要在 clock_opt 进程中执行时钟树功耗优化，可运行 clock_opt -power 命令。

注意：运行 clock_opt -power 命令时，ICC 还会执行漏电功耗（静态功耗）优化。

9.5.2 时钟树综合核心流程

时钟树综合核心流程如图 9-83 所示。

检查是否准备好了 CTS：运行 check_physical_design -stage pre_clock_opt 以确定前面步骤是否有违规；运行 check_clock_tree 检查主时钟是否使用了生成的时钟，时钟树有没有不同步的引脚，一个寄存器是否连接多个时钟等。

CTS 的主要命令是 clock_opt，默认执行各个独立时钟树网络的综合和平衡、非时钟逻辑的时序优化和 DRC 优化、时钟树网络的布线。后续选项或参数可以用来执行时钟间的延时平衡、扫描链的重新排序、功耗优化等。

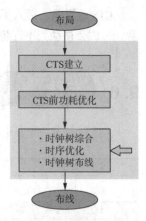

图 9-83 时钟树综合核心流程

```
clock_opt
 -only_cts
 -only_psyn
 -no_clock_route
 -inter_clock_balance
 -optimize_dft
 -power
 ...
```

通过以下方式使用 clock_opt 命令可以进行 CTS 早期分析和干预，从而提高 CTS 结果的质量：

```
clock_opt -no_clock_route -only_cts …
clock_opt -no_clock_route -only_psyn …
route_zrt_group -all_clock_nets …
```

除此之外，可以将扫描链路径上的保持时间违规降到最低（命令为 clock_opt … -optimize_dft …），还可以启动保持时间修复（命令为 set_fix_hold [all_clocks]），生成时钟树报告（命令为 report_clock_tree、report_clock_timing）。

CTS 核心流程示例如图 9-84 所示。

```
define_routing_rule
set_clock_tree_options …
set_clock_tree_exceptions …
set_clock_tree_references …
set_inter_clock_delay_options
remove_clock_tree …
remove_clock_uncertainty [all_clocks]; # OR adjust uncertainty
check_physical_design …
check_clock_tree
optimize_pre_cts_power
set_delay_calculation -clock_arnoldi
clock_opt -no_clock_route -only_cts -inter_clock_balance
report_clock_tree
report_clock_timing
set_fix_hold [all_clocks]
extract_rc
clock_opt -no_clock_route -only_psyn -optimize_dft \
          -area_recovery -power
report_clock_tree
report_clock_timing
report_clock_tree_power
```

图 9-84 CTS 核心流程示例

CTS 的影响：插入了时钟缓冲，可能会增加拥塞；在布局阶段固定的标准单元会有轻微移动，可能会移动到不理想的位置；可能会引入新的时序违规。

9.6 布线

CTS 结束之后，接下来的工作是布线，布线流程如图 9-85 所示。在布图规划阶段，生成电源/地网络时已经完成了电源地网络的布线，布线阶段主要完成标准单元的信号线连接。

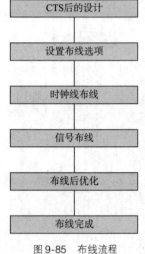

图 9-85 布线流程

9.6.1 Zroute 简介

Zroute 是完全集成在 ICC 中的新一代布线工具，支持 45nm 以及更小尺寸的工艺。其具有 5 个布线引擎：全局布线、track 分配、详细布线、ECO 布线和布线验证。前 3 个引擎的功能可以通过使用 route_opt 命令、特定任务的命令，或自动布线命令来实现；后 2 个引擎的功能可以通过特定任务的命令实现。启动 Zroute 使用命令 set_route_mode_options – zroute true。

Zroute 包括以下主要功能。

(1) 在多核硬件上进行布线都采用多线程工作，包括全局布线、track 分配、详细布线。

(2) 动态网格允许 Zroute 脱离网格连接引脚，同时保留布线器的速度优势。

(3) 多边形管理器允许 Zroute 识别多边形并明确设计规则检查（DRC）是针对多边形的。

(4) 在详细布线过程中同时进行设计规则优化、天线规则优化、线网优化以及过孔优化。

(5) 在详细布线过程中插入过孔。

(6) 支持全局布线、track 分配、详细布线中的软规则。

(7) 智能设计规则处理，包括合并冗余设计规则违规和智能融合。

(8) 具有层约束和非默认布线规则的网络组布线。

(9) 时钟布线。

(10) 布线验证。

(11) 使用软规则方法优化 DFM（Design For Manufacturability，可制造性设计）和 DFY（Design For Yield，良率导向设计）。

9.6.2 布线准备

在运行 Zroute 之前，必须确保物理库和设计满足以下要求。

1. 物理库要求

Zroute 从 Milkyway 库中获取所有设计规则信息。因此，在开始布线之前，必须确保在 TF 文件中定义了所有设计规则。

此外，Zroute 在布线网络时仅使用默认过孔，define_routing_rule 命令定义非默认布线规则，define_zrt_redundant_vias 命令定义非默认过孔。应确保需要使用的过孔都在 TF 文件中定义为默认过孔（isDefaultContact 属性为1）。如果未定义，则可以使用 create_via_master 命令来创建。

2. 设计要求

在执行布线之前，设计必须满足以下条件。

（1）电源/地网络的布线在布局规划之后，布局之前。
（2）已经执行了时钟树综合和优化。
（3）估计的拥塞是可以接受的。
（4）估计的时序是可以接受的。
（5）估计的最大电容和过渡没有违规。

可以在运行 Zroute 之前使用 prerouter 对信号网络进行预布线。预布线的信号网络被标记为用户网络。默认情况下，Zroute 不会拆分这些用户网络并重新布线。Zroute 仅做较小的更改即可纠正 DRC 违规。

使用 check_physical_design 检查布线的准备情况：

```
check_physical_design -stage pre_route_opt all_ideal_nets
#默认的高扇出阈值为 1000
#(变量 high_fanout_net_threshold 的默认值)
all_high_fanout -nets < -threshold #>
report_preferred_routing_direction
```

启用 Zroute，界面设置如图 9-86 所示。

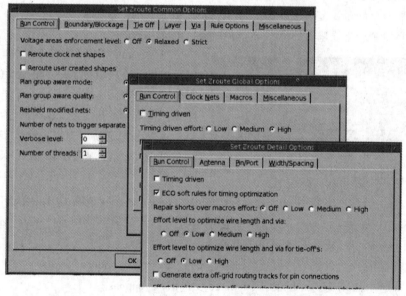

图 9-86　Zroute 界面设置

9.6.3　设置布线选项

执行布线时，可以为 Zroute 指定全局布线、track 分配、详细布线和通用布线选项。每次执行布线功能时，Zroute 的这些设置都会生效。运行布线命令时，Zroute 将在布线日志文件中写入已有布线设置（或工具自动设置）。使用命令 set_route_zrt_common_options -verbose_level 1 显示所有布线选项（不仅是已设置的选项）。

(1) 通用布线选项用于定义影响全局布线、track 分配、详细布线的布线选项。以 Milkyway 格式保存设计时，通用布线设置将与设计一起保存。

① 设置通用布线选项使用 set_route_zrt_common_options 命令（或在 GUI 中单击 Route→Routing Setup→Set Common Route Options）。要将选项重置为其默认值，使用 set_route_zrt_common_options -default true 命令（或在 GUI 中单击 Default）。

② 报告所有通用布线选项的设置：report_route_zrt_common_options。

③ 返回特定通用布线选项的值：get_route_zrt_common_options。

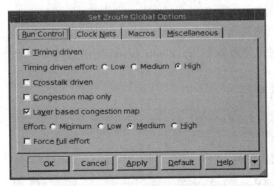

图 9-87　全局布线设置

(2) 全局布线设置如图 9-87 所示。全局布线是为设计中还没有布线的连线规划出布线路径，确定其大体位置和走向，并不做实际的连线。全局布线把布线路径映射到特定层，并给出过孔位置。

全局布线选项用于定义影响全局布线的布线选项。以 Milkyway 格式保存设计时，全局布线设置将与设计一起保存。

① 设置全局布线选项使用 set_route_zrt_global_options 命令（或在 GUI 中单击 Route→Routing Setup→Set Global Route Options）。要将选项重置为其默认值，使用 set_route_zrt_global_options -default true 命令（或在 GUI 中单击 Default）。

② 报告所有全局布线选项的设置：report_route_zrt_global_options。

③ 返回特定全局布线选项的值：get_route_zrt_global_options。

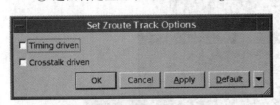

图 9-88　track 分配设置

(3) track 分配设置如图 9-88 所示。其作用是把每一连线分配到一定的通道上，并对连线进行实际布线，在布线时尽可能走长直的金属线，且减少过孔数量。这个阶段不做 DRC。

track 分配选项用于定义影响布线通道分配的布线选项。以 Milkyway 格式保存设计时，track 分配设置将与设计一起保存。

① 设置 track 分配选项使用 set_route_zrt_track_options 命令（或在 GUI 中单击 Route→Routing Setup→Set Track Assign Options）。要将选项重置为其默认值，使用 set_route_zrt_track_options -default true 命令（或在 GUI 中单击 Default）。

② 报告所有 track 分配选项的设置：report_route_zrt_track_options。

③ 返回特定 track 分配选项的值：get_route_zrt_track_options。

(4) 详细布线设置如图 9-89 所示。其作用是使用全局布线和 track 分配过程中产生的路径进行实际布线和布孔，同时修复 track 分配产生的 DRC 违规。

详细布线选项用于定义影响详细布线的布线选项。以 Milkyway 格式保存设计时，详细布线设置将与设计一起保存。

① 设置详细布线选项使用 set_route_zrt_detail_options 命令（或在 GUI 中单击 Route→Routing Setup→Set Detail Route Options）。要将选项重置为其默认值，使用 set_route_zrt_detail_options -default true 命令（或在 GUI 中单击 Default）。

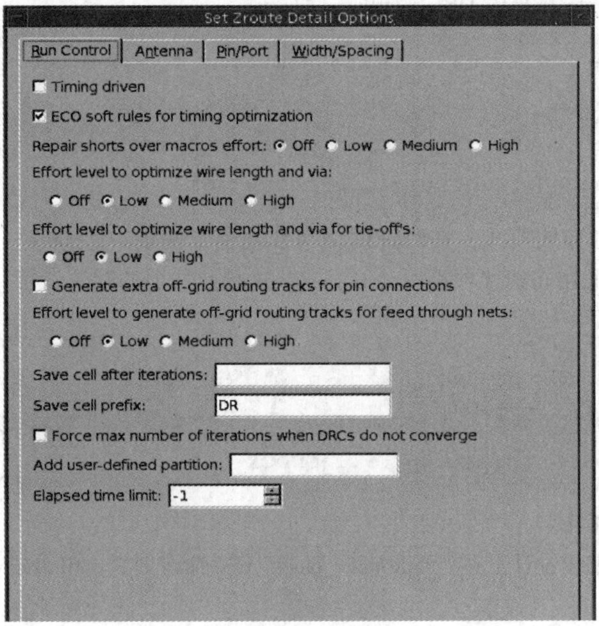

图 9-89 详细布线设置

② 报告所有详细布线选项的设置：report_route_zrt_detail_options。
③ 返回特定详细布线选项的值：get_route_zrt_detail_options。

9.6.4 时钟线布线

除电源线之外，时钟线的布线优先级最高，设计人员会给时钟树预留充足的布线资源，命令为 route_zrt_group – all_clock_nets。它用于初始化时钟网络布线、减少时钟网络中过孔插入、屏蔽时钟网络以及对时钟网络进行 ECO 布线。如果设计已经包含指定网络的全局设置，则默认情况下将忽略这些全局布线。要通过重用现有的全局布线来执行增量全局布线，应使用 – reuse_existing_global_route true 选项。如果设计已经包含指定网络的详细布线设置，则 route_zrt_group 命令将执行增量详细布线。在详细布线中，Zroute 还执行搜索和修复。默认情况下，布线器最多执行 40 次迭代。如果 Zroute 确定已解决所有违规或无法修复其余违规，则在完成最大迭代次数之前停止。可使用 – max_detail_route_iterations 选项控制详细布线迭代的最大次数。

1. 支持 3 种时钟网络布线模式

（1）Balance：平衡布线模式，必须执行增量全局布线，它会在时钟树优化过程中重用集成时钟全局布线器留下的全局布线信息。

```
icc_shell > set_delay_calculation_options - routed_clock arnoldi    #延时计算模型
icc_shell > clock_opt - only_cts - no_clock_route
icc_shell > route_zrt_group - all_clock_nets \ - reuse_existing_global_route true
```

（2）Comb：梳状布线模式，在时钟网络布线之前，使用 set_route_zrt_common_options 命令将 – clock_topology 通用布线选项设置为梳状。启用梳状布线时，如果梳齿间的时钟引脚未直接连接到时钟带,则 Zroute 将报告 DRC 违规。

```
icc_shell > set_delay_calculation_options - routed_clock arnoldi
icc_shell > clock_opt - only_cts - no_clock_route
icc_shell > set_route_zrt_common_options - clock_topology comb
icc_shell > route_zrt_group - all_clock_nets
```

(3) Normal:普通布线模式,在时钟网络布线之前,使用 set_route_zrt_common_options 命令将 -clock_topology 通用布线选项设置为 normal。这是此选项的默认设置。

```
icc_shell > set_delay_calculation_options - routed_clock arnoldi
icc_shell > clock_opt - only_cts - no_clock_route
icc_shell > set_route_zrt_common_options - clock_topology normal
icc_shell > route_zrt_group - all_clock_nets
```

2. 时钟布线后优化

启用 Zroute 并在布线设计上运行 optimize_clock_tree 命令时,optimize_clock_tree 命令将使用 Zroute 执行 ECO 布线。

如果仅对时钟网络布线后优化,则运行以下命令:

```
icc_shell > optimize_clock_tree - routed_clock_stage detail \
- buffer_sizing - gate_sizing
```

如果同时对时钟网络、信号网络进行布线后优化,则运行以下命令:

```
icc_shell > optimize_clock_tree \
- routed_clock_stage detail_with_signal_routes \
- buffer_sizing - gate_sizing
```

9.6.5 信号布线

ICC 提供了 route_opt 命令,完成信号网络布线和优化工作。

```
route_opt
- effort low | medium | high
- stage global | track | detail
- power
- xtalk_reduction
- initial_route_only
- skip_initial_route
- incremental
- area_recovery
...
```

在信号网络布线之前,必须对所有时钟网络进行布线,且不得违反规则。

可以使用以下方法之一来对信号网络布线。

1. 使用基本命令执行独立的布线任务

执行全局布线，使用 route_zrt_global 命令。执行 track 分配，使用 route_zrt_track 命令。执行详细布线，使用 route_zrt_detail 命令。

当运行独立的布线命令（如 route_zrt_global 或 route_zrt_detail）时，Zroute 会在每个布线命令的开头读取设计数据库，并在每个命令的末尾更新数据库。布线器不检查输入数据。例如，如果跳过了 track 分配步骤，直接运行详细布线，则 Zroute 可能会生成错误的布线结果。

如果需要自定义布线流程，或者需要逐步进行大型设计，则可能要使用独立的布线命令，而不是 route_opt 命令或自动布线。

2. 使用自动布线命令

自动布线命令 route_zrt_auto basic 执行全局布线、track 分配和详细布线。

运行 route_zrt_auto basic 时，Zroute 会在开始布线之前读取设计数据库，并在完成所有布线步骤后更新数据库。如果在详细布线之前停止自动布线过程，Zroute 将在使用该命令重新启动布线时检查输入数据。

运行布线时，可使用 route_zrt_auto basic 命令来验证收敛、拥塞和设计规则的 QoR（结果质量）。

3. 使用 route_opt 命令

route_opt 命令执行全局布线、track 分配、详细布线和布线后优化。

9.6.6 布线后优化

ICC 支持以下两种类型的布线后优化。

（1）标准布线后优化：可以解决建立/保持时间和逻辑设计约束方面的违规问题，并可以选择执行漏电功耗、信号完整性等优化，使用 route_opt 命令。

（2）焦点优化：针对某一种违规类型，使用 focus_opt 命令。

默认情况下，route_opt 命令会依次执行信号网络布线、两次布线后优化和 ECO 布线。如果启用了信号完整性模式，则第一遍不执行降低串扰或信号完整性优化，在第二遍执行。如果已经进行了信号网络布线，则使用 -skip_initial_route 选项执行布线后优化。

route_opt 命令还提供增量的布线后优化功能，该功能仅执行一次布线后优化和 ECO 布线。如果启用了信号完整性模式，则该工具将执行降低串扰和信号完整性优化。要执行增量布线后优化，可在 route_opt 命令中使用 -incremental 选项。

布线后优化主要的优化策略如下。

1. 时钟、数据同步优化

默认情况下，route_opt 命令在布线后优化时仅优化数据路径。要同时优化时钟路径可使用 -concurrent_clock_and_data 或 -only_concurrent_clock_and_data 选项。当使用 -concurrent_clock_and_data 选项时，工具会优化数据路径以修复建立/保持时间和逻辑设计约束方面的违规。当使用 -only_concurrent_clock_and_data 选项时，工具仅优化数据路径以修复建立时间违规情况。还可以使用 set_concurrent_clock_and_data_strategy 命令来控制优化范围。

注意，只能将时钟、数据同步优化的选项与以下 route_opt 选项一起使用：-effort、-xtalk_reduction、-power 和 -incremental。

默认情况下，route_opt 命令在布线后优化期间使用中等（medium）优化程度。可以使用

— effort 选项更改优化程度。当选择高优化程度时，工具在优化过程中更具侵略性，并运行 3 个优化循环。

除了控制总体优化的程度，还可以控制特定优化的程度。

（1）更大程度地修复保持时间或 transition violations：

```
icc_shell> set_app_var routeopt_enable_aggressive_optimization true
```

（2）更大程度地修复时序裕度：

```
icc_shell> set_optimization_strategy -tns_effort high
```

（3）将时序裕度优化限制为仅尺寸优化：

```
icc_shell> set_app_var routeopt_restrict_tns_to_size_only true
```

（4）将所有优化限制为仅尺寸优化，可将 -size_only 选项与 route_opt 命令一起使用。

当使用 -size_only 选项时，通过 -effort 选项和以下设置来控制 sizing 的类型：low（可进行 footprint swapping）、medium（执行 in-place 的仅尺寸优化）、high（执行单元大小调整）。

（5）将布线后优化限制为 footprint-preservation 大小以增加弱驱动单元的驱动强度，routeopt_only_size_weak_drive_cells 变量设置为 true。

可以在增量布线后优化（route_opt -incremental）期间使用此技术，以生成更稳健的设计。

2. 修复保持时间违规

route_opt 命令可以修复那些 fix_hold 属性为 true 的时钟的保持时间违规。

要禁用保持时间修复，需从所有时钟中删除 fix_hold 属性：

```
icc_shell> remove_attribute [get_clocks *] fix_hold
```

要启用保持时间修复，需使用 set_fix_hold 命令在要执行保持时间修复的时钟上设置 fix_hold 属性。

例如，在 clk 时钟上启用保持时间修复：

```
icc_shell> set_fix_hold clk
```

在所有时钟上启用保持时间修复：

```
icc_shell> set_fix_hold [all_clocks]
```

可以使用 set_prefer 和 set_fix_hold_options 命令来指定在布线后优化期间用于保持时间修复的首选缓冲区。例如，以下命令指示工具在保持时间修复期间将 BUF1 和 BUF2 用作首选单元。单元格 BUF1 和 BUF2 也可用于解决建立时间和 DRC 违规。

```
icc_shell> set_prefer -min {BUF1 BUF2}
icc_shell> set_fix_hold_options -preferred_buffer
```

如果使用 set_dont_use 命令来设置 BUF1 和 BUF2 上的 dont_use 属性，脚本如下，则工具将使用单元格 BUF1 和 BUF2 来修复保持时间违规，但不修复建立时间和 DRC 违规。

```
icc_shell> set_dont_use {BUF1 BUF2}
icc_shell> set_prefer -min {BUF1 BUF2}
icc_shell> set_fix_hold_options -preferred_buffer
```

工具还提供了以下用于控制保持时间修复的变量：

```
routeopt_allow_min_buffer_with_size_only
```

默认情况下，工具无法在仅尺寸优化过程中插入缓冲器。将以下变量设置为 true，在运行 route_opt 命令并使用 -size_only 选项时，工具可以插入缓冲器以修复保持时间违规。

```
routeopt_enable_aggressive_optimization
```

以下变量可以更大程度上解决保持时间违规问题：

```
psyn_onroute_disable_hold_fix
```

该变量禁用保持时间修复，但保留具有 fix_hold 属性的时钟的最小时序。

在执行增量布线后优化时，可以通过将 -only_hold_time 和 route_opt -incremental 命令结合使用，将优化策略限制在修复保持时间违规上。

3. 漏电功耗优化

（1）对于多模式多端角设计，使用 set_scenario_options 命令选择漏电情况。

（2）通过将 set_route_opt_strategy 命令的 -power_aware_optimization 选项设置为 true 来启用功耗感知的布线后优化（可选）。

默认情况下，启用功耗感知的布线后优化功能时，漏电功耗的 cost 优先级低于保持时间和逻辑设计约束方面的违规的优先级。可以通过将以下变量设置为 true 来更改这些 cost 优先级：routeopt_leakage_over_setup、routeopt_leakage_over_hold 和 routeopt_leakage_over_drc。

（3）运行 route_opt 命令时，使用 -power 选项启用漏电功耗优化和修复。

4. 信号完整性优化

执行信号完整性优化，请按照"设置串扰减少选项"中的说明设置信号完整性选项，运行 route_opt 命令时使用 -xtalk_reduction 选项。

注意：不能在增量布线后优化过程中执行信号完整性优化。

5. 面积修复

执行面积修复，需在运行 route_opt 命令时使用 -area_recovery 选项。

在增量布线后优化过程中仅执行面积修复，将 -only_area_recovery 选项与 route_opt -incremental 命令一起使用。

6. 寄存期间优化

将布线后优化限制为寄存器到寄存器优化，需使用 -register_to_register 选项和 route_opt -incremental 选项。

注意：只能在增量布线后优化或焦点优化期间执行寄存期间的优化。默认情况下，寄存器到寄存器的优化可修复建立/保持时间和逻辑设计约束方面的违规。要将优化限制于特定的违规类型，除了 -incremental 和 -register_to_register 选项，还可以使用 -size_only、-only_hold_time 或 -only_design_rule 选项。

7. 高电阻优化

在多节点设计中，连线延时主要由增加的线网电阻和过孔电阻决定。高电阻优化通过针对负载相关的延时实现优化技术，来减少翻转时间和线网延时。对于这些类型的设计，高电阻优化可改善建立时间 QoR，并减小面积，同时对保持时间 QoR 的影响最小。

启用高电阻优化，需在运行 route_opt 命令之前将 set_optimization_strategy 命令的 -high_resistance

选项设置为 true。

启用高电阻优化后，timing-driven 布线会在插入过孔时考虑并降低导线电阻，同时保持可布线性。

8. 控制优化报告

route_opt 命令在优化阶段之前、之中和之后提供有关优化的信息。

（1）在优化开始之前，route_opt 命令会生成 QoR 报告。

（2）优化期间，route_opt 命令输出有关优化过程的信息。要获取有关优化过程的更多信息，可通过设置 routeopt_verbose 变量来启用详细报告。

（3）优化完成后，route_opt 命令将生成 QoR 报告。如果不需要布线后优化生成的 QoR 报告，可以通过将 routeopt_skip_report_qor 变量设置为 true 来减少运行时间。

9.6.7 布线完成

1. ECO 布线

在设计中修改网络时，都需要运行 ECO（Engineering Change Order，工程变更指令）布线以重新布线。运行 ECO 布线使用 route_zrt_eco 命令（或在 GUI 中单击 Route→ECO Route）。route_zrt_eco 命令顺序执行全局布线、track 分配、详细布线。Zroute 可以在 ECO 布线过程中为冗余过孔保留空间。

route_zrt_eco 命令默认内容如下。

（1）考虑布线过程中的时序和串扰，这意味着工具会在执行布线之前提取并更新时序。

提取和更新时序可能很耗时，可能对设计不是必需的。为防止提取和更新时序，可用以下命令禁用时序驱动和串扰驱动模式：

```
icc_shell > set_route_zrt_global_options \
-crosstalk_driven false -timing_driven false
icc_shell > set_route_zrt_track_options \
-crosstalk_driven false -timing_driven false
icc_shell > set_route_zrt_detail_options -timing_driven false
```

（2）适用于设计中的所有开放网络。若仅在特定网络上执行 ECO 布线，请使用 -nets 选项指定网络。

（3）忽略现有的全局布线。要遵循现有的全局布线并执行增量全局布线，可将 -reuse_existing_global_route 选项设置为 true。

（4）通过使用悬空线重用而不是重新详细布线来缓解拥塞。要禁用悬空线的重用，可将 -utilize_dangling_wires 选项设置为 false。

（5）最多执行 40 次详细布线路线迭代。要更改详细布线迭代的最大次数，请使用 -max_detail_route_iterations 选项。

（6）通过重新布线（无论是否修改），修复整个设计中严重违反 DRC 的行为。

① 要仅在开放网络附近修复 DRC 违规，可将 -open_net_driven 选项设置为 true。

注意：当使用 -nets 选项在特定网络上执行 ECO 布线时，Zroute 仅在指定网络的边界框中修复 DRC 违规。在这种情况下，Zroute 会忽略 -open_net_driven 选项的设置。

② 要更改 ECO 布线器执行重新布线的范围，可使用 -reroute 选项；要将重新布线限制为修

改线网，可将此选项设置为 modified_nets_only；要先尝试通过重新布线已修改的网络来修复 DRC 违规，然后在必要时重新布线其他网络，可将此选项设置为 modified_nets_first_then_others。

③ 要在最终详细布线迭代之后启用对软 DRC 违规的修复，可使用以下命令：

```
icc_shell > set_route_zrt_common_options \
-post_eco_route_fix_soft_violations true
```

Zroute 在每个详细布线迭代的末尾生成 DRC 违规报告。在报告最终 DRC 违规之前，Zroute 会合并冗余违规。

Zroute 会报告在 ECO 布线过程中更改的网络，默认情况下报告前 100 个更改的网络。可以使用 –max_reported_nets 选项在报告的网络上设置其他限制。要报告所有更改的网络，可将 –max_reported_nets 选项设置为 –1。

2. 清理布线网络

布线完成后，可以通过运行 remove_zrt_redundant_shapes 命令（或在 GUI 中单击 Route→Remove Redundant）来清理布线网络。

```
icc_shell > remove_zrt_redundant_shapes
```

默认情况下，此命令读取存储在设计的 CEL 视图中的 DRC 信息，然后根据该信息从设计中的所有网络中删除悬空和浮动的网络。运行 verify_zrt_route 命令获取 DRC 信息而不是使用 CEL 视图中存储的信息，可使用 –initial_drc_from_input false 选项。

限制删除行为：

（1）使用 –nets 指定网络；
（2）使用 –layers 指定层；
（3）使用 –route_types 指定布线类型。

删除悬空的网络时，工具不会更改拓扑或连接，也不对开放式网络或违反 DRC 的网络进行任何更改。

可以使用 –remove_dangling_shapes false 禁用对悬空网络的删除。可以使用 –remove_floating_shapes false 禁用对浮动网络的删除。

除了删除悬空和浮动的网络，此命令还可以删除指定网络中的环路。删除环路使用 –remove_loop_shapes true。

默认情况下，remove_zrt_redundant_shapes 不会报告所做的更改。报告更改使用 –report_changed_nets true。

例如，要从名为 my_net 的网络中删除悬空的网络、浮动的网络和网络内循环，使用以下命令：

```
icc_shell > remove_zrt_redundant_shapes -nets my_net \
-remove_loop_shapes true
```

3. 保存布线信息

使用 write_route 命令保存布线信息。此命令生成一个脚本文件，该脚本文件包含 TCL 命令以生成当前布线。必须使用 –output 指定生成文件的名称。

```
icc_shell > write_route -output my_route.tcl
```

默认情况下，write_route 命令在生成的 TCL 文件中包含以下信息。

（1）设计中所有网络的布线信息。可以使用 – nets 仅输出特定网络的布线，或使用 – objects 来输出特定线网和过孔的布线。

（2）布线指南。不想保存布线指南信息，可使用 – skip_route_guide 选项。

默认情况下，金属填充信息不会写入生成的文件。要保存金属填充信息，可使用 – output_metal_fill 选项。

9.7　芯片生成和 DFM

ICC 提供了芯片生成（chip finishing）和面向制造的设计（Design For Manufacturing, DFM）功能，可以在设计流程的各个阶段中应用，以解决芯片制造过程中遇到的工艺设计问题。

芯片生成流程如图 9-90 所示。

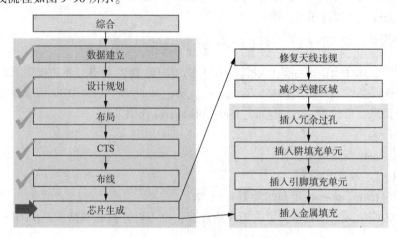

图 9-90　芯片生成流程

9.7.1　插入 tap 单元

tap 单元是具有阱 tie 和衬底 tie 的特殊非逻辑单元。当库中的大多数或所有标准单元不包含阱 tie 和衬底 tie 时，通常使用 tap 单元。

通常，设计规则规定了标准单元中每个晶体管与阱 tie 和衬底 tie 之间允许的最大距离。

可以在布局之前或之后的设计中插入 tap 单元。

（1）在布局前插入 tap 单元，以确保布局符合最大的 diffusion – to – tap 距离限制。

（2）在布局后插入 tap 单元，以解决最大的 diffusion – to – tap 违规问题。

1. 添加 tap 单元阵列

在全局布局之前（在布局规划阶段），可以将 tap 单元添加到设计中，形成二维阵列结构，以确保随后放置的所有标准单元都符合最大的 diffusion – to – tap 距离限制。

根据特定设计规则距离限制来指定 tap 距离和偏移量。运行命令后，应在生成的图形上检查以确保所有标准单元可放置区域均受到 tap 单元的保护。

添加 tap 单元阵列可使用 add_tap_cell_array 命令（或在 GUI 中单击 Finishing→Add Tap Cell Array）。例如：

```
icc_shell > add_tap_cell_array -master_cell_name Cell1 -distance 30 \
            -pattern normal -voltage_area [get_voltage_areas "V* "] \
-no_tap_cell_under_layers {M1 M2}
```

必须使用 – master_cell_name 指定 tap 单元插入的参考单元的名称，并使用 – distance 指定 tap 单元之间所需的距离（以 μm 为单位）。指定的距离大约是设计规则中指定的最大 diffusion – to – tap 的两倍。使用 – voltage_area 可将 tap 插入限制在特定的电压区域。使用 – pattern 指定插入模式：normal（默认）、every_other_row 或 stagger_every_other_row。normal 根据指定的距离限制将 tap 单元添加到每行；every_other_row 仅在奇数行中添加 tap 单元，将添加的 tap 单元减少了一半；stagger_every_other_row 会在每行中添加 tap 单元，偶数行中的 tap 单元相对于奇数行偏移 – offset 设置的一半，从而产生类似于棋盘的图案。

最小 tap 距离是 – distance 指定值的一半。默认情况下，如果在与设计边界、硬宏单元或布线 blockage 相邻的每一行边缘的 distance 距离内不存在 tap 单元，则工具会插入一个附加的 tap 单元。

图 9-91 所示为使用常规插入模式设计的默认 tap 单元布局。请注意，额外的 tap 单元会添加到宏单元的右侧，以确保在距宏单元的边缘最小 tap 距离内存在一个 tap 单元。

可以使用以下选项控制与设计边界、硬宏单元或布线 blockage 相邻的 tap 单元的插入：

```
- left_boundary_extra_tap
- right_boundary_extra_tap
- left_macro_blockage_extra_tap
- right_macro_blockage_extra_tap
```

（1）在需要时插入 tap 单元，指定 by_rule，这是默认设置。
（2）始终插入 tap 单元，即使该距离内已经存在一个 tap 单元，指定 must_insert。
（3）永不插入 tap 单元，指定 no_insert。

图 9-92 所示的宏单元的左侧需要 tap 单元，在运行 add_tap_cell_array 命令时使用 – left_boundary_extra_tap must_insert 选项，图中显示了由此产生的 tap 单元布局。

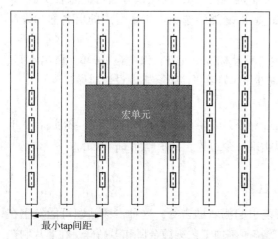

图 9-91 默认的 tap 单元布局

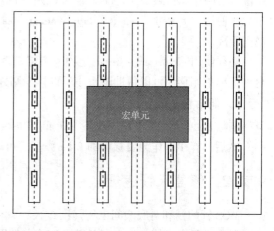

图 9-92 插入 tap 单元之后的布局

当指定 must_insert 时，工具可能会插入比要求更多的 tap 单元。要删除任何多余的 tap 单元，可使用 – remove_redundant_tap_cells。此选项将删除所有冗余 tap 单元，无论它们是通过同一命令插入的还是在设计过程的早期插入的。

对于28nm或更小工艺的设计，foundry spacing rules 不需要给 one-unit-tile 填充 filler。但是，默认情况下，add_tap_cell_array 命令可能将 tap 单元放置在可能出现 one-unit-tile gap 的位置。为防止 tap 单元与固定单元、宏单元、blockage 或芯片边界发生 one-unit-tile 冲突，需要设置-no_1x。设置此选项时，该命令将 tap 单元移动到下一个合法位置，以避免产生一个 one-unit-tile gap。

2. 修复 tap 间距违规

可以添加分接单元，以符合 diffusion-to-substrate 的最大间距设计规则。在全局布局之后，可以"按规则"插入 tap 单元，使所有现有的标准单元都符合最大的 diffusion-to-tap 距离限制，使用的命令为 insert_tap_cells_by_rules（或在 GUI 中单击 Finishing→Insert Tap Cells By Rules）。

例如，要将一个名为 MY_TOP 的 tap 单元插入布局的设计中，以满足从标准单元到 tap 单元的距离不超过 30μm 的条件，并且不能将 tap 单元插入第一层金属，使用以下命令：

```
icc_shell> insert_tap_cells_by_rules -tap_master "MY_TAP" \
-tap_cell_insertion -tap_distance_based -move \
-tap_distance_limit 30.0 \
-no_tap_cells_under_metal_layer {metal1}
```

必须使用-tap_master 指定 tap 单元的名称，使用-drc_spacing_check 或-tap_cell_insertion 指定是仅执行 DRC 的 tap 距离检查还是通过插入 tap 单元格来执行检查和修复违规，使用-tap_distance_based 或-drc_spacing_based 来指定计算标准单元格与 tap 单元格之间的距离的方法。使用-tap_distance_based 选项时，工具将进行从标准单元到 tap 的简单测量，而不管单元中的实际金属层和接触层如何。当标准单元或 tap 单元的实际布局在单元库中不可用时，必须使用-tap_distance_limit 指定 tap 距离限制。

使用-drc_spacing_based 时，工具将使用标准单元和 tap 单元的实际布局，并考虑单元中的扩散层、阱层和接触层。由于工具可识别标准单元中的现有 tap，因此该方法可插入较少的 tap 单元。使用-n_well_layer 和-tap_spacing_design_rule 之类的选项可指定适用的层名称和设计规则距离。

必须使用-move 或-freeze 选项来指定是否允许移动标准单元格，以便为 tap 单元腾出空间。允许标准单元移动可以帮助防止违反设计规则并减少 tap 的数量，但会影响设计时序。

3. 删除 tap 单元

删除 tap 单元，可使用 remove_stdcell_filler-tap 命令，或在 GUI 中单击 Finishing→Remove Fillers，然后选择 Tap 作为要移除的 filler 类型。可以指定一个边界，从中删除 tap 单元。

9.7.2 修复天线违规

MOS 管的栅和衬底之间电场强度过大，就可能引起栅氧的击穿，这种击穿问题可能发生在工艺制造过程中，例如，在深亚微米工艺中常用等离子刻蚀工艺刻蚀金属和多晶硅。在芯片制造工艺中暴露的金属线或者多晶硅等导体，像一根根天线，会收集电荷，导致与其相连的栅电位升高，最终强电场击穿栅氧。这种现象称为天线效应。

裸露的导体收集电荷的多少与其暴露在等离子束下的导体面积成正比，解决天线效应问题，常用以下两种方法。

1. 跳线法

一条金属线过长，就可能产生天线效应。跳线法断开这条线，使其通过过孔连接到上层金属，再从上层金属通过过孔连下来；也可以向下跳线。不同层金属不是同时形成的，故而消除了天线效应，如图 9-93 所示。

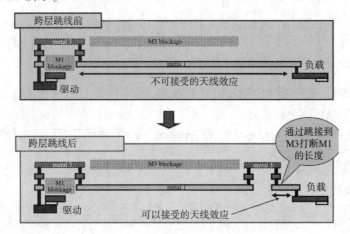

图 9-93　跳线法

2. 添加反偏二极管

如图 9-94 所示，给天线添加一个反偏二极管，反偏二极管的阻抗小于栅氧绝缘层阻抗，反偏二极管会泄漏天线上的电荷，使天线不足以收集到能够击穿栅氧的电荷。（不能添加正偏二极管，因为它会把金属线电位拉到接近衬底电位。）

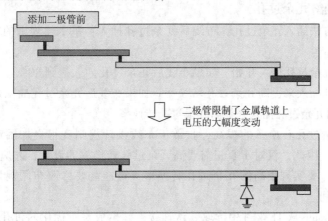

图 9-94　添加反偏二极管

9.7.3　插入冗余过孔

Foundry 流片有良品率问题，如果两条不同层金属只通过一个过孔相连，那么这个过孔一旦制造失败，就会导致层间互连失败。可以通过增加过孔的数量（插入冗余过孔）来解决这个问题。由于过孔的电阻率大于金属线，增加并联的过孔可以减小电阻、减小延时、改善时序。插入冗余过孔是一项重要的 DFM 功能，Zroute 在整个布线流程中均支持该功能。在每个布线阶段，Zroute 都会同时优化过孔数量和线长。插入冗余过孔的结果由冗余过孔转换率衡量，该转换率定义为单个过孔转换为冗余过孔的百分比。应注意未优化的单个过孔的数量。设计中的未优化单个过孔越少,对于DFM越好。

1. 插入时钟网络冗余过孔

时钟布线期间在时钟网络上插入冗余过孔方法如下。

(1) 使用define_routing_rule命令的-via_cuts在非默认布线规则中指定冗余过孔。

```
icc_shell > define_routing_rule clock_via_rule \
-via_cuts {{V12 2x1 R} {V12 2x1 NR} {V12 1x2 R} {V12 1x2 NR}
{V23 2x1 R} {V23 2x1 NR} {V23 1x2 R} {V23 1x2 NR}}
```

选择冗余过孔时,请确保同时考虑DFM和布线。如果仅基于DFM考虑选择冗余过孔,则可能会对可布线性产生负面影响。

(2) 使用set_clock_tree_options命令的-routing_rule将非默认布线规则分配给时钟网络。

```
icc_shell > set_clock_tree_options -routing_rule clock_via_rule
```

(3) 运行时钟树综合。

```
icc_shell > clock_opt -only_cts -no_clock_route
```

(4) 布线时钟网络。

```
icc_shell > route_zrt_group -all_clock_nets \
-reuse_existing_global_route true
```

Zroute在全局布线期间为冗余过孔保留空间,并在详细布线期间插入冗余过孔。

2. 插入信号网络冗余过孔

可以通过以下方法插入冗余过孔:布线后冗余过孔插入;基于软规则的冗余过孔插入;近100%的冗余过孔插入。

一般布线后,冗余过孔插入开始。如果布线后冗余过孔插入达到80%以上,则可以尝试基于软规则的冗余过孔插入来提高冗余过孔转换率。如果布线后冗余过孔插入达到90%以上,则可以尝试近100%的冗余过孔插入来提高冗余过孔转换率。

注意:随着冗余过孔转换率的提高,收敛于布线设计规则变得更加困难,并且可能会出现信号完整性下降。因此,仅对于真正需要高冗余过孔转换率的设计,才应使用近100%的冗余过孔插入。此外,要实现很高的冗余过孔转换率,可能需要修改布图规划利用率,为冗余过孔提供足够的空间。

默认情况下,Zroute从TF文件中读取默认连接,并生成一个优化的过孔映射表。在大多数情况下,如果使用自定义映射表而不是默认映射表,则可获得更好的结果。

查看与设计关联的过孔映射表,请使用insert_zrt_redundant_vias-list_only命令(或在GUI中单击Route→Insert Redundant Vias,然后选择List redundant via mappings)。如果已为设计自定义了映射表,则此命令将显示自定义的映射表;否则,将显示默认的过孔映射表,如图9-95所示。

自定义映射表使用define_zrt_redundant_vias命令(或在GUI中单击Route→Define Redundant Vias)。运行define_zrt_redundant_vias命令时,所有现有映射都会被覆盖,仅保存最新的映射。define_zrt_redundant_vias命令的语法为

```
icc_shell> insert_zrt_redundant_vias -list_only
...
#
# The currently defined command
define_zrt_redundant_vias \
 -from_via    { VIA12A VIA12B VIA23 VIA34 VIA45 VIA56 } \
 -to_via      { VIA12A VIA12B VIA23 VIA34 VIA45 VIA56 } \
 -to_via_x_size   { 2 2 2 2 2 2 } \
 -to_via_y_size   { 1 1 1 1 1 1 } \
 -to_via_weights  { 1 1 1 1 1 1 } \
#
# The define command with all possible mappings (not recommended)
#define_zrt_redundant_vias \
# -from_via    { VIA12A VIA12A VIA12B VIA12B VIA23 VIA34 VIA45 VIA56 \
#      VIA12f VIA23f VIA34f VIA45f VIA56f } \
# -to_via      { VIA12A VIA12A VIA12B VIA12B VIA23 VIA34 VIA45 VIA56 \
#      VIA12f VIA23f VIA34f VIA45f VIA56f } \
# -to_via_x_size   { 2 2 2 2 2 2 2 2 \
#      2 2 2 2 } \
# -to_via_y_size   { 1 1 1 1 1 1 1 1 \
#      1 1 1 1 } \
# -to_via_weights  { 1 1 1 1 1 1 1 1 \
#      1 1 1 1 } \
```

图 9-95 默认的过孔映射表

```
define_zrt_redundant_vias
[-from_via {list_of_from_vias}]
[-from_via_x_size {list_of_number_of_contacts}]
[-from_via_y_size {list_of_number_of_contacts}]
[-from_via_array_mode off|swap|rotate|all]
[-to_via {list_of_to_vias}]
[-to_via_x_size {list_of_number_of_contacts}]
[-to_via_y_size {list_of_number_of_contacts}]
[-to_via_weights {list_of_weights}]
```

图 9-96 显示了一个使用 define_ zrt_ redundant_ vias 命令自定义过孔映射表的示例。请注意,权重必须是 1~10 的整数,其中 1 是最低权重,10 是最高权重。具有较高权重的过孔映射优于较低权重的过孔映射。

```
icc_shell> define_zrt_redundant_vias \
  -from_via    { VIA12 VIA12 VIA23 VIA23 VIA34 VIA34 VIA45 VIA56S \
         VIA6STG VIATGAL VIA12E VIA12E VIA23E VIA23E VIA34E \
         VIA34E VIA45E VIA56SE VIA12T VIA12T VIA23T VIA23T \
         VIA34T VIA34T } \
  -to_via      { VIA12T VIA12 VIA23T VIA23 VIA34T VIA34 VIA45 VIA56S \
         VIA6STG VIATGAL VIA12T VIA12 VIA23T VIA23 VIA34T \
         VIA34 VIA45 VIA56S VIA12T VIA12 VIA23T VIA23 \
         VIA34T VIA34 } \
  -to_via_x_size   { 2 2 2 2 2 2 2 2 \
         2 2 2 2 2 2 2 \
         2 2 2 2 2 2 2 \
         2 2 } \
  -to_via_y_size   { 1 1 1 1 1 1 1 1 \
         1 1 1 1 1 1 1 \
         1 1 1 1 1 1 1 \
         1 1 } \
  -to_via_weights  { 5 1 5 1 5 1 1 1 \
         1 1 1 1 1 1 1 \
         1 1 1 1 1 1 1 \
         1 1 }
```

图 9-96 自定义过孔映射表

(1) 布线后冗余过孔插入

执行布线后冗余过孔插入,使用 insert_ zrt_ redundant_ vias 命令(或在 GUI 中单击 Route→Insert Redundant Vias)。

默认情况下，insert_zrt_redundant_vias 命令在所有网络上插入冗余过孔。要仅在特定网络上插入冗余过孔，可使用 – nets 指定网络，进一步提高优化的过孔率，而不会引起大规模的布线和时序变化。

检查并插入冗余过孔后，详细布线器会重新检查是否存在 DRC 违规，并运行迭代以更正任何违规。通过使用 set_route_zrt_detail_options 命令设置 – max_number_iterations 详细布线选项，可以指定详细布线的迭代次数。

如果冗余过孔转换率不够高，可以使用 – effort 通过移动过孔为更多过孔留出空间，将优化程度提高到较高水平，从而将冗余过孔转换率提高 3%～5%。但是，由于使用 – effort 设置的冗余过孔插入会更多地移动过孔，因此在 45nm 及以下工艺上可能会对光刻不友好。在这种情况下，应该使用基于软规则的冗余过孔插入来提高冗余过孔转换率。

（2）基于软规则的冗余过孔插入

基于软规则的冗余过孔插入可以通过在布线过程中为冗余过孔保留空间来提高冗余过孔转换率。实际的过孔插入未在布线过程中完成，依然必须使用 insert_zrt_redundant_vias 命令执行布线后冗余过孔插入。

注意：布线期间保留空间会增加布线运行时间。仅在需要将冗余过孔转换率提高到超出布线后冗余过孔插入所提供的冗余过孔转换率（>80%）时，才使用此方法。

① 在初始布线期间基于软规则的冗余过孔插入使用命令：

```
icc_shell > set_route_zrt_common_options \
-concurrent_redundant_via_mode reserve_space
```

通过 set_route_zrt_common_options 命令设置 – concurrent_redundant_via_effort_level，可以控制在初始布线期间为冗余过孔保留空间的工作量。默认情况下，Zroute 使用 low，较高的优化程度会有更好的冗余过孔转换率，但会增加运行时间。low 和 medium 仅影响全局布线和时序分析，而 – effort 也影响详细布线，可能影响设计规则收敛。

② 在 ECO 布线期间基于软规则的冗余过孔插入使用命令：

```
icc_shell > set_route_zrt_common_options \
-eco_route_concurrent_redundant_via_mode reserve_space
```

通过使用 set_route_zrt_common_options 命令来设置 – eco_route_concurrent_redundant_via_effort_level，可以控制在 ECO 布线期间为冗余过孔保留空间的优化程度。

（3）近 100% 的冗余过孔插入

对于拥挤的设计，此方法可能导致运行时间大大增加。仅在需要将冗余过孔转换率提高到超出基于软规则的冗余过孔插入所提供的冗余过孔转换率（>90%）时，才使用此方法。

```
icc_shell > set_route_zrt_common_options \
-concurrent_redundant_via_mode insert_at_high_cost
```

通过使用 set_route_zrt_common_options 命令设置 – concurrent_redundant_via_effort_level 来控制为冗余过孔保留空间的优化程度。

3. 冗余过孔报告

在插入冗余过孔后，Zroute 会生成一个冗余过孔报告，如图 9-97 所示。该报告提供以下信息。

(1) 非默认过孔转换率。
(2) 每层的冗余过孔转换率。
(3) 每层按权重分配优化过孔的分布。(要确定超过一定权重的冗余过孔转换率。例如,在图 9-97 中,层 V03 的权重 5 和更高的冗余过孔转换率是 10.75% + 64.50% = 75.25%。)
(4) 设计的双过孔率。

```
Total optimized via conversion rate = 96.94% (1401030 / 1445268 vias)
Layer V01           = 41.89% (490617 / 1171301 vias)
    Weight 10       =  9.64% (112869   vias)
    Weight 5        = 32.25% (377689   vias)
    Weight 1        =  0.01% (59       vias)
    Un-optimized    = 58.11% (680684   vias)
Layer V02           = 76.20% (1567822/ 2057614 vias)
    Weight 10       = 43.51% (895270   vias)
    Weight 5        = 28.62% (588805   vias)
    Weight 1        =  4.07% (83747    vias)
    Un-optimized    = 23.80% (489792   vias)
Layer V03           = 81.87% (687115 / 839297 vias)
    Weight 10       = 64.50% (541369   vias)
    Weight 5        = 10.75% (90224    vias)
    Weight 1        =  6.62% (55522    vias)
    Un-optimized    = 18.13% (152182   vias)
Layer V04           = 81.60% (226833 / 277977 vias)
    Weight 10       = 81.45% (226418   vias)
    Weight 1        =  0.15% (415      vias)
    Un-optimized    = 18.40% (51144    vias)
...
Layer V09           = 85.47% (1329   / 1555   vias)
    Weight 10       = 85.47% (1329     vias)
    Un-optimized    = 14.53% (226      vias)

Total double via conversion rate    = 46.69% (2158006 / 4622189 vias)
```

图 9-97 冗余过孔报告

也可以使用 report_design – physical 命令来报告重复率,此命令报告每层的双过孔率,但不提供任何加权信息。

9.7.4 减少关键区域

随机微粒缺陷(random particle defect)如图 9-98 所示。两条过于接近的金属线,如果有导电微粒在制造过程中落入二者之间,可能导致短路问题,解决办法是加大线间距(spreading)。一条过于窄的金属线如果在制造过程中落入不导电微粒,会导致断路问题,解决办法是增加线宽(widening)。随机微粒缺陷解决方法如图 9-99 所示。

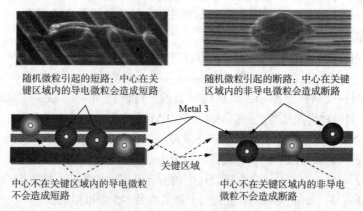

图 9-98 随机微粒缺陷

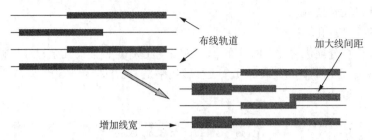

图 9-99　随机微粒缺陷解决方法

布线完成后，使用 report_critical_area 命令报告关键区域（或在 GUI 中单击 Finishing→Report Critical Area Map），可以看到容易受随机微粒缺陷影响的布局关键区域。关键区域分析报告的结果输出到 output_heatmap 文本文件，可以通过显示关键区域热图以图形方式查看结果。要显示当前设计的关键区域图，指定要显示的缺陷类型，可以单击 Finishing→Short Critical Area Map 或 Finishing→Open Critical Area Map。

1. 加大线间距

在执行详细布线和冗余过孔插入之后，可以增加导线平均间距，以减少关键区域的短路故障。使用的命令是 spread_zrt_wires（或在 GUI 中单击 Finishing→Route Spread Wires）。

默认情况下，spread_zrt_wires 命令沿首选方向将同一层上的信号线间距加大 $\frac{1}{2}$，可以使用 -pitch 更改距离。如图 9-100 所示，默认情况下，最小 jog （手动进给）长度是层 pitch（间距）的两倍，而最

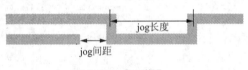

图 9-100　jog 说明

小 jog 间距是层间最小间距加上 pitch 的一半。可以使用 -min_jog_length 选项修改最小 jog 长度。可以将最小 jog 长度指定为 jog 长度与 pitch 的比率。可以使用 -min_jog_spacing_by_layer_name 选项来修改最小 jog 间距。可以为每层指定最小 jog 间距（以 μm 为单位）。

在以下示例中，最小 jog 长度设置为层 pitch 的 3 倍，第 1 层金属的最小 jog 间距设置为 0.07μm，第 2 层金属的最小 jog 间距设置为 0.08μm。所有其他金属层均使用默认的最小 jog 间距。

```
icc_shell> spread_zrt_wires -min_jog_length 3 \
    -min_jog_spacing_by_layer_name {{metal1 0.07} {metal2 0.08}}
```

执行后，spread_zrt_wires 命令执行详细布线迭代，以修复任何 DRC 违规。

2. 增加线宽

在执行详细布线和冗余过孔插入之后，可以增加线宽，以减少关键区域的断路故障。使用的命令是 widen_zrt_wires（或在 GUI 中单击 Finishing→Route Widen Wires）。

当增加线宽时，线间距会减小，造成短路影响。可以使用 -spreading_widening_relative_weight 控制增大线间距和增加线宽之间的平衡。默认情况下，增大线间距和增加线宽具有相同的优先级。要优先增加线宽、减少关键区域断路故障的，将此选项设置为 0.0～0.5。要优先增大线间距、减少关键区域短路故障的，将此选项设置为 0.5～1.0。

默认情况下，widen_zrt_wires 命令将设计中的所有线宽增加到其原始宽度的 1.5 倍。也可以使用 -widen_widths_by_layer_name 来定义用于每层的最多 5 种可能的线宽。

例如，为第 1 层金属定义可能的线宽为 0.07μm 和 0.06μm，第 2 层金属的线宽为 0.08μm 和 0.07μm，并为所有其他层线宽的 1.5 倍：

```
icc_shell > widen_zrt_wires \
-widen_widths_by_layer_name {{metal1 0.07 0.06} {metal2 0.08 0.07}}
```

执行后,widen_zrt_wires 命令进行详细布线迭代,以修复任何 DRC 违规。

9.7.5 插入 filler 单元

filler 单元填补了设计中的空白,以确保所有电源网络都已连接并且满足间距要求。

(1) 布线之前,可以完成以下操作。

① 插入标准单元 filler:icc_shell > insert_stdcell_filler。

② 插入 end cap:icc_shell > add_end_cap。

(2) 布线之后,可以完成以下操作。

① 插入 well filler:icc_shell > insert_well_filler。

② 插入 pad filler:icc_shell > insert_pad_fille。

9.7.6 插入金属填充

金属过度刻蚀(metal over-etching):金属线是通过刻蚀工艺形成的,稀疏的金属线比紧密的金属线更容易被过度刻蚀,所以工艺对最小金属密度有要求,如图 9-101 所示。

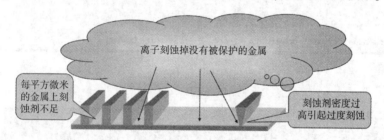

图 9-101 金属过度刻蚀

解决方法:金属填充(metal-fill),即用金属填充空白区域。

布线后,可以用金属填充设计中的空白区域,如图 9-102 所示,以满足大多数制造工艺所需的金属密度规则。在插入金属填充之前,设计应该满足时序要求,并且只允许很少甚至没有 DRC 违规。

图 9-102 金属填充示意图

通过运行 signoff_metal_fill 命令(或在 GUI 中单击 Finishing→Signoff Metal Fill)来插入金属填充。插入金属填充后,可以在 GUI 的布局视图中显示添加的金属填充;还可以使用真实的金属填充物进行时序分析的提取(使用 set_extraction_options -real_metalfill_extraction floating)。

总结示例如图 9-103 所示。

```
spread_zrt_wires ...
widen_zrt_wires ...

set_route_zrt_detail_options -diode_libcell_names {adiode1 adiode2} \
    -insert_diodes_during_routing true
route_zrt_detail -incremental true

insert_stdcell_filler -cell_with_metal "fillCap64 fillCap32" \
    -connect_to_power VDD -connect_to_ground VSS
insert_stdcell_filler -cell_without_metal "fill64 fill32" \
    -connect_to_power VDD -connect_to_ground VSS

route_opt -incremental -size_only

define_zrt_redundant_vias ...
insert_zrt_redundant_vias -effort medium

set_route_zrt_global_options -timing_driven false -crosstalk_driven false
set_route_zrt_track_options -timing_driven false -crosstalk_driven false
set_route_zrt_detail_options -timing_driven false

route_zrt_eco
insert_metal_filler -routing_space 2 -timing_driven
```

图 9-103　总结示例

9.8　ICC 输出文件

以上步骤完成之后，可以生成 ICC 输出文件，如图 9-104 所示。

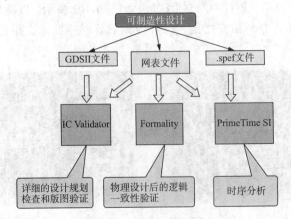

图 9-104　生成 ICC 输出文件

1．.spef 或 .sbpf 文件

提供给 PrimeTime 做静态时序分析的 .spef 或 .sbpf 文件，例如：

```
write_parasitics
 -output <file_name>
 -format <SPEF |SBPF>
 -compress
 -no_name_mapping
```

2. 网表文件

提供给 Formality 做形式化验证的 .v 文件，例如：

```
change_names -hierarchy -rules verilog
write_verilog -no_corner_pad_cells … final.v
```

3. GDSII 文件

提供给物理验证工具的 GDSII 文件，例如：

```
set_write_stream_options …
write_stream -cells DFM_clean orca.gdsii
```

习题 9

1. 物理设计的流程分几个阶段？口述并做简单说明。
2. 建立布图规划 create_fp_placement 前需要设置布图策略，写出命令及常用参数。
3. （布局部分）place_opt 命令的 4 个可选控制项分别是什么？对应什么功能？
4. （时钟树综合部分）remove_ideal_network – all 命令会给时钟树综合带来什么影响？clock_opt – only_cts – no_clock_route 命令的作用是什么？
5. （布线部分）rout_zrt_ 有几种命令？分别对应什么功能？
6. （布线部分）什么是天线效应？在布线阶段如何进行修复？
7. （完成部分）芯片完成阶段的设计需要满足金属填充的设计规则，主要是为了解决什么问题？

参考文献

[1] TAYLOR D. 循序渐进 UNIX 教程[M]. 戴兴邦,邓英材,译. 3 版. 北京:人民邮电出版社,2002.

[2] 王俊伟,吴俊海. Linux 标准教程[M]. 北京:清华大学出版社,2006.

[3] 丰士昌. 最新 Linux 命令查询辞典[M]. 北京:中国铁道出版社,2008.

[4] 施威铭研究室. Linux 命令详解词典[M]. 北京:机械工业出版社,2008.

[5] 薛宏熙,边计年,苏明. 数字系统设计自动化[M]. 北京:清华大学出版社,1996.

[6] 牛风举,刘元成,朱明程. 基于 IP 复用的数字 IC 设计技术[M]. 北京:电子工业出版社,2003.

[7] LEE W F. VHDL——代码编写和基于 SYNOPSYS 工具的逻辑综合[M]. 孙海平,译. 北京:清华大学出版社,2007.

[8] RABAEY J M, CHANDRAKASAN A, NIKOLIC B. 数字集成电路——电路、系统与设计[M]. 周润德,译. 2 版. 北京:电子工业出版社,2004.

[9] 张兴,黄如,刘晓彦. 微电子学概论[M]. 2 版. 北京:北京大学出版社,2005.

[10] 唐杉,徐强,王莉薇. 数字 IC 设计——方法、技巧与实践[M]. 北京:机械工业出版社,2006.

[11] 于宗光,邵锦荣,何晓娃. ASIC 单元库建库方法的研究[J]. 石家庄:半导体情报,2000,37(4):1-4,13.

[12] BHATNAGAR H. 高级 ASIC 芯片综合[M]. 张文俊,译. 北京:清华大学出版社,2007.

[13] 罗静,陶建中. 0.5μm CMOS 标准单元库建库流程技术研究[J]. 无锡:电子与封装,2006,33(1):23-27.

[14] PETERSEN R. Linux 参考大全[M]. 希望图书创作室,译. 2 版. 北京:北京希望电子出版社,1999.

[15] 梁如军,丛日权,周涛. CentOS 5 系统管理[M]. 北京:电子工业出版社,2008.

[16] 李光顺. VLSI 的高层次综合方法研究[D]. 哈尔滨:哈尔滨工程大学,2008.

[17] 夏宇闻,韩彬. Verilog 数字系统设计教程[M]. 4 版. 北京:北京航空航天大学出版社,2017.

[18] PALNITKAR S. Verilog HDL: A Guide to Digital Design and Synthesis[M]. 2nd ed. Upper Saddle River: Prentice Hall Press,2003.

[19] SPEAR C. SystemVerilog 验证:测试平台编写指南[M]. 张春,麦宋平,赵益新,译. 2 版. 北京:科学出版社,2009.